高等职业教育酿酒技术专业系列教材

酿 酒 化 学

主编　朱　涛

U0219974

中国轻工业出版社

图书在版编目（CIP）数据

酿酒化学/朱涛主编 . —北京：中国轻工业出版社，
2020. 12

ISBN 978-7-5184-3057-4

Ⅰ . ①酿⋯ Ⅱ . ①朱⋯ Ⅲ . ①酿酒—食品化学—生物
化学—高等职业教育—教材 Ⅳ . ①TS261. 4

中国版本图书馆 CIP 数据核字（2020）第 112957 号

责任编辑：江 娟 王 韧 责任终审：白 洁 整体设计：锋尚设计
策划编辑：江 娟 责任校对：吴大鹏 责任监印：张 可

出版发行：中国轻工业出版社（北京东长安街 6 号，邮编：100740）

印 刷：三河市国英印务有限公司

经 销：各地新华书店

版 次：2020 年 12 月第 1 版第 1 次印刷

开 本：720×1000 1/16 印张：17. 25

字 数：309 千字

书 号：ISBN 978-7-5184-3057-4 定价：45. 00 元

邮购电话：010-65241695

发行电话：010-85119835 传真：85113293

网 址：http://www.chlip.com.cn

E-mail：club@ chlip.com.cn

如发现图书残缺请直接与我社邮购联系调换

200163J2X101ZBW

高等职业教育酿酒技术专业（白酒类）系列教材

编委会

本书编委会

主　　编

朱　涛（宜宾职业技术学院）

副　主　编

曾碧涛（宜宾职业技术学院）
王　琪（宜宾职业技术学院）

参编人员

尚娟芳（宜宾职业技术学院）
陈　卓（宜宾职业技术学院）
彭春芳（宜宾职业技术学院）

前　言

　　《酿酒化学》是酿酒技术专业课程中的基础理论课程。本教材是按照酿酒技术专业人才培养方案和教学大纲的要求，按照酿酒技术专业特点和教学需要进行编写的。

　　在编写教材时，针对技术技能人才培养要求和高职学生特点，我们力求紧扣高职教育培养目标和本课程目标，注重基本理论、基础知识和基本技能的学习与训练。同时，根据高职学生培养特点，适当减少较深的理论内容，注重增强实用性知识和实验教学内容。教材在内容安排上，按照酿酒技术专业对白酒酿造技术的专业学习要求，以有机化学为主进行安排。结合专业实际，在安排中以白酒中所含主要成分为主进行安排，侧重于乙醇、酸、酯、糖类、酯类、蛋白质、酶等类物质的学习。考虑到文科学生、理科学生的差异和高职学生的实际情况，以及课程体系中没有无机化学前导课程等特点，安排了化学基础知识学习，包括原子结构及无机化学基础、有机化学基础和烃类知识，以满足学生在进入对白酒中所含有机物质的学习前所需基本理论的要求。

　　本教材按照模块式进行编写，全书理论部分含化学基础知识、白酒的主要成分、白酒的呈味呈香物质、白酒中的有害物质、白酒酿造原料、白酒中的酶6个模块。实验实训部分包括有机化学基础实验能力训练、微量法测定沸点、重结晶提纯、医用氯化钠的制备、蒸馏和分馏操作、无水乙醇的制备、乙酸乙酯的制备7个实验实训项目。

　　本教材由宜宾职业技术学院教师编写。教材绪论及模块一由曾碧涛编写，模块二由朱涛编写，模块三由陈卓编写，模块四由王琪编写，模块五由彭春芳编写，模块六由尚娟芳编写。全书由朱涛统稿。

　　本教材适合高职院校酿酒技术专业学生使用，也可作为白酒生产企业技术人员培训教材，还可作为白酒生产从业人员自学书籍和参考资料使用。

　　教材在编写过程中，得到五粮液股份有限公司副总经理赵东先生的认真指导，得到相关合作酿酒企业技术人员的鼎力协助，得到酿酒技术专业教师，以及本校化学专业教师的大力支持，在此一并表示衷心感谢。

由于编者水平所限，本书还存在很多不足之处，欢迎广大师生和读者批评指正。

编　者

2020 年 8 月

目　录

绪　论

模块一　化学基础知识

模块二　白酒的主要成分

绪　论

一、化学研究的对象

化学是人类用以认识和改造物质世界的主要方法和手段之一，它是一门历史悠久而又富有活力的学科，它的成就是文明的重要标志。

世界是由物质组成的。物质世界是客观存在的，不以人的主观意志为转移。自然科学证明，整个宇宙具有无限多样性的物质，能够依一定的规律由一种形态转化为另一种形态。任何一种物质形态都是从另一种物质形态转化来的。

化学并不研究所有物理现象和存在，如电磁波、电磁场、引力场、电子、质子、中子、原子核、夸克等；化学也不在全部层次上研究物质，宇宙、宏观不研究，原子、离子以下的也不研究。

化学研究的是化学物质（Chemical Substances），即物质在分子（超分子）、原子、离子层次以上的形态。

二、化学发展简史

（一）古代化学（17 世纪中期）

实用和自然哲学时期（公元前后）、炼金术和炼丹时期（公元前后至公元1500 年）、医药化学时期（公元 1500—1700 年）、燃素学说时期（公元1700—1774 年）。

（二）近代化学（17 世纪后期）

提出了质量守恒定律、氧化理论、定比定律、倍比定律、当量定律、原子学说、分子学说、元素周期律等一系列理论。

（三）现代化学（19世纪后期）

19世纪末，物理学上出现了三大发现：X射线、放射性和电子。这些新发现猛烈地冲击了道尔顿关于原子不可分割的观念，从而打开了原子和原子核内部结构的大门；热力学等物理学理论引入化学以后，利用化学平衡和反应速率的概念，可以判断化学反应中物质转化的方向和条件，从而开始建立了物理化学；在原子结构基础上建立的化学键（分子中原子之间的结合力）理论，进一步了解了分子结构与性能的关系，大大促进了化学与材料科学的联系；化学与社会的关系也日益密切，化学家们运用化学的观点来观察和思考社会问题，用化学的知识来分析和解决社会问题，例如能源危机、粮食问题、环境污染等。化学与其他学科的相互交叉与渗透，产生了很多交叉学科，如生物化学、地球化学、宇宙化学、海洋化学、大气化学等，使得生物、电子、航天、激光、地质、海洋等科学技术迅猛发展。

三、了解化学

（一）什么是化学？

化学是在分子、原子、离子层次上研究物质组成、结构、性质和变化以及变化中能量关系的科学。

（二）化学是一门什么样的学科？

化学首先是一门实验学科，然后才是一门理论学科。要学好化学毫无疑问应该要首先注意实验和生活中的化学。化学实验是化学科学赖以生存和发展的基础。对于学生来说实验是获取化学经验知识和检验化学知识的重要内容和途径。没有一个对实验认真的态度是无法做好实验的，而做不好实验则会影响化学的学习。

化学理论的学习其实就是一句话：专心一点，多问、多想。

化学原理：定义，公式，多做总结。

我们从化学中能学到什么东西？

如果把化学只定位在学习上是错误的，化学本身就是一种生活中常用的知识，是一种方法论。当你真正喜欢化学的时候你会发现它是多么有趣。如果你真正对化学感兴趣的时候，你会情不自禁地运用化学思维。

（三）什么是化学思维？

就是你看待世界的角度是用化学的情绪去观察。比如在某地发现了一种矿泉水，商人首先想到的是如何来赚钱；地理学家首先想到的是矿泉水是来自哪个岩层；生物学家想到的是矿泉水里面有哪种菌类；而化学家想的是里面有哪些元素。以镜子为例，学英语的会想到 mirror 这个单词；学物理的想到镜子成的是一个等大正立的虚像；学化学的则想到的是镜子的银镜反应，该原理可用于工业制镜，制保温瓶胆。

化学的思维也是一个发展和联系的过程。化学更关心的是物质的内部组成和结构，以及组成和性质的关系。用化学的角度去看待物质世界，主要是从分子的角度去看待这个世界。因此在化学的引导下你会深入眼睛看不到、手摸不到的微观世界，深入分子、原子的层次去认识自然的奥秘。要达到这个层次，你需要一个扩大了的感觉，需要一些感觉的延伸，需要应用各种仪器和方法。其实原子结构本身就是通过仪器、推论以及观察得出来的。

化学也在改变着我们的生活，进入我们的生活里面。我们穿的衣服，我们用的物品都是经过一个化学过程生产的，都离不开化学。

四、有机化学的产生和发展

（一）有机化学的产生和发展史

化学是研究物质的组成、结构、性质及变化的科学，有机化学是化学的分支，是研究有机化合物的组成、结构、性质及变化的科学。

人类与有机化合物打交道已有几千年的历史，但有机化学作为一门科学则产生于 19 世纪初。我国早在夏、商时代就知道了酿酒、制醋，并使用中草药医治各种疾病，但直到 18 世纪末人类才开始得到纯的有机物，并通过特殊的燃烧实验发现这些物质的主要组成是碳、氢、氧、氮等少数几种元素。"有机物"最初的含义是"有生机之物"，当时人们认为有机物只能从动、植物的体内受神秘的"生命力"的作用才能产生。而"无机物"则是从矿物质等没有生命的物质内提取的，有机物与无机物在组成、性质上都相差非常大。1824年，德国化学家维勒在实验室中用无机物氰酸银和氨水合成了有机物尿素，于 1828 年发表论文《论尿素的人工合成》，从而一举突破了"生命力学说"，打破了无机物和有机物的绝对界限，开创了有机化学的新纪元。现在的有机化学早已不再局限于从天然物质中提取有机物，绝大多数有机物都是人工合成的。有机化学的研究也形成了多个学科领域，如有机合成化学、天然有机化学、生物有机化学、物理有机化学、元素有机化学等。

（二）现代定义

有机化合物（Organic Compounds）：即碳氢化合物及其衍生物。

有机化学（Organic Chemistry）：研究碳氢化合物及其衍生物的组成、结构、性质和变化的科学。

（三）有机化学从一开始就与生命科学紧密联系在一起

据不完全统计，1966—2004 年，诺贝尔化学奖获得者约 40% 的奖项与生命科学有关。

2004 年诺贝尔化学奖授予以色列科学家阿龙·切哈诺沃、阿夫拉姆·赫什科和美国科学家欧文·罗斯。三人因在蛋白质控制系统方面的重大发现而共同获得该奖项。他们突破性地发现了人类细胞如何控制某种蛋白质的过程，具体地说就是人类细胞对无用蛋白质的"废物处理"过程。他们发现，人体细胞通过给无用蛋白质"贴标签"的方法，帮助人体将那些被贴上标签的蛋白质进行"废物处理"，使它们自行分解、自动消亡，有关化学的奖项见表0-1。

表 0-1　近年来化学学科获取的有关奖项

年份	获奖人	获奖内容
2004	阿龙·切哈诺沃、阿夫拉姆·赫什科（以色列）、欧文·罗斯（美国）	因在蛋白质控制系统方面的重大发现而共同获得该奖项
2003	彼得·阿格雷、罗德里克·麦金农（美国）	细胞膜通道方面做出的开创性贡献
2002	约翰·芬恩（美国）、田中耕一（日本）、库尔特·维特里希（瑞士）	生物大分子进行识别和结构分析的方法（NMR 和 MS）
1997	P. B. 博耶（美国）、J. E. 沃克尔（英国）、J. C. 斯科（丹麦）	发现人体细胞内负责储藏、转移能量的离子传输酶
1993	K. B. 穆利斯（美国）	发明"聚合酶链式反应"法
	M. 史密斯（加拿大）	开创"寡聚核苷酸定点诱变"法
1989	S. 奥尔特曼、T. R. 切赫（美国）	发现 RNA 自身具有酶的催化功能
1988	J. 戴森霍弗、R. 胡伯尔、H. 米歇尔（德国）	分析了光合作用反应中心的三维结构
1984	R. B. 梅里菲尔德（美国）	开发了极简便的肽合成法
1982	A. 克卢格（英国）	开发了结晶学的电子衍射法，并从事核酸蛋白质复合体的立体结构的研究
1980	P. 伯格、W. 吉尔伯特（美国）	从事核酸的生物化学研究
	W. 吉尔伯特（美国）、F. 桑格（英国）	确定了核酸的碱基排列顺序

有机化学发展中的两个事例如下所示。

1. 富勒烯（Fullerene）

富勒烯，又称足球烯、碳六十烯，又译巴基球、巴克球（Bucky Ball），英文为 Buckminster Fuller，简称 Fullerene。富勒烯是一种全碳分子，它由 60 个碳原子形成一个由 12 个正五边形和 20 个正六边形组成的闭合系统，与金刚石、石墨一起构成了碳元素的 3 种同素异形体。

C_{60} 球棍模型见图 0-1。

1985 年 9 月 4 日 18 时 56 分 4.7 秒，在美国赖斯大学化学实验室，克鲁托（H. W. Kroto，英）、柯尔（R. F. Curl，美）和史莫利（R. E. Smalley，美）3 位教授从激光束照射石墨产物中用质谱法检出了由 60 个碳原子组成的球团碳六十分子，这一发现轰动科学界，它不仅为碳的同素异形体家族增添了一名新的成员，更重要的是，这个意料之外的发现开辟了化学研究的新领域，由此这 3 位科学家荣获 1996 年诺贝尔化学奖。

图 0-1 C_{60} 球棍模型

富勒烯的命名原因：1985 年，克鲁托（Kroto）等获得了以碳六十为主的质谱图，受建筑学家富勒为 1967 年蒙特利尔世界博览会设计的巨蛋建筑物（用五边形和六边形构成的拱形圆顶建筑）的启发，提出了 C_{60} 结构。Kroto 等认为 C_{60} 是由 60 个碳原子组成的球形 32 面体，即由 12 个五边形和 20 个六边形组成。为了纪念此事，克鲁托便把 C_{60} 以巨蛋建筑物的设计者巴克尼斯特·富勒（Buckminster Fuller）之名来命名，所以称为富勒烯。富勒烯并不局限于 C_{60}，它还有系列分子（C_n）（$n=20$，60，70，76，84……），均为含偶数个碳原子，具有类似 C_{60} 结构的分子，因此富勒烯也作为 C_{60}、C_{70} 等此类物质的统称。

由于 C_{60} 等富勒烯新物质的发现，引发了新的科技革命。

C_{60} 的用途：富勒烯结构奇特新颖，具有许多激动人心的物理特性：超导、特殊的磁学性质、光电导性质以及非线性光学性质等。从 C_{60} 被发现的短短的十多年以来，富勒烯已经广泛地影响到物理学、化学、材料学、电子学、生物学、医药学等各个领域，极大地丰富和提高了科学理论，同时也显示出巨大的潜在应用前景。

据报道，对 C_{60} 分子进行掺杂，使 C_{60} 分子在其笼内或笼外俘获其他原子或基团，形成类 C_{60} 的衍生物。例如 $C_{60}F_{60}$，就是对 C_{60} 分子充分氟化，给 C_{60} 球面加上氟原子，把 C_{60} 球壳中的所有电子"锁住"，使它们不与其他分子结合，因此 $C_{60}F_{60}$ 不容易粘在其他物质上，其润滑性比 C_{60} 要好，可做超级耐高温的润滑剂，被视为"分子滚珠"。再如，把 K、Cs、Tl 等金属原子掺进 C_{60} 分子的笼内，就能使其具有超导性能。用这种材料制成的电机，只要很少电量就能使转子不停地转动。再有 $C_{60}H_{60}$ 这些相对分子质量很大的碳氢化合物热值极高，可做火箭的燃料等。

2. 海葵毒素（$C_{145}H_{264}N_4O_{78}$）

1989 年，Kishi 经 8 年的努力，由 24 位研究生和博士后完成了全合成。

海葵毒素是由海洋生物中分得的一个最复杂的天然有机物，也是目前最毒的化合物 [半数致死量（LD_{50}）为 0.4μg/kg，毒性为河豚毒素的 25 倍]。有 64 个手性中心，可能存在 2^{71} 个异构体。这一复杂立体专一的合成显示了有机合成界当今所具有的非凡的能力，结构见图 0-2。

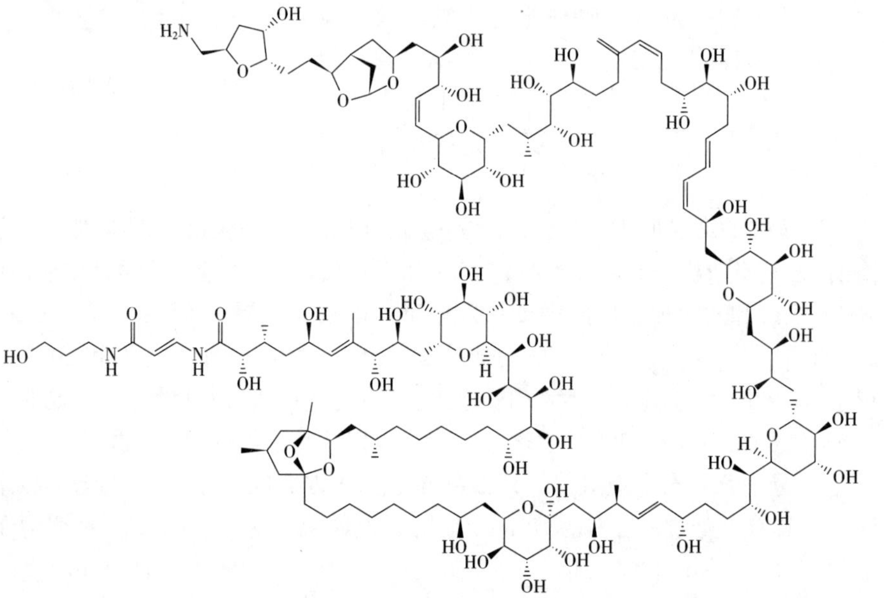

图 0-2　海葵毒素结构式

五、有机化合物的特性

有机化合物与无机化合物相比有很大的区别，有机化合物具有如下一些特性。

（一）数量庞大，异构现象复杂

组成有机化合物的元素并不多，绝大多数有机化合物只是由碳、氢、氧、氮、卤素、硫、磷等少数元素组成，但是有机化合物的数量却非常庞大，截至

2020 年，已发现天然存在的有机化合物和人工合成的有机化合物，大约有 3000 多万种。

有机化合物的数量如此之多首先是因为碳原子相互结合的能力很强。碳原子可以相互结合成不同碳原子数目的碳链或碳环，一个有机化合物的分子中碳原子数目少则仅 1、2 个，多则几千、几万甚至几十万个（有机高分子化合物）。此外，即使是碳原子数目相同的分子，由于碳原子间的连接方式多种多样，因而又可以组成结构不同的许多化合物。分子式相同而结构相异，因而性质也各异的不同化合物称为同分异构体，这种现象称为同分异构现象。有机化合物的同分异构现象非常普遍，也很复杂，又由于构造、构型或构象不同而造成的各种不同的性质。

（二）热稳定性差，易燃烧

热稳定性差：许多有机化合物在 200~300℃时即逐渐分解。

易燃烧：大多数有机化合物都可以燃烧，有些有机化合物如汽油等很容易燃烧。

（三）熔点和沸点低

许多有机化合物在常温下是气体、液体，常温下为固体的有机化合物，它们的熔点一般也很低，熔点超过 300℃的有机化合物很少，这是因为有机化合物晶体一般是由较弱的分子间引力维持所致。

（四）难溶于水

一般有机化合物的极性较弱或是完全没有极性，而水是强极性液体，因此一般有机化合物难溶或不溶于水，而往往可溶于某些有机溶剂，如苯、乙醚、丙酮、石油醚等。但一些极性较强的有机化合物如低级醇、羧酸、磺酸等也易溶于水。

（五）反应速度慢，且副反应多

有机化合物的化学反应多数不是离子反应，而是分子间的反应，大多数有机反应需要一定时间才能完成。为了加速反应，往往需要加热、加催化剂或光照等手段来增加分子动能、降低活化能或改变反应历程来缩短反应时间。

有机反应往往不是单一的反应，反应物之间可以同时进行若干不同的反应，可以得到几种产物。一般把在某种特定反应条件下主要进行的一个反应称为主反应，其他的反应称为副反应。选择最有利的反应条件以减少副反应来提高主要产品的数量（得率）也是有机化学的一项重要任务。

六、有机化合物结构的表示法

有机化合物的结构是指分子中各原子的连接顺序、连接方式及相应的空间排列。学习有机化合物结构的表示法首先要理解有机化合物的空间结构概念。

（一）有机结构的立体概念

有机化合物分子中各个原子在空间具有一定的排列方式，例如甲烷分子呈正四面体结构，碳原子位于正四面体的中心，四个氢原子分别位于正四面体的四个顶点，见图0-3。

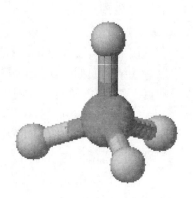

图 0-3　（甲烷）的四面体模型

甲烷分子的另外两种模型，见图0-4，图0-5。

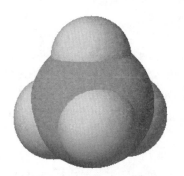

图 0-4　甲烷的斯陶特模型

图 0-5　甲烷的棍棒模型

杂化轨道理论解释甲烷的正四面体空间结构，见图 0-6，图 0-7。

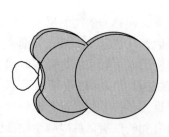

图 0-6　C 原子的 sp^3 杂化轨道

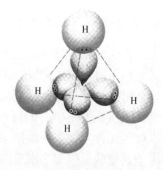

图 0-7　甲烷的 4 个 C—H σ 键

乙烯的 σ 键和 π 键结构图见图 0-8。

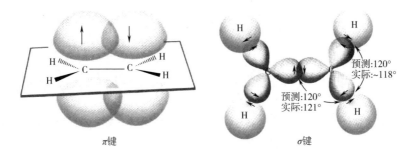

图 0-8　乙烯的 π 键和 σ 键

（二）结构表示法

1. 缩写式与折线式

丁烷　　$CH_3CH_2CH_2CH_3$

丙醇　　$CH_3CH_2CH_2OH$

戊烷　　$CH_3CH_2CH_2CH_2CH_3$

2. 透视式与投影式

二氯甲烷透视式与投影式，理解两个不同的投影式表示同一个分子。

透视式　　　　　　　投影式

七、有机化合物的分类

有机化合物种类繁多，为了便于记忆和研究，必须对有机化合物进行分类、比较常见的分类方法有两种：一种是按碳原子的连接方式分类，另一种是按官能团分类。

按碳原子连接方式的不同，可将有机化合物分为三大类。

1. 链状化合物

这类化合物的特点是，碳原子互相结合成链状，也称为开链化合物。因为脂肪中含有这类化合物，所以又称为脂肪族化合物。

2. 碳环化合物

这类化合物的特点是，分子中含有完全由碳原子组成的环。碳环化合物又分为两类。

脂环族化合物：这类化合物可以看作链状化合物两端碳原子连接起来而形成的，其性质与脂肪族化合物相似，因此称为脂环族化合物。

芳香族化合物：这类化合物的主要特点是在它们的分子中都含有苯环结构。

3. 杂环化合物

这类化合物的特点是，在它们分子中的环上除含碳原子之外，还含有其他杂原子（例如氧、氮、硫等）。

另一种分类方法是按官能团的不同进行分类，含有相同官能团的有机化合物归为一类。什么叫官能团呢？决定化合物特性的原子或原子团称为官能团。一般说来，含有相同官能团的有机化合物，具有相近似的化学性质。

习 题

1. 查阅相关有机化学发展史资料，归纳总结一篇关于有机化学发展史的小论文。

2. 有机化合物有哪些特性？

3. 常见的有机化合物分类方式有哪些？

模块一　化学基础知识

知识目标

　　本模块主要学习无机化学及有机化学基础知识，为与酿酒相关物质的学习奠定基础。其中无机化学部分包括原子结构、元素周期律与元素周期表、化学键、离子键、共价键的主要特征和物质的聚集状态；有机化学部分则主要学习烃的基本知识，烷烃、烯烃、炔烃、芳香烃的基本性质。同时学习有机化学基本概念和有机物命名的基本规则。

项目一　原子结构及无机化学基础

一、原子结构

（一）原子结构学说的发展历程及原子结构模型的演变

1. 古代朴素的原子观

　　我国战国时期的惠施认为物质是无限可分的；同时期的墨翟认为物质被分割是有条件的；古希腊哲学家德谟克利特提出古典原子论（原子是构成物质的微粒，万物是由间断的、不可分割的微粒即原子构成的，原子的结合和分割是万物变化的根本原因）。

2. 英国科学家道尔顿提出近代原子学说——实心球模型

（1）物质由原子组成。

（2）原子不能创造，也不能被毁灭。

（3）原子在化学变化中不可再分割，它们在化学变化中保持本性不变。

3. 汤姆生的"葡萄干面包式"原子结构模型

（1）原子中存在电子，电子的质量为氢原子质量的1/1836。

（2）原子中平均分布着带正电荷的粒子，这些粒子之间镶嵌着许多电子。

4. 英国物理学家卢瑟福的"行星式"原子结构模型（核式原子结构模型）

（1）原子由原子核和核外电子组成，原子核带正电荷，位于原子的中心，电子带负电荷，在原子核周围做高速运动。

（2）电子的运动形态就像行星绕太阳运转一样。

5. 原子结构的现代模型

电子云模型由丹麦物理学家波耳的轨道理论演变而来。该模型的要点是：用电子在给定时间内在空间的概率分布的图像来描述电子运动，这些图像就是电子云。电子出现概率大的地方，电子云"浓密"一些；概率小的地方，电子云"稀薄"一些，但电子云的正确意义并不是说电子真的像云那样分散，电子云只是一种概率云。

（二）原子结构和相对原子质量

1. 元素

具有相同核电荷数（即质子数）的同一类原子称为元素。

2. 原子的构成

$$
\text{原子}
\begin{cases}
\text{原子核} \\
\text{（中心）}
\begin{cases}
\text{质子（带正电）} \\
\text{中子（不带电）}
\end{cases} \\
\text{电子（带负电）} \\
\text{（核外）}
\end{cases}
\Biggr\} \text{不显电性}
$$

3. 质量数

忽略电子的质量，将原子核内所有的质子和中子相对质量取近似整数值，加起来所得的数值，称为质量数，见下式，用符号 A 表示（$_Z^A X$）。

元素符号左上角表示这个原子的质量数，左下角表示原子质子数，右上角表示电荷数，右下角表示原子数，在元素上方的是化合价。

$$_b^{a\overset{\pm d}{}} X_e^{c\pm}$$

a——质量数

b——质子数（核电荷数）

c——离子所带的电荷数

d——化合价

e——原子个数

4. 构成原子的粒子间数量关系

(1) 质量数(A)=质子数(Z)+中子数(N)。

(2) 质子数(Z)=核电荷数=原子序数=核外电子数。

5. 元素同位素与同素异形体关系

(1) 同位素 具有相同质子数和不同中子数的同一种元素的原子互称为同位素。

在天然存在的某种元素里，不论游离态还是化合态，各种同位素的原子百分比（即丰度）一般是一定的。

几乎所有的元素都有同位素，只是同位素的数目各不相同而已。由于同位素的核电荷数（即质子数）相同，因而它们的化学性质也相同。

(2) 元素、同素异形体与同位素的比较 见表1-1。

表1-1 元素、同素异形体与同位素比较

分类	概念	范围
元素	具有相同质子数的同一类原子的总称	在同一类原子之间
同素异形体	同种元素由于结构不同而组成的不同单质之间互为同素异形体	在无机物单质之间
同位素	质子数相同中子数不同的原子间互为同位素	在原子之间

6. 相对原子质量

(1) 原子的相对原子质量 以一个^{12}C原子质量的1/12作为标准，其他原子的质量与之相比较所得的数值。它是相对质量，有数字，无单位。

(2) 元素的相对原子质量 是按该元素的各种同位素的原子百分比与其相对原子质量的乘积所得的平均值。元素周期表中的相对原子质量就是指元素的相对原子质量。

$$A = A_1 \times a_1\% + A_2 \times a_2\% + A_3 \times a_3\% + \cdots\cdots + A_n \times a_n\%$$

A_1、$A_2 \cdots A_n$——同位素的相对原子质量

$a_1\%$、$a_2\% \cdots a_n\%$——同位素的原子百分数或同位素原子的摩尔分数

7. 离子

原子或原子团得失电子后形成的带电微粒称为离子。带正电荷的离子称为阳离子，带负电荷的离子称为阴离子。

(三) 核外电子的排布

1. 电子层——电子运动的不同区域

电子层序数(n) 1   2   3   4   5   6   7

电子层符号   K   L   M   N   O   P   Q

电子能量　　　　　低————————————→高
电子离核距离　　　　近————————————→远

2. 核外电子的排布规律

(1) 核外电子是按能量高低由外向里，分层排布的，从里到外依次是 K-L-M-N-O-P-Q 电子能量依次增高。

(2) 各电子层最多容纳的电子数为 $2n^2$ 个。

最外层电子数不得超过 8 个，次外层电子数不得超过 18 个，倒数第三层电子数不得超过 32 个。

(3) 最外层电子数为 8 个时为稳定的结构，如稀有气体。

3. 核外电子排布的表示方法

(1) 原子结构示意图　用来表示元素原子核电荷数和核外电子按电子层排布情况的示意图。

$$(+11) \,) \,) \quad 2 \, 8 \qquad 钠离子 \quad Na^+$$

(2) 电子式　元素的化学性质主要由原子的最外层电子数决定，我们常用小黑点（或×）来表示原子的最外层的电子，例如，氢 H·。

二、元素周期律

将核电荷数 1~18 的元素的核外电子排布、原子半径和主要化合价列成表（表 1-2）来加以讨论。为了方便，人们按核电荷数由小到大的顺序给元素编号，这种编号，称为原子序数。显然原子序数在数值上与这种原子的核电荷数相等。下表就是按原子序数的顺序编排的。

随着原子序数的递增，元素原子的电子层排布、原子半径和化合价均呈现周期性的变化。我们知道，元素的化学性质是由原子结构决定的，那么，我们是否可以认为元素的金属性与非金属性也将随着元素原子序数的递增而呈现周期性的变化？

元素金属性的强弱，可以从它的单质与水（或酸）反应置换出氢的难易程度，以及它的最高价氧化物的水化物——氢氧化物的碱性强弱来判断。如果元素的单质与水（或酸）反应置换出氢容易，而且它的氢氧化物碱性强，这种元素金属性就强，反之则弱。

元素非金属性的强弱，可以从它的最高价氧化物的水化物的酸性强弱，或与氢气生成气态氢化物的难易程度以及氢化物的稳定性来判断。如果元素的最高价氧化物的水化物的酸性强，或者它与氢气生成气态氢化物容易且稳定，这种元素的非金属性就强，反之则弱。

表 1-2　1~18 号元素的核外电子排布、原子半径和主要化合价

原子序数	1							2
元素名称	氢							氦
元素符号	H							He
核外电子排布	⌒1							⌒2
原子半径/nm	0.037							—*
主要化合价	+1							0
原子序数	3	4	5	6	7	8	9	10
元素名称	锂	铍	硼	碳	氮	氧	氟	氖
元素符号	Li	Be	B	C	N	O	F	Ne
核外电子排布	2 1	2 2	2 3	2 4	2 5	2 6	2 7	2 8
原子半径/nm	0.152	0.089	0.082	0.077	0.075	0.074	0.071	—
主要化合价	+1	+2	+3	+4 −4	+5 −3	−2	−1	0
原子序数	11	12	13	14	15	16	17	18
元素名称	钠	镁	铝	硅	磷	硫	氯	氩
元素符号	Na	Mg	Al	Si	P	S	Cl	Ar
核外电子排布	2 8 1	2 8 2	2 8 3	2 8 4	2 8 5	2 8 6	2 8 7	2 8 8
原子半径/nm	0.186	0.160	0.143	0.117	0.110	0.102	0.099	—
主要化合价	+1	+2	+3	+4 −4	+5 −3	+6 −2	+7 −1	0

注：＊稀有气体元素的原子半径测定与相邻非金属元素的依据不同，数字不具有可比性，故不列出。

　　下面按照这个标准，研究 11~18 号元素的金属性、非金属性的变化情况。

　　第 11 号元素是钠。钠是一种非常活泼的金属，能与冷水迅速发生反应，置换出水中的氢。钠的氧化物的水化物——氢氧化钠显强碱性。

　　第 12 号元素镁，它的单质与水反应的情况怎样呢？

　　＊【实验 1-1】取两段镁带，用砂纸擦去表面的氧化膜，放入试管中。向试管中加 3mL 水，并往水中滴 2 滴无色酚酞试液，见图 1-1，观察现象。然

后，加热试管至水沸腾，观察现象。

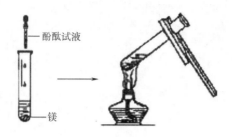

图1-1 镁与水反应

讨论

1. 镁与水（冷、热）反应的情形如何？生成了什么物质？写出反应的化学方程式。

2. 镁的金属性跟钠比较是强还是弱？说明判断的根据。

我们再来研究第13号元素铝。

*【实验1-2】取一小片铝和一小段镁带，用砂纸擦去表面的氧化膜，分别放入两支试管，再各加入2mL 1mol/L盐酸。观察发生的现象，反应示例见图1-2。

讨论

1. 镁和铝跟盐酸反应的情形如何？生成了什么物质？写出反应的化学方程式。

2. 镁和铝的金属性哪种强？说明判断的根据。

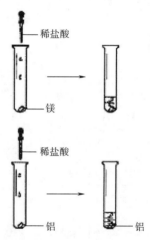

图1-2 镁、铝与盐酸反应

下面，我们再来研究铝的氧化物的性质。在一定的条件下，Al_2O_3既能与盐酸作用，又能与NaOH溶液反应。反应的化学方程式为：

$$Al_2O_3+6HCl \Longrightarrow 2AlCl_3+3H_2O$$

$$Al_2O_3+2NaOH \Longrightarrow 2NaAlO_2+H_2O$$

偏铝酸钠

像Al_2O_3这类既能与酸起反应生成盐和水，又能与碱起反应生成盐和水的氧化物，称为两性氧化物。

Al_2O_3对应的水化物是$Al(OH)_3$（氢氧化铝），它的性质又怎样呢？

*【实验1-3】取少量1mol/L $AlCl_3$溶液注入试管中，加入3mol/L NaOH溶液至产生大量$Al(OH)_3$白色絮状沉淀为止，见图1-3将$Al(OH)_3$沉淀分盛在两支试管中，然后在两支试管中分别加入3mol/L H_2SO_4溶液和6mol/L

NaOH 溶液，观察现象见图 1-4。

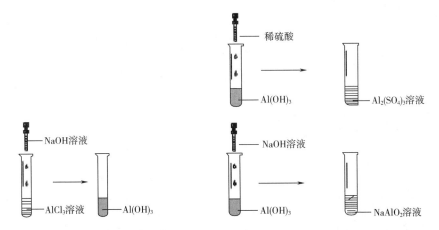

图 1-3　AlCl₃溶液与 NaOH 溶液反应　　图 1-4　Al(OH)₃与稀硫酸和 NaOH 溶液反应

讨论：上面的实验中观察到什么现象？生成的物质写出反应的化学方程式。

像 $Al(OH)_3$ 这样既能跟酸起反应，又能跟碱起反应的氢氧化物，称为两性氢氧化物。Al_2O_3 和 $Al(OH)_3$ 既然呈现两性，这说明铝虽然是金属，但已表现出了一定的非金属性。

第 14 号元素硅是非金属。硅的氧化物——SiO_2 是酸性氧化物，它的对应水化物是原硅酸（H_4SiO_4）。H_4SiO_4 是一种很弱的酸。硅只有在高温下才能跟氢气反应生成少量气态氢化物——SiH_4。

第 15 号元素磷是非金属。磷的最高价氧化物是 P_2O_5，它的对应水化物是磷酸（H_3PO_4），H_3PO_4 属于中强酸。磷的蒸气和氢气能起反应生成气态氢化物——PH_3，但相当困难。

第 16 号元素硫是比较活泼的非金属。硫的最高价氧化物是 SO_3，SO_3 的对应水化物是 H_2SO_4。H_2SO_4 是一种强酸，硫在加热时能跟氢气起反应生成气态氢化物——硫化氢（H_2S）。H_2S 不很稳定，在较高温度时可以分解。

第 17 号元素氯是很活泼的非金属。氯的最高价氧化物是 Cl_2O_7，Cl_2O_7 的对应水化物是高氯酸（$HClO_4$），它是比硫酸更强的一种酸。氯气跟氢气在光照或点燃时就能发生爆炸而化合，生成的气态氢化物是 HCl，HCl 十分稳定。

第 18 号元素氩是一种稀有气体元素。

现将以上研究的结论归纳于表 1-3 和表 1-4 中。

表 1-3　钠、镁、铝的性质比较

性质	Na	Mg	Al
单质与水（或酸）的反应情况	与冷水剧烈反应放出氢气	与冷水反应缓慢，与沸水迅速反应，放出氢气，与酸剧烈反应放出氢气	与酸迅速反应放出氢气
最高价氧化物对应水化物的碱性强弱	NaOH 强碱	$Mg(OH)_2$ 中强碱	$Al(OH)_3$ 两性氢氧化物

表 1-4　硅、磷、硫、氯的性质比较

性质	Si	P	S	Cl
非金属单质与氢气反应的条件	高温	磷蒸气与氢气能反应	须加热	光照或点燃时发生爆炸而化合
最高价氧化物对应水化物	H_4SiO_4	H_3PO_4	H_2SO_4	$HClO_4$
水化物的酸性强弱	弱酸	中强酸	强酸	比 H_2SO_4 更强的酸

综上所述，我们可以从 11~18 号元素性质的变化中得出如下的结论。

$$\underrightarrow{\text{Na Mg Al Si P S Cl}}_{\text{金属性逐渐减弱，非金属性逐渐增强}} \quad \underset{\text{稀有气体元素}}{\text{Ar}}$$

如果我们对其他元素也进行同样的研究，也会得出类似的结论：元素的金属性和非金属性随着原子序数的递增而呈现周期性的变化。

通过以上事实，我们可以归纳出一条规律，就是元素的性质随着元素原子序数的递增而呈周期性的变化，这个规律称为元素周期律。

元素性质的周期性变化是元素原子的核外电子排布的周期性变化的必然结果。

三、离子键与共价键

离子键：阴、阳离子之间通过静电作用形成的化学键。
共价键：原子间通过共用电子对形成的化学键

（一）离子键

定义：使阴阳离子结合成化合物的静电作用，称为离子键。
成键微粒：阴阳离子。
相互作用：静电作用（静电引力和斥力）。

成键过程：阴阳离子接近某一定距离时，吸引和排斥达到平衡而形成。

1. 形成离子键的条件

（1）活泼的金属元素［元素周期表（ⅠA，ⅡA）］和活泼的非金属元素［元素周期表（ⅥA，ⅦA）］之间的化合物。

（2）活泼的金属元素和酸根离子形成的盐。

（3）铵离子和酸根离子（或活泼非金属元素）形成的盐。把 NH_4^+ 看作是活泼的金属阳离子。

2. 离子化合物

含有离子键的化合物。

3. 离子键的强弱比较

（1）影响因素　离子半径（反比）、电荷数（正比）。

（2）离子键强弱　KCl 与 KBr、Na_2O 与 MgO。

（3）决定　稳定性及某些物理性质，如熔点等。

（二）共价键

定义：原子间通过共用电子对所形成的化学键称为共价键。

成键微粒：原子。

相互作用：共用电子对。

成键元素：同种或不同种非金属元素。

种类：非极性键及极性键。

强弱判断：成键原子半径越小，共价键越强，断开键需要的能量越高。

1. 共价键的特征

（1）饱和性　按照共价键的共用电子对理论，一个原子有几个未成对电子，便可和几个自旋方向相反的电子配对成键，这就是共价键的"饱和性"。H 原子、Cl 原子都只有一个未成对电子，因而只能形成 H_2、HCl、Cl_2 分子，不能形成 H_3、H_2Cl、Cl_3 分子。

（2）方向性　共价键尽可能沿着电子出现概率最大的方向形成，这就是共价键的"方向性"。

两个原子轨道重叠部分越大，两核间电子的概率密度越大，形成的共价键越牢固，分子越稳定。

（3）成键条件　同种或不同种非金属元素原子结合，部分金属元素原子与非金属元素原子，如 $AlCl_3$。

（4）存在　存在于非金属单质和共价化合物中，也存在于某些离子化合物和原子团中，如 O_2、CO_2、Cl_2、CH_3CH_2OH。

共价化合物：以共用电子对形成分子的化合物。

2. 共价键的形成

电子云在两个原子核间重叠，意味着电子出现在核间的概率增大，电子带负电，因而可以形象地说，核间电子好比在核间架起一座带负电的桥梁，把带正电的两个原子核"粘结"在一起了。

（1）σ键   以形成化学键的两原子核的连线为轴作旋转操作，共价键电子云的图形不变，这种特征称为轴对称，如 H—H 键。类型：s-$s\sigma$、s-$p\sigma$、p-$p\sigma$ 等。

（2）π键   由两个原子的 p 电子"肩并肩"重叠形成。特点：肩并肩、两块组成、镜像对称、容易断裂。形成 π 键的电子称为 π 电子。由原子轨道相互重叠形成的 σ 键和 π 键总称价键轨道，见表1-5。

（3）含有共价键的化合物不一定是共价化合物，比如 Na_2CO_3 的碳酸根中，碳氧之间就是共价键，但是 Na_2CO_3 是离子化合物。

（4）非极性共价键   共用电子对不偏移，成键原子不显电性。

（5）极性共价键   共用电子对偏向电负性较大的原子。

表1-5   共价键成键特点

项目	σ 键	π 键
成键方向	沿轴方向"头碰头"	平行方向"肩并肩"
电子云形状	轴对称	镜像对称
牢固程度	强度大，不易断裂	强度较小，易断裂
成键判断规律	共价单键是 σ 键；共价双键中一个是 σ 键，另一个是 π 键；共价三键中一个是 σ 键，另两个为 π 键	

（三）共价键和离子键的比较

共价键和离子键比较见表1-6。

表1-6   共价键和离子键的比较

	离子键	共价键	
		极性键	非极性键
概念	使阴、阳离子结合成化合物的静电作用	原子间通过共用电子对形成的相互作用	
成键微粒	阴离子和阳离子	原子	
		不相同的原子	一般是相同的原子

续表

	离子键	共价键	
		极性键	非极性键
微粒间的作用力	静电作用（包含静电引力和静电斥力）	—	共用电子对的作用
成键的条件	一般是活泼金属和活泼非金属之间形成	同种或不同种非金属原子之间形成	
存在于何种类型物质中	离子化合物	大多数非金属单质、共价化合物、某些离子化合物	

（四）有机化合物中的共价键

碳是组成有机物的主要元素，在周期表中位于第二周期第四主族，介于典型金属与典型非金属之间。它所处的特殊位置，使得它具有不易失去电子形成正离子，也不易得到电子形成负离子的特性，故在形成化合物时更倾向于形成共价键。大多数有机物分子的碳原子跟其他原子是以共价键相结合的，因此讨论共价键的性质具有重要意义。

共价键的属性：包括键长、键角、键能、键的极性等。

键长：形成共价键的两个原子的原子核之间保持一定的距离，这个距离称为键长。不同的共价键具有不同的键长，即使是同一类型的共价键，在不同的分子中其键长也有可能稍有不同。

键角：共价键有方向性，因此任何一个二价以上的原子，与其他原子所形成的两个共价键之间都有一个夹角，这个夹角就是键角。

键长和键角决定了分子的空间形状，以一氯甲烷为例，见图1-5。

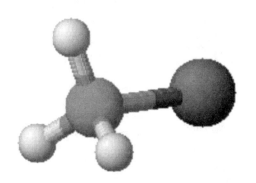

图1-5 一氯甲烷（CH_3Cl）球棍模型

键长　　　　C—Cl = 0.177nm　　　　　　　　C—H = 0.109nm

键角　　　　（H,C,Cl）= 109.47°　　　　　　（H,C,H）= 109.45°

键能：共价键形成时，有能量释放出来而使体系的能量降低，反之，共价键断裂时则必须从外界吸收能量，这个能量就是键能。键能的数据可以表示共价键结合的强度，一般对于同种类型的共价键，键能越大则键的结合越牢固。

四、物质的聚集状态

物质总是以一定的聚集状态存在。常温、常压下，通常物质有气态、液态和固态 3 种存在形式，在一定条件下这 3 种状态可以相互转变。此外，现已发现物质还有第 4 种存在形式——等离子体状态，见图 1-6。

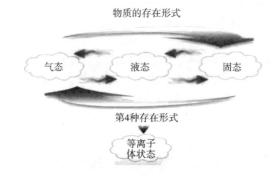

图 1-6　物质的存在形式

（一）气体

气体可以由单个原子（如稀有气体）、一种元素组成的单质分子（如氧气）、多种元素组成化合物分子（如二氧化碳）等组成。气体混合物可以包括多种气体物质，比如空气。气体与液体和固体的显著区别就是气体粒子之间间隔很大。

1. 理想气体状态方程式

$$pV = nRT$$

p——气体压力，Pa

V——气体体积，m^3

n——气体物质的量，mol

T——气体的热力学温度，K

R——摩尔气体常数，又称气体常数

标准状态（$T = 273.15K$，$p = 101.325kPa$），测得 1.000mol 气体所占的体积为 $22.414 \times 10^{-3} m^3$，则：

$$R = pV (nT) = 101.325 \times 10^3 \times 22.414 \times 10^{-3} / (1.000 \times 273.15)$$
$$= 8.314 N \cdot m/(mol \cdot K) = 8.314 J/(mol \cdot K)$$

2. 气体分压定律

（1）分压力（p_i） 在混合气体中，每一种组分气体总是均匀地充满整个容器，对容器内壁产生压力，并且不受其他组分气体的影响，如同它单独存在于容器中那样。各组分气体占有与混合气体相同体积时所产生的压力称为分压力（p_i），见图1-7。

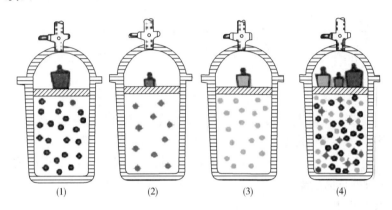

图1-7 单组分气体与混合气体分布示意图

注：（1）、（2）、（3）代表同体积下气体产生的不同压力；（4）代表混合气体压力之和。

（2）道尔顿分压定律 混合气体的总压等于各组分气体的分压之和。理想气体定律适用于气体混合物，则分压定律可以表示为。

$$p_i = p_总 \times n_i n_总$$

n_i——该混合气体中任意一个组分气体的物质的量

$n_总$——混合气体中各组分气体物质的量之和

混合气体中组分气体的分压等于总压乘以组分气体的摩尔分数。

混合气体的总体积等于各组分气体的分体积之和，见图1-8。

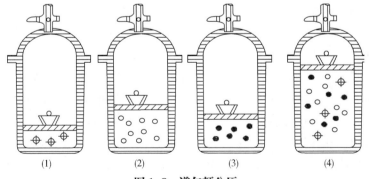

图1-8 道尔顿分压

注：（1）、（2）、（3）代表不同组分气体产生相同压力的体积；（4）代表混合气体体积之和。

$$V_{总} = V_A + V_B + V_C + \cdots\cdots$$

（二）液体

液体内部分子之间的距离比气体小得多，分子之间的作用力较强。液体具有流动性，有一定的体积而无一定形状。与气体相比液体的可压缩性小。

1. 液体的蒸气压

（1）饱和蒸气　在恒定温度下，与液体平衡的蒸气称为饱和蒸气。

（2）饱和蒸气压　饱和蒸气在该温度下所具有的蒸气压，称为饱和蒸气压，简称蒸气压。

2. 蒸发与凝聚

（1）蒸发　液体表面某些运动速度较大的分子所具有的能量足以克服分子间的吸引力而逸出液面，成为气态分子，这一过程称为蒸发。

（2）凝聚　气态分子撞击液体表面会重新返回液体，这个与液体蒸发现象相反的过程称为凝聚。

3. 液体的沸点

（1）沸点　液体的蒸气压等于外界压力时的温度即为液体的沸点。

（2）标准沸点　外界压力为 101.325kPa 时的沸点称为标准沸点。

4. 蒸气压与温度的关系

液体的沸点随外界压力而变化。若降低液面上的压力，液体的沸点就会降低。如在海拔高的地方大气压力低，水的沸点不到 100℃，食品难以煮熟。

（三）固体

与液体和气体相比，固体有比较固定的体积和形状，质地比较坚硬。X 射线研究表明，固体可分为晶状固体和无定形固体两类。

自然界中大多数固体物质是晶体。晶体内部的微粒在空间呈有序排列，非晶体内部的微粒则处于无序状态，所以二者的性质是不同的。晶体具有以下特征。

1. 有一定的几何外形

从外观上看，晶体一般都具有规则的几何外形。例如食盐晶体是立方体，石英（SiO_2）是六角形方柱体等，见图 1-9。与晶体相反，非晶体没有固定的几何外形，又称无定形体。例如，玻璃、橡胶、沥青、动物胶、松香等，它们的外形是随意性的。

在一定压力下将晶体加热，当温度升到某一定值时，晶体才开始熔化，继续加热，在它没有全部熔化以前，温度保持不变，这时外界供给的热量用于晶体从固体转变为液体，直到晶体全部熔化后，温度才重新上升。而非晶体没有

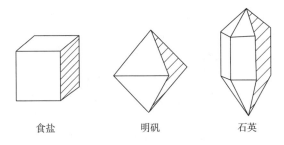

食盐　　　　　明矾　　　　　石英

图 1-9　几种晶体的几何外形

固定的熔点，如玻璃加热，它先变软，然后慢慢地熔化成黏滞性很大的流体。在这一过程中温度是不断上升的，从软化到熔体，有一段温度范围。

2. 各向异性

晶体的某些性质具有方向性，如导电性、导热性、光学性质、力学性质等，在晶体的不同方向表现出明显的差别。例如云母特别容易按纹理面的方向裂成薄片；石墨晶体内平行于石墨层方向比垂直于石墨层的导热率高 4~6 倍，导电率要高 5000 倍。而非晶体是各向同性的。

知识链接

晶体的特性是由晶体的内部结构所决定的。应用 X 射线研究表明，晶体内部的微粒（离子、原子或分子）在空间的排列是有次序的、有规律的，它们总是按照某种确定的规则重复排列。非晶体内部微粒的排列是无次序的、不规律的。晶体与非晶体之间并没有严格的限界，在一定条件下可相互转化。从热力学上讲，晶态物质比非晶态物质稳定。

（四）等离子体

等离子体是物质的另一种存在形式。当气态物质接受足够高的能量（如强热、辐射、放电等）时，气体分子将分解成原子，原子进一步电离成自由电子和正离子，它们的电荷相反而数量相等，当气体中有足够数量的原子电离时，将转化为新的物态——等离子体，有人称它为物质的第四态。等离子体实际上是高度电离的气体。

知识链接

等离子体其实是宇宙中一种常见的物质，在太阳、恒星、闪电中都存在等离子体，它占了整个宇宙的 99%。21 世纪人们已经掌握和利用电场和磁场来控制产生等离子体。最常见的等离子体是高温电离气体，如电弧、霓虹灯和日光灯中的发光气体，又如闪电、极光等。金属中的电子气和半导体中的载流子以及电解质溶液也可以看作是等离子体。在地球上，等离子体物质远比固体、液体、气体物质少。在宇宙中，等离子体是物质存在的主要形式，占宇宙中物质总量的99%以上，如恒星、星际物质以及地球周围的电离层等，都是等离子体。为了研究等离子体的产生和性质以阐明自然界等离子体的运动规律并利用它为人类服务，在天体物理、空间物理，特别是核聚变研究的推动下，近几十年来形成了磁流体力学和等离子体动力学。

习 题

1. 质子数和中子数相同的原子 A，其阳离子 A^{n+} 核外共有 X 个电子，则 A 的质量数为（　　）。

A. $2(X-n)$　　　　　　　　　B. $2(X+n)$

C. $2X$　　　　　　　　　　　D. $n+2X$

2. 下列描述正确的是（　　）。

A. Li、Na、K、Rb、Cs 单质熔沸点依次升高

B. HCl、PH_3、H_2S 稳定性依次减弱

C. NaOH、KOH、CsOH 碱性依次减弱

D. S^{2-}、Cl^-、Ca^{2+} 半径依次减小

3. 下列说法中正确的是（　　）。

A. 同一元素的各同位素，质量数不同，化学性质几乎完全相同

B. 任何元素的原子都是由核外电子、质子和中子构成

C. 钠原子失去一个电子后变成氖原子

4. 已知 X、Y、Z 都是短周期元素，它们的原子序数递增。X 原子的电子层数和它的核外电子数相同，Z 原子的电子数是 A 原子的 8 倍，Y 和 Z 可以形成两种以上的气态化合物。XYZ 分别是什么？

5. 归纳总结离子键、共价键以及离子化合物、共价化合物的差别。

实训一　基础实验能力训练

【教学目标】

1. 了解实验室日常规章制度，并严格遵守。

2. 学习实验室安全事项，火灾、爆炸、中毒、触电、易燃易爆物品事故的预防和处理方法。

3. 认识和掌握实验室常用仪器设备、玻璃器皿及其清洗和干燥的方法。

4. 掌握实验数据的记录、计算及实验报告单的撰写。

【教学时数】

4 课时。

【教学实践条件】

普化室。

【教师任课条件】

熟悉酿酒化学课程，具有一定的教学经验，具有讲师以上职称。

【项目经费】

根据班级人数而定。

【教学内容】

一、实验室规则

为了保证实验的正常进行和培养良好的实验室作风，学生必须遵守下列实验室规则。

（1）实验前应做好一切准备工作　如复习教材中有关的章节，预习实验指导书等，做到心中有数，避免实验时边看边做，降低实验效果。还要充分考虑防止事故的发生，和发生后所采用的安全措施。

（2）进入实验室时，应熟悉实验室及其周围的环境，熟悉灭火器材、急救药品的使用和放置的地方。严格遵守实验室的安全规则和每个具体实验操作中的安全注意事项。如有意外事故发生，应报请老师处理。

（3）实验室应保持安静和遵守纪律，不准用散页纸记录，以免散失。实验过程中精力要集中、操作要认真、观察要细致、思考要积极。

（4）遵从教师的指导，严格按照实验指导书所规定的步骤、试剂的规格和用量进行实验。学生若有新的见解或建议，要改变实验步骤和试剂规格及用量时，须征得教师同意方可。

（5）实验台面和地面要经常保持整洁，暂时不用的器材，不要放在台面上，以免碰倒损坏。污水、污物、残渣、火柴梗、废纸、塞芯和玻璃屑等，应分别放入指定的地方，不要乱抛乱丢，更不能丢入水槽，以免堵塞下水道；废酸和废碱应倒入废液缸中，不能倒入水槽。

（6）要爱护公物，公用器材用完后，须整理好并放回原处。如损坏仪器，要办理登记手续。要节约水、电、煤气及消耗性药品的使用，严格控制药品的用量。

（7）学生轮流值日，值日生应负责管理公用器材，打扫实验室，倒换废液缸，检查水、电、煤气，关好门窗。

二、实验室的安全事项

进行有机化学实验，经常要使用易燃溶剂，如乙醚、乙醇、丙酮和苯等；易燃易爆的气体和药品，如氢气、乙炔和干燥的2，4，6-三硝基苯酚（苦味酸）等；有毒药品，如硝基苯和某些有机磷化合物等；有腐蚀性的药品，如氯磺酸、浓硫酸、浓硝酸、浓盐酸、烧碱及溴等。这些药品使用不当，就有可能产生着火、爆炸、烧伤、中毒等事故。此外，碎的玻璃器皿、煤气、电器设备等使用处理不当也会产生事故，但是这些事故都是可以预防的。只要实验者集中注意力，而不是掉以轻心，树立爱护国家财产的观念，严格执行操作规程，加强安全措施，就一定能有效地维护实验室的安全，正常地进行实验。下列事项应引起高度重视，并认真执行。

1. 实验时的一般注意事项

（1）实验开始前应检查仪器是否完整无损，装置是否正确稳妥。

（2）实验进行时应该经常注意仪器有无漏气、碎裂，反应进行是否正常等情况。

（3）估计可能发生危险的实验，在操作时应使用防护眼镜、面罩、手套等防护设备。

（4）实验中所用药品，不得随意散失、遗弃。对反应中产生有害气体的实验应按规定处理，以免污染环境，影响身体健康。

（5）实验结束后要细心洗手，严禁在实验室内吸烟或饮食。

（6）将玻璃管（棒）或温度计插入塞中时，应先检查塞孔大小是否合适，玻璃是否平光，并用布裹住或涂些甘油等润滑剂后旋转而入。握玻璃管（棒）的手应靠近塞子，防止因玻璃管折断而割伤皮肤。

（7）充分熟悉安全用具如灭火器、砂桶以及急救箱的放置地点和使用方法，并妥加爱护。安全用具及急救药品不准移作他用。

2. 火灾、爆炸、中毒、触电事故的预防

（1）实验中使用的有机溶剂大多易燃　因此，着火是有机实验中常见的事故。防火的基本原则是使火源与溶剂尽可能离得远些。盛有易燃有机溶剂的容器不得靠近火源，数量较多的易燃有机溶剂应放在危险药品橱内。

回流或蒸馏液体时应放沸石，以防溶液因过热暴沸而冲出。若在加热后发现未放沸石，则应停止加热，待稍冷后再放。否则在过热溶液中放入沸石会导致液体迅速沸腾，冲出瓶外而引起火灾。不要用火焰直接加热烧瓶，而应根据液体沸点高低使用石棉网、油浴或水浴。冷凝水要保持畅通，若冷凝管忘记通水，大量蒸气来不及冷凝而逸出也易造成火灾。

（2）煤气开关应经常检查，并保持完好　煤气灯及其橡皮管在使用时也应仔细检查。发现漏气应立即熄灭火源，打开窗户，用肥皂水检查漏气的地方。若不能自行解决者，应急告有关单位马上抢修。

（3）常压操作时，应使全套装置有一定的地方通向大气，切勿造成密闭体系。减压蒸馏时，要用圆底烧瓶或吸滤瓶作接受器，不可用锥形瓶，否则可能会发生炸裂。加压操作时（如高压釜、封管等）应经常注意釜内压力有无超过安全负荷，选用封管的玻璃管厚度是否适当、管壁是否均匀，并要有一定的防护措施。

（4）有些有机化合物遇氧化剂时会发生猛烈爆炸或燃烧，操作时应特别小心。存放药品时，应将氯酸钾、过氧化物、浓硝酸等强氧化剂和有机药品分开存放。

（5）有些实验可能生成有危险性的化合物，操作时需特别小心。有些类型的化合物具有爆炸性，如叠氮化物、干燥的重氮盐、硝酸酯、多硝基化合物等，使用时须严格遵守操作规程。有些有机化合物如醚或共轭烯烃，久置后会生成易爆炸的过氧化物，须特殊处理后才能应用。

（6）在反应过程中可能生成有毒或有腐蚀性气体的实验应在通风橱内进行。使用后的器皿应及时清洗。在使用通风橱时，当实验开始后不要把头伸入橱内。

（7）使用电器时，应防止人体与电器导电部分直接接触，不能用湿的手或手握湿物接触电插头。为了防止触电，装置和设备的金属外壳等都应连接地线。实验后应切断电源，再将连接电源的插头拔下。

3. 事故的处理和急救

倘遇事故应立即采取适当措施并报告教师。

（1）火灾 如一旦发生了火灾，应保持沉着镇静，不必惊慌失措，并立即采取各种相应措施，以减少事故损失。首先，应立即熄灭附近所有火源（关闭煤气），切断电源，并移开附近的易燃物质。少量溶剂（几毫升）着火，可任其烧完。锥形瓶内溶剂着火可用石棉网或湿布盖熄。小火可用湿布或黄砂盖熄。

油浴和有机溶剂着火时绝对不能用水浇，因为这样反而会使火焰蔓延开来。

若衣服着火，切勿奔跑，用厚的外衣包裹使熄灭。较严重者应躺在地上（以免火焰烧向头部）用防火毯紧紧包住，直至火熄，或打开附近的自来水开关用水冲淋熄灭。烧伤严重者应急送至医疗单位。

（2）割伤 取出伤口中的玻璃或固体物，用蒸馏水洗后涂上药水，用绷带扎住。大伤口则应先按紧主血管以防止大量出血，急送至医疗单位。

（3）烫伤 轻伤涂以玉树油或鞣酸油膏，重伤涂以烫伤油膏后送医院。

（4）试剂灼伤　酸：立即用大量水洗，再以 3%～5% 碳酸氢钠溶液洗，最后用水洗。严重时要消毒，拭干后涂烫伤油膏。碱：立即用大量水洗，再以 2% 醋酸液洗，最后用水洗。严重时同上处理。溴：立即用大量水洗，再用酒精擦至无溴液存在为止，然后涂上甘油或烫伤油膏。钠：可见的小块用镊子移去，其余与碱灼伤处理相同。

（5）试剂溅入眼内　任何情况下都要先洗涤，急救后送至医疗单位。

酸：用大量水洗，再用 1% 碳酸氢钠溶液洗。

碱：用大量水洗，再用 1% 硼酸溶液洗。

溴：用大量水洗，再用 1% 碳酸氢钠溶液洗。

玻璃：用镊子移去碎玻璃，或在盆中用水洗，切勿用手揉动。

（6）中毒　吸入气体中毒者，将中毒者移至室外，解开衣领及纽扣。吸入少量氯气或溴，可用碳酸氢钠溶液漱口。

（7）为处理事故需要，实验室应备有急救箱，内置有以下一些物品。

①绷带、纱布、棉花、橡皮膏；医用镊子、剪刀等。

②凡士林、玉树油或鞣酸油膏；烫伤油膏及消毒剂等。

③醋酸溶液（2%）、硼酸溶液（1%）、碳酸氢钠溶液（1% 及饱和）、酒精、甘油、红汞、龙胆紫等。

三、有机实验室仪器设备及装置

进行有机化学实验时，所用的仪器有玻璃仪器、金属用具及其他一些仪器设备。在使用时，有的公用，有的由各人保管使用，分别介绍如下。

（一）玻璃器皿

使用玻璃仪器皆应轻拿轻放，除试管等少数外都不能直接用火加热。锥形瓶不耐压，不能作减压用。厚壁玻璃器皿（如抽滤瓶）不耐热，故不能加热。广口容器（如烧杯）不能存放有机溶剂。带活塞的玻璃器皿用过洗净后，在活塞与磨口间应垫上纸片，以防粘住。如已粘住可在磨口四周涂上润滑剂后用电吹风吹热风，或用水煮后再轻敲塞子，使之松开。此外，不能用温度计作搅拌棒用，也不能用来测量超过刻度范围的温度。温度计用后要缓慢冷却，不可立即用冷水冲洗以免炸裂。普通有机实验玻璃仪器如图 1-10 所示。

在有机化学实验中还常用带有标准磨口的玻璃仪器，统称标准口玻璃仪器。这种仪器可以和相同编号的标准磨口相互连接。这样，既可免去配塞子及钻孔等手续，又能避免反应物或产物被软木塞（或橡皮塞）所沾污。常用的一些标准口玻璃仪器见图 1-11。

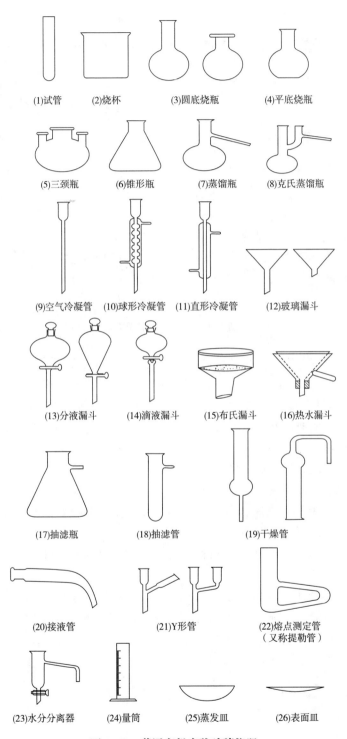

(1)试管　(2)烧杯　(3)圆底烧瓶　(4)平底烧瓶

(5)三颈瓶　(6)锥形瓶　(7)蒸馏瓶　(8)克氏蒸馏瓶

(9)空气冷凝管　(10)球形冷凝管　(11)直形冷凝管　(12)玻璃漏斗

(13)分液漏斗　(14)滴液漏斗　(15)布氏漏斗　(16)热水漏斗

(17)抽滤瓶　(18)抽滤管　(19)干燥管

(20)接液管　(21)Y形管　(22)熔点测定管（又称提勒管）

(23)水分分离器　(24)量筒　(25)蒸发皿　(26)表面皿

图 1-10　普通有机实验玻璃仪器

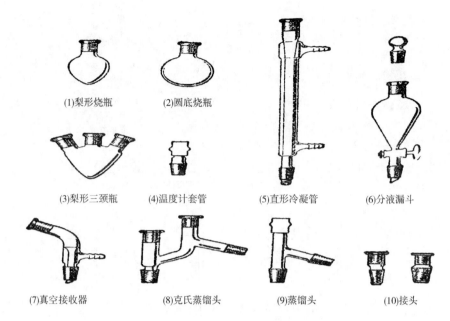

(1)梨形烧瓶　　(2)圆底烧瓶

(3)梨形三颈瓶　　(4)温度计套管　　(5)直形冷凝管　　(6)分液漏斗

(7)真空接收器　　(8)克氏蒸馏头　　(9)蒸馏头　　(10)接头

图 1-11　标准口玻璃仪器

由于玻璃仪器容量大小及用途不一，故有不同编号的标准磨口。通常应用的标准磨口有 10、14、19、24、29、34、40、50 等多种。这里的数字编号是指磨口最大端直径的毫米数。相同编号的内外磨口可以紧密相接。有的磨口玻璃仪器也常用两个数字表示磨口大小，例如 10/30 则表示此磨口最大处直径为10mm，磨口长度为 30mm。有时两玻璃仪器因磨口编号不同无法直接连接，则可借助于不同编号的磨口接头［图 1-11（10）］使之连接。

使用标准口玻璃仪器时须注意。

（1）磨口处必须洁净，若粘有固体杂物，则使磨口对接不致密，导致漏气，若杂物过硬更会损坏磨口。

（2）用后应拆卸洗净。否则若长期放置，磨口的连接处常会粘牢，难以拆开。

（3）一般使用时磨口无须涂润滑剂，以免沾污反应物或产物。若反应中有强碱，则应涂润滑剂，以免磨口连接处因碱腐蚀粘牢而无法拆开。

（4）安装标准磨口玻璃仪器装置时应注意整齐、正确，使磨口连接处不受歪斜的应力，否则常易将仪器折断，特别在加热时，仪器受热，应力更大。

（二）其他仪器设备

1. 金属用具

铁夹、铁架、铁圈、三脚架、水浴锅、热水漏斗、镊子、剪刀、三角锉刀、圆锉刀、打孔器、压塞机、水蒸气发生器、煤气灯、鱼尾灯头、不锈钢刮刀。

2. 钢瓶

钢瓶又称高压气瓶，是一种在加压下贮存或运送气体的容器，通常有铸钢、低合金钢和玻璃钢（即玻璃增强塑料）等。氢气、氧气、氮气、空气等在钢瓶中呈压缩气状态；二氧化碳、氨、氯、石油气等在钢瓶中呈液化状态。乙炔钢瓶内装有多孔性物质（如木屑、活性炭等），乙炔气体在压力下分散于其中。玻璃钢瓶因内衬系纯铝制成，故只能装氧气、氮气和压缩空气，不得充装氢气以及有腐蚀性的或在高压下能与铝发生反应的气体。为了防止各种钢瓶混用，全国统一规定了瓶身、横条以及标字的颜色，以示区别。现将常用的几种钢瓶的标色摘录，见表1-7。

表 1-7 常用的几种钢瓶标色

气体类别	瓶身颜色	横条颜色	标字颜色
氮气	黑	棕	黄
空气	黑	—	白
二氧化碳	黑	—	白
氧气	天蓝	—	黑
氢气	深绿	红	红
氯气	草绿	白	白
氨气	黄	—	黑
其他一切可燃气体	红	—	—
其他一切不可燃气体	黑	—	—

四、仪器的清洗、干燥

1. 仪器的清洗

在进行实验时，为了避免杂质混入反应物中，必须用清洁的玻璃仪器。有机化学实验中最简单而常用的清洗玻璃仪器的方法是用长柄毛刷（试管刷）和去污粉刷洗器壁，直至玻璃表面的污物除去为止，最后再用自来水清洗。有时去污粉的微小粒子会粘附在玻璃器皿壁上，不易被水冲走，此时可用2%盐酸摇洗一次，再用自来水清洗。当仪器倒置，器壁不挂水珠时，即已洗净，可供一般实验使用。在某些实验中，当需要更洁净的仪器时，则可使用洗涤剂洗涤。若用于精制产品，或供有机分析用的仪器，则还应用蒸馏水摇洗以除去自来水冲洗时带入的杂质。

为了使清洗工作简便有效，最好在每次实验结束后，立即清洗使用过的仪器，因为污物的性质在当时是清楚的，容易用合适的方法除去。例如已知瓶中残渣为碱性时，可用稀盐酸或稀硫酸溶解；反之，酸性残渣可用稀的氢氧化钠溶液除去。如已知残留物溶解于常用的有机溶剂中，可用适量的该溶剂处理。当不清洁的仪器放置一段时间后，往往由于挥发性溶剂的逸去，使洗涤工作变得更加困难。若用过的仪器中有焦油状物，则应先用纸或去污粉擦去大部分焦油状物后再酌情用各种方法清洗。

必须反对盲目使用各种化学试剂和有机溶剂来清洗仪器。这样不仅造成浪费，而且还可能带来危险。

2. 仪器的干燥

进行有机化学实验的玻璃仪器除需要洗净外，常常还需要干燥。仪器的干燥与否有时甚至是实验成败的关键。一般将洗净的仪器倒置一段时间后，若没有水迹，即可使用。有些实验须严格要求无水，否则阻碍反应正常进行，这时，可将所使用的仪器放在烘箱中烘干。较大的仪器或者在洗涤后立即使用的仪器，为了节省时间，可将水尽量沥干后，加入少量丙酮或乙醇摇洗（使用后的乙醇或丙酮应倒回专用的回收瓶中），再用电吹风吹干。先通入冷风 1 ~ 2min，当大部分溶剂挥发后再吹入热风使干燥完全（有机溶剂蒸气易燃烧和爆炸，故不宜先用热风吹）。吹干后，再吹冷风使仪器逐渐冷却。

3. 实验产率的计算

有机反应中，理论产量是指根据反应方程式，原料全部转化成产物，同时在分离和纯化过程中没有损失的产物的数量。产量（实际产量）是指实验中实际分离获得的纯粹产物的数量。百分产率是指实际得到的纯粹产物的质量和计算的理论产量的比值，即：

$$百分产率 = \frac{实际产量}{理论产量} \times 100\%$$

例：用 20g 环己醇和催化用的硫酸一起加热时，可得到 12g 环己烯，试计算其百分产率。

根据化学反应式：1mol 环己醇能生成 1mol 环己烯，用 20g 即 20/100 = 0.2mol 环己醇，理论上应得 0.2mol 环己烯，理论产量为 0.2×82g = 16.4g，但实际产量为 12g，所以百分产率为：

$$\frac{12}{16.4} \times 100\% = 73\%$$

在有机化学实验中，产率通常不可能达到理论值，这是由于下面一些因素影响所致。

（1）可逆反应　在一定的实验条件下化学反应建立了平衡，反应物不可能完全转化成产物。

（2）有机化学反应比较复杂，在发生主要反应的同时，一部分原料消耗在副反应中。

（3）分离和纯化过程中所引起的机械损失。

为了提高产率，常常增加某一反应物的用量。究竟选择哪一个试剂过量要根据有机化学反应的实际情况、反应的特点、各试剂的相对价格、在反应后是否易于除去以及对减少副反应是否有利等因素来决定。下面是在这种情况下计算产率的一个实例。

用 12.2g 苯甲酸、35mL 乙醇和 4mL 浓硫酸一起回流，制得苯甲酸乙酯12g。这里，浓硫酸是用作这个酯化反应的催化剂。

$$COOH \qquad\qquad\qquad\qquad\qquad COOC_2H_5$$

$$+ \; C_2H_5OH \xrightarrow[\triangle]{H_2SO_4} \qquad\qquad +H_2O$$

| 122 | 46 | 150 |

12.2g（0.1mol）　26.6g（0.58mol）　　　12g

从反应方程式中各物料的摩尔比很容易看出乙醇是过量的，故理论产量应根据苯甲酸来计算。0.1mol 苯甲酸理论上应产生 0.1mol 即 $0.1×150=15g$ 苯甲酸乙酯。百分产率为：

$$\frac{12}{15} \times 100\% \; = \; 80\%$$

五、实验预习、记录和实验报告

1. 实验预习

每个学生都应准备一本实验记录本。在每次实验前必须认真预习，做好充分准备。预习的具体要求如下。

（1）将实验的目的和要求、反应式（正反应、主要副反应）、主要试剂和产物的物理常数（查阅手册或词典）以及主要试剂的用量（g、mL、mol）和规格摘录于记录本中。

（2）列出粗产品纯化过程原理，明确各步骤操作的目的和要求。

（3）写出实验简单步骤　每个学生应根据实验内容上的文字改写成简单明了的实验步骤（不要照抄实验的内容）。步骤中的文字可用符号简化，例如试剂写成分子式，克用 g，毫升用 mL，加热用△，加用+，沉淀用↓，气体逸出用↑……仪器以示意图代之。学生在实验初期可画装置简图，步骤写得详细些，以后逐步简化。这样在实验前已形成了一个工作提纲，实验应按提纲进行。

2. 实验记录

进行实验时要做到操作认真、观察仔细、思考积极，并将观察到的现象及测得的各种数据，及时如实地记录于记录本中。记录要做到简要明确、字迹整洁。实验完毕后，同学应将实验记录本和产物交给老师。产物应盛于样品瓶中贴好标签。

3. 计算产率及讨论

计算产率，并根据实验情况讨论观察到的现象及结果（也可由教师指定回答部分思考题），并提出对本实验的改进意见。

在进行实验操作之后，总结进行的工作，分析出现的问题，整理归纳结果是完成实验不可缺少的一步。同时也是把直接的感性认识提高到理性思维的必要一步。实验报告就是进行这项培养和训练的，因此务必认真对待。

【课外作业】

阅读易燃易爆化学药品的相关材料，并撰写报告。

【考核标准】

1. 考核由指导教师组织进行。按教学计划和实训指导书的要求，学生必须完成实训的全部任务。实习学生须提交实验报告单及课外作业等规定的资料后方可参加考核。

2. 考核方案，见表1-8。

（1）考勤。

（2）课堂操作情况。

（3）实训项目考核。

（4）实习报告、实习总结。

表1-8　考核方案示例

序号	考核项目	满分	考核标准	考核情况	得分
1	考勤	10	严格遵守实验室规章制度，无迟到、早退、旷课等现象，迟到一次扣3分，旷课一次扣10分，早退一次扣5分		
2	课堂操作情况	30	熟悉实验的安全操作规程，认真落实安全教育，衣着、操作符合实验室规定，违反一次扣5分		
3	实训项目考核	50	根据对该项目的掌握情况，优秀45~50分，良好35~45分，合格25~30分，不合格25分以下		
4	实验报告单	10	根据该组最后的实验数据考核		

实训二　微量法测定沸点

【教学目标】

1. 了解沸点的定义。

2. 掌握微量法测定沸点的方法。

3. 掌握 B 形管（提勒管）的使用方法。

4. 掌握热浴间接加热技术。

【教学时数】

4 课时。

【教学实践条件】

普化室。

【教师任课条件】

熟悉酿酒化学课程，具有一定的教学经验，具有讲师以上职称。

【项目经费】

根据班级人数而定。

【教学内容】

一、实验原理

一种液体物质在一定的温度下，有一个一定的与它平衡的蒸气压，此项蒸气压随温度的改变而改变。温度上升蒸气压也随之上升，当达到某一温度时，液体的蒸气压与大气压相等，此时液体内部的蒸气可以自由地逸出液面，因而出现沸腾现象。因此，当液体的蒸气压与标准大气压相等时的温度，称为这一液体的沸点。

二、实验仪器及试剂

仪器：玻璃管、毛细管、玻璃棒、火柴、小烧杯、温度计、橡皮筋、铁架台、棉线、石棉网、药勺、酒精灯（可用调温电热套替代）、提勒管、温度计、表面皿、酒精灯。

试剂：萘、乙酰苯胺、苯甲酸、固体未知样 1~2 个、无水乙醇、工业酒精。

三、实验步骤

取一支直径为 1cm，长约 10cm 的小试管作为装试剂的外管。另取长约 12cm，内径约 1mm 的一端封口（距一端 10mm 处熔封）的毛细管，作为内管。

装试剂时，可用吸管把试剂装入外管，试料的高度应为 6~8mm（样品的高度与温度计水银球齐平），将外管用橡皮圈固定在温度计上，管底与水银球相齐，如图 1-12 或 1-13 所示。然后使距熔封点较短的一端朝下插入外管里，这样就有少量液体吸入管内。像熔点测定时一样，把沸点管和温度计悬浸于水浴中（注意勿使温度计及沸点管与浴底或壁接触）。热浴可用小烧杯操作。用小烧杯做热浴时，需用搅拌，以便加热均匀。

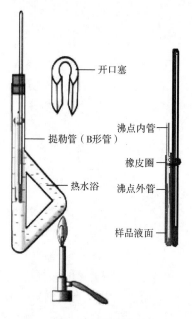

图 1-12　微量法沸点测定管

开口塞

提勒管（B形管）

热水浴

沸点内管

橡皮圈

沸点外管

样品液面

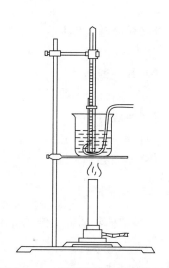

图 1-13　微量法沸点测定装置

将热浴在石棉网上慢慢加热，为使温度均匀地上升，可用环形搅拌棒上下搅拌。当温度到达比沸点稍高的时候，可以看到从内管中有一连串的小气泡不断地逸出。此时停止加热，让热浴慢慢冷却。当液体开始不冒气泡和气泡将要缩入内管时（最后一个小气泡刚欲缩回但又未缩进去的瞬间）的温度即为该液体的沸点，记录下这一温度。这时液体蒸气压与外界大气压相等。等热浴温度降低数度后，取出起泡毛细管，轻轻挥动以除去管内液体，再插入沸点管中。然后再重复上述测定过程 2~3 次，每次结果相差不得超过 1~2℃。

四、注意事项

（1）测定沸点时，加热不应过猛，尤其是在接近样品的沸点时，升温更要慢一些，否则沸点管内的液体会迅速挥发而来不及测定。

（2）如果在加热测定沸点过程中，没能观察到一连串小气泡快速逸出，可能是沸点内管封口没封好。此时，应停止加热，换一根内管，待导热液温度降低 20℃后即可重新测定。

【课外作业】

1. 用微量法测定沸点，把最后一个气泡刚欲缩回至内管的瞬间温度作为该化合物的沸点，为什么？

2. 什么是沸点？水的沸点在不同的地方是否相同？

3. 具有固定沸点的液体能否说明它就是纯净物？

【考核标准】

1. 考核由指导教师组织进行。按教学计划和实训指导书的要求，学生必须完成实训的全部任务。实习学生须提交实验报告单及课外作业等规定的资料后方可参加考核。

2. 考核方案，见表 1-9。

（1）考勤。

（2）课堂操作情况。

（3）实训项目考核。

（4）实习报告、实习总结。

表 1-9　考核方案示例

序号	考核项目	满分	考核标准	考核情况	得分
1	考勤	10	严格遵守实验室规章制度，无迟到、早退、旷课等现象，迟到一次扣 3 分，旷课一次扣 10 分，早退一次扣 5 分		
2	课堂操作情况	30	熟悉实验的安全操作规程，认真落实安全教育，衣着、操作符合实验室规定，违反一次扣 5 分		
3	实训项目考核	50	根据对该项目的掌握情况，优秀 45~50 分，良好 35~45 分，合格 25~30 分，不合格 25 分以下		
4	实验报告单	10	根据该组最后的实验数据考核		

实训三　医用氯化钠的制备

【教学目标】

1. 掌握医用氯化钠的制备原理和方法。

2. 掌握称量、溶解、过滤、沉淀、抽滤、蒸发等基本操作。

3. 练习 pH 试纸的使用方法。

【教学时数】

4 课时。

【教学实践条件】

普化室。

【教师任课条件】

熟悉酿酒化学课程，具有一定的教学经验，具有讲师以上职称。

【项目经费】

根据班级人数而定。

【教学内容】

一、实验原理

医用氯化钠是以粗盐为原料提纯而得的。粗盐中含有多种杂质，既有不溶性的杂质，如泥沙；还有可溶性杂质，如 SO_4^{2-}，Ca^{2+}，Mg^{2+}，K^+ 等相应盐类。不溶性杂质，可用过滤的方法除去，而对于可溶性杂质，如 SO_4^{2-}，Ca^{2+}，Mg^{2+}，K^+ 等，则必须用化学方法处理才能除去。

常用的化学方法是先加入稍过量的 $BaCl_2$ 溶液将 SO_4^{2-} 转化为难溶的 $BaSO_4$ 沉淀通过过滤而除去。

$$Ba^{2+} + SO_4^{2-} \Longrightarrow BaSO_4\downarrow$$

再向该溶液中加入 $NaOH-Na_2CO_3$ 混合溶液，Ca^{2+}、Mg^{2+} 以及过量的 Ba^{2+} 也可分别生成相应的沉淀而除去。

$$Ca^{2+} + CO_3^{2-} \Longrightarrow CaCO_3\downarrow$$

$$2Mg^{2+} + 2OH^- + CO_3^{2-} \Longrightarrow Mg_2(OH)_2CO_3\downarrow$$

$$Ba^{2+} + CO_3^{2-} \Longrightarrow BaCO_3\downarrow$$

过滤后的溶液中，加 HCl 中和过量的混合碱并使之呈弱酸性，可除去上步引入的 OH^-、CO_3^{2-}。

$$H^+ + OH^- \Longrightarrow H_2O$$

$$2H^+ + CO_3^{2-} \Longrightarrow H_2O + CO_2\uparrow$$

对于其中少量的 Br^-、I^-、K^+，由于其含量少，溶解度大，在最后的浓缩、结晶中仍留在母液中而与 NaCl 分离。

二、实验仪器及试剂

仪器：小烧杯 250mL、大烧杯 500mL、量筒、蒸发皿、漏斗、酒精灯、电炉、石棉网、托盘天平、pH 试纸、玻璃棒。

试剂：HCl（2mol/L）、H_2SO_4（0.5mol/L）、HAc（3mol/L）、NaOH

（2mol/L）、Na_2CO_3（饱和溶液）、$BaCl_2$（25%，0.1mol/L）、粗食盐 10g。

三、实验步骤

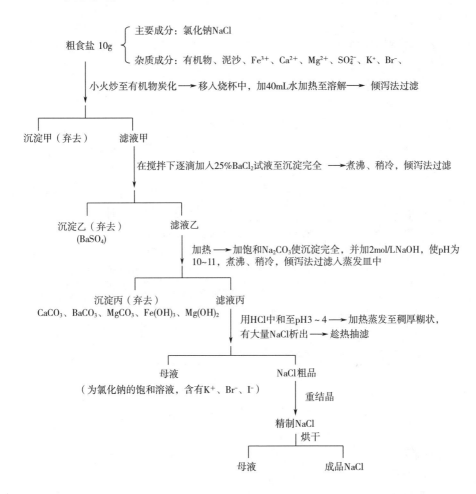

四、注意事项

（1）产品炒干时要用小火，以免食盐飞溅伤人。

（2）蒸发浓缩 NaCl 产品溶液至稠糊状即可，不可蒸干。

【课外作业】

1. 除去 SO_4^{2-}、Mg^{2+}、Ca^{2+} 等离子的顺序是否能够倒置，为什么？

2. 在操作过程中如何提高产率？为什么？

3. 是否可以用 $CaCl_2$ 代替 $BaCl_2$ 来除去食盐中的 SO_4^{2-}？

【考核标准】

1. 考核由指导教师组织进行。按教学计划和实训指导书的要求，学生必须完成实训的全部任务。实习学生须提交实验报告单及课外作业等规定的资料后方可参加考核。

　　2. 考核方案，见表 1-10。

　　(1) 考勤。

　　(2) 课堂操作情况。

　　(3) 实训项目考核。

　　(4) 实习报告、实习总结。

表 1-10　考核方案示例

序号	考核项目	满分	考核标准	考核情况	得分
1	考勤	10	严格遵守实验室规章制度，无迟到、早退、旷课等现象，迟到一次扣 3 分，旷课一次扣 10 分，早退一次扣 5 分		
2	课堂操作情况	30	熟悉实验的安全操作规程，认真落实安全教育，衣着、操作符合实验室规定，违反一次扣 5 分		
3	实训项目考核	50	根据对该项目的掌握情况，优秀 45~50 分，良好 35~45 分，合格 25~30 分，不合格 25 分以下		
4	实验报告单	10	根据该组最后的实验数据考核		

实训四　重结晶提纯

【教学目标】

1. 学习重结晶法提纯固体化合物的原理和方法。

2. 掌握固体化合物的提纯操作方法。

3. 掌握抽滤、热过滤操作和扇形滤纸的折叠方法。

【教学时数】

4 课时。

【教学实践条件】

普化室。

【教师任课条件】

熟悉酿酒化学课程，具有一定的教学经验，具有讲师以上职称。

【项目经费】

根据班级人数而定。

【教学内容】

一、实验原理

利用混合物中各组分在某种溶剂中溶解度不同或在同一溶剂中不同温度时的溶解度不同而使它们相互分离。从有机合成反应分离出来的固体粗产物往往含有未反应的原料、副产物及杂质，必须加以分离纯化。重结晶是分离提纯固体化合物的一种重要、常用的分离方法之一。它适用于产品与杂质性质差别较大、产品中杂质含量小于5%的体系。

二、实验仪器和材料

1. 仪器

真空抽滤机、循环水泵、电热套、保温漏斗、短颈漏斗、布式漏斗、表面皿、烧杯、锥形瓶、吸滤瓶、胶塞、玻璃棒、滤纸、铁架台、酒精灯、天平、石棉网、药勺。

2. 材料

氯化钠、工业酒精、活性炭、小烧杯（250mL）、大烧杯（500mL）。

三、实验步骤

1. 重结晶知识

从实验室制备或自然界得到的固体化合物往往是不纯的，重结晶是提纯固体化合物常用的方法之一。大多数固体化合物在溶剂中的溶解度随温度的升高而增大，当被提纯物的热饱和溶液在冷却时，溶质就会以晶体析出。不同物质在同一溶剂中的溶解度是不同的。如果杂质的溶解度极小，则配成热饱和溶液后可以通过热过滤除去；若杂质的溶解度较大，则重结晶后杂质留在母液中，都能达到纯化的目的。重结晶一般只适用于杂质含量小于5%的固体物质的提纯。

2. 重结晶的操作

（1）配制热饱和溶液　选好溶剂后即可进行较大量产品的重结晶。配制热饱和溶液时应根据所用溶剂的沸点及可燃性选择合适的热源。用水作溶剂时，可在烧杯或锥形瓶中进行重结晶；而用有机溶剂时，则必须用锥形瓶或圆底烧瓶作容器，同时，还须安装回流冷凝管，防止溶剂挥发造成火灾。溶解产品时先加入比计算量少的溶剂，加热沸腾一段时间后，从冷凝管的上口分次加入溶剂，并使溶液保持沸腾，注意观察样品溶解情况，直至样品完全溶解。此时再使其过量约20%，以补偿热过滤时因温度的降低和溶剂的挥发，结晶在滤纸上析出而造成的损失。

（2）活性炭脱色　当重结晶的样品带有颜色时可加入适量活性炭脱色。活性炭的脱色效果和溶液的极性、杂质的多少有关，活性炭在水溶液及极性有机溶剂中脱色效果较好，而在非极性溶剂中效果则不太显著。活性炭的用量一般为样品的 1%~5%。加入量过多会吸附部分产品，过少则达不到理想的脱色效果。加入活性炭时应在饱和溶液稍冷后加入，以免暴沸使溶液冲出。加入活性炭后摇匀，使其均匀分布在溶液中，然后加热微沸 5~10min，趁热过滤除去活性炭和不溶性杂质。

（3）热过滤　热过滤时，既要滤除活性炭和不溶性杂质，又要避免溶液冷却而在滤纸和漏斗中析出结晶，因此，热过滤时动作要迅速，尽量不使溶液降温。

热过滤的方法有两种，即常压和减压热过滤。常用布氏漏斗或砂芯漏斗进行减压抽滤，装置图见图 1-14（1），布氏漏斗的下端斜口应对准抽滤瓶的侧口。滤纸要比布氏漏斗的内径略小，但必须将漏斗的小孔完全覆盖。抽滤前应先将布氏漏斗预热，并用少量溶剂润湿滤纸。待滤纸紧贴后迅速倒入热的待过滤液，并用极少量热溶剂洗涤锥形瓶及活性炭等。常压热过滤是用热水漏斗，见图 1-14（2），装上水后，铺上扇形滤纸［折法见图 1-14（3）］，然后用酒精灯在支管处加热，待温度达到要求后，即趁热过滤。

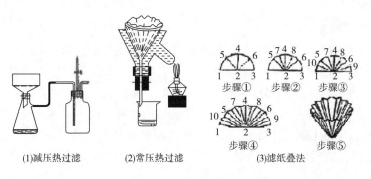

(1)减压热过滤　(2)常压热过滤　(3)滤纸叠法

步骤①　步骤②　步骤③　步骤④　步骤⑤

图 1-14　热过滤装置

（4）结晶的析出　将上述热抽滤液及洗涤液合并后静置，自然冷却，结晶慢慢析出。结晶的大小与冷却的温度有关。一般迅速冷却并搅拌，往往得到细小的晶体，表面积大，表面吸附杂质较多。如将热滤液慢慢冷却，析出的结晶较大，但往往有母液和杂质包在结晶内部。因此要得到纯度高、结晶好的产品，还需要摸索冷却的过程，但一般只要让热溶液静置冷却至室温即可。如果放冷后也无结晶析出，可用玻璃棒在液面下摩擦器壁或投入该化合物的结晶作为晶种，促使晶体较快地析出；也可将过饱和溶液放入冰箱内促使结晶析出。

（5）结晶的收集和干燥　为了把结晶从母液中分离出来，一般采用布氏漏斗进行抽气过滤。布氏漏斗里的晶体应用同一溶剂进行洗涤。用量应尽量少，以减少产品的溶解损失。如重结晶溶剂的沸点较高，在用原溶剂至少洗涤一次后，可用低沸点的溶剂洗涤，使最后的结晶产物易于干燥。

抽滤和洗涤后的结晶，表面上还吸附有少量的溶剂，因此需用适当的方法进行干燥。重结晶后的产物需要通过测定熔点来检验其纯度，在测定熔点前，晶体必须充分干燥，否则熔点会下降。固体的干燥方法很多，可根据重结晶所用的溶剂及结晶的性质来选择。

提纯粗制的氯化钠：将 2g 粗制的氯化钠及一定计量的水加入 100mL 烧杯中，加热至沸腾，直到氯化钠溶解（若不溶解可适量添加少量热水，搅拌并加热至接近沸腾使氯化钠溶解）。取下烧杯稍冷后再加入计量的活性炭于溶液中，煮沸 5~10min。趁热用热水漏斗和扇形滤纸进行过滤，用一只烧杯收集滤液。在过滤过程中，热水漏斗和溶液均应用小火加热保温以免冷却（用真空抽滤机过滤，用一只烧杯收集滤液）。

滤液放置彻底冷却，待晶体析出，抽滤（真空抽滤机）出晶体，并用少量溶剂（水）洗涤晶体表面，抽干后，取出产品放在表面皿上晾干或烘干，测试熔点及红外光谱。

四、注意事项

（1）用活性炭脱色时，不要把活性炭加入正在沸腾的溶液中。

（2）滤纸不应大于布氏漏斗的底面。

（3）停止抽滤时先将抽滤瓶与抽滤泵间连接的橡皮管拆开，或者将安全瓶上的活塞打开与大气相通，再关闭泵，防止水倒流入抽滤瓶内。

【课外作业】

1. 液体化合物分离提纯的方法有哪些？液体化合物的检验方法是什么？

2. 重结晶的意义是什么？重结晶提纯法的一般过程是什么？

3. 理想溶剂必须具备的条件是什么？常用的溶剂及混合溶剂有哪些？溶剂选择的原理是什么？溶剂选择的方法是什么？使用有毒或易燃的溶剂进行重结晶时应注意哪些问题？

4. 使用活性炭脱色应该注意哪些问题？

5. 母液浓缩后所得到的晶体为什么比第一次得到的晶体纯度要差？

6. 如何鉴定重结晶纯化后产物的纯度？固体化合物纯度检验方法是什么？

【考核标准】

1. 考核由指导教师组织进行。按教学计划和实训指导书的要求，学生必须完成实训的全部任务。实习学生须提交实验报告单及课外作业等规定的资料后方可参加考核。

2. 考核方案，见表 1–11。

（1）考勤。

（2）课堂操作情况。

（3）实训项目考核。

（4）实训报告、实训总结。

表 1–11 考核方案示例

序号	考核项目	满分	考核标准	考核情况	得分
1	考勤	10	严格遵守实验室规章制度，无迟到、早退、旷工等现象，迟到一次扣 3 分，旷课一次扣 10 分，早退一次扣 5 分		
2	课堂操作情况	30	熟悉实验的安全操作规程，认真落实安全教育，衣着、操作符合实验室规定，违反一次扣 5 分		
3	实训项目考核	50	根据对该项目的掌握情况，优秀 45~50 分，良好 35~45 分，合格 25~30 分，不合格 25 分以下		
4	实验报告单	10	根据该组最后的实验数据考核		

项目二 饱和烃

仅由碳氢两种元素组成的有机化合物称为碳氢化合物，简称为烃。

根据分子中碳骨架的不同，烃有如下分类：

$$\text{烃}\begin{cases}\text{烷烃（脂肪烃）}\\ \text{不饱和烃}\begin{cases}\text{脂环烃}\\ \text{芳香烃}\end{cases}\end{cases}$$

一、烷烃的通式、同系列和构造异构

（一）烷烃

分子中的碳原子以单键相互连接，其余价键与氢原子结合的链烃称为烷烃，烷烃又称为饱和烃。

（二）通式

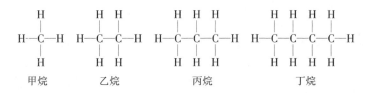

| 甲烷 | 乙烷 | 丙烷 | 丁烷 |

从甲烷开始，每增加一个碳原子就相应地增加两个氢原子，因此烷烃的通式为 C_nH_{2n+2}

n 表示碳原子的数目（$n=1,2,3\cdots\cdots$），理论上 n 可以很大，但已知的烷烃 n 大约在 100 以内。

（三）同系列

烷烃分子通式相同、结构相似，在组成上相差一个或多个系差的一系列化合物称为同系列。

相邻的两烷烃分子间相差一个 CH_2 基团，这个 CH_2 基团称为系差。同系列中的各化合物互称为同系物。同系列中的同系物的结构相似，化学性质相近，物理性质随着碳原子的增加而呈现规律性变化。

如，甲烷、乙烷、丁烷互为同系物。

$$CH_4 \qquad H_3C{-}CH_3 \qquad CH_3{-}CH_2{-}CH_2{-}CH_3$$

甲烷　　　　　乙烷　　　　　　　　丁烷

（四）构造异构

分子式为 C_4H_{10} 的烷烃，存在以下两种构造。

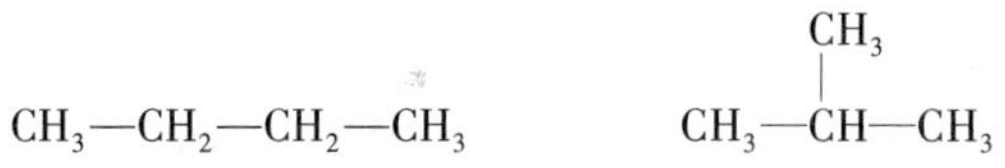

$$CH_3{-}CH_2{-}CH_2{-}CH_3 \qquad\qquad CH_3{-}\overset{\displaystyle CH_3}{\underset{}{CH}}{-}CH_3$$

正丁烷　　　　　　　　　　　异丁烷

沸点：　　　　　−0.5℃　　　　　　　　　−11.73℃

前者称为正丁烷，后者称为异丁烷。显然，正丁烷和异丁烷是同分异构体。这种因为分子中各原子的不同连接方式和次序而引起的同分异构现象称为构造异构。

烷烃构造异构体的数目见表 2-1。

表 2-1　烷烃构造异构体的数目

碳原子数目	异构体数目	碳原子数目	异构体数目
1~3	1	8	18
4	2	9	35
5	3	10	75
6	5	15	4347
7	9	20	366319

知识链接

　　最简单的有机物为甲烷。甲烷在自然界的分布很广，是天然气（甲烷约占 87%）、沼气、坑气等的主要成分，俗称瓦斯，也是含碳量最小（含氢量最大）的烃；可用来作为燃料及制造氢气，合成氨、炭黑、一氧化碳、硝氯基甲烷、二硫化碳、一氯甲烷、二氯甲烷、三氯甲烷、四氯化碳、氢氰酸及甲醛等物质的原料。甲烷无色、无味，而家用天然气的特殊味道，是为了安全而添加的人工气味，通常是使用甲硫醇或乙硫醇。2018 年，美国研究人员首次直接证明了甲烷是导致地球表面温室效应不断增加的原因。

二、烷烃的结构

（一）碳原子的 sp^3 杂化

1. 杂化轨道

　　碳原子在成键时，能量相同或相近的原子轨道，可以重新组合成新的轨道，称为杂化轨道。

2. 甲烷的正四面体构型

　　甲烷为正四面体构型，碳原子处于正四面体的中心，与碳原子相连的 4 个氢原子位于正四面体的四个顶点，四个碳氢键完全相同，键长为 0.110nm，彼此间的键角为 109.5°。甲烷的正四面体构型如图 2-1 所示。

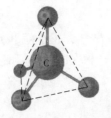 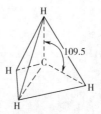

图 2-1　甲烷的正四面体构型

碳原子的 sp^3 杂化轨道如下所示：

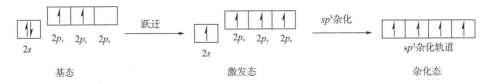

4 个完全等同的 sp^3 杂化轨道以正四面体形对称地排布在碳原子的周围，它们的对称轴之间的夹角为 109.5°。sp^3 杂化轨道的形状、分布如图 2-2 所示。

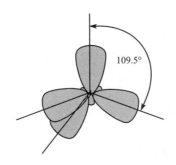

图 2-2　碳原子的 sp^3 杂化轨道

（二）σ 键的形成及其特点

1. σ 键

像甲烷分子中的碳氢键这样，成键原子沿键轴方向重叠（也称为"头碰头"重叠）形成的共价键称为 σ 键。

2. σ 键的特点

轨道重叠程度大，键比较牢固；成键电子云呈圆柱形对称分布在键轴周围，成键两原子可以绕键轴相对自由旋转，见图 2-3。

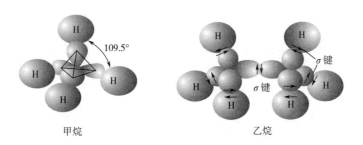

甲烷　　　　　　　　乙烷

图 2-3　σ 键两种分子示例

（三）烷烃分子的模型

1. 球棍模型（Kekulé 模型）
图 2-4 为球棍模型。

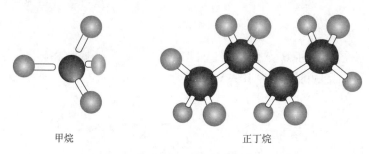

甲烷   正丁烷

图 2-4　两种分子的球棍模型

2. 比例模型（Stuart 模型）
图 2-5 为比例模型。

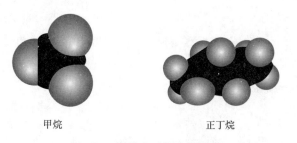

甲烷   正丁烷

图 2-5　两种分子的比例模型

三、烷烃的命名

（一）碳、氢原子的类型和烷基

1. 伯碳原子（又称为一级碳原子）
只与一个碳原子直接相连的碳原子，常用 1°表示。
2. 仲碳原子（又称为二级碳原子）
与两个碳原子直接相连的碳原子，常用 2°表示。
3. 叔碳原子（又称为三级碳原子）
与三个碳原子直接相连的碳原子，常用 3°表示。
4. 季碳原子（又称为四级碳原子）
与四个碳原子直接相连的碳原子，常用 4°表示。

例如，

$$
\begin{array}{c}
1^\circ \\
CH_3 \\
| \\
1^\circ \quad 4^\circ \quad 2^\circ \quad 3^\circ \quad 1^\circ \\
CH_3 \!-\! C \!-\! CH_2 \!-\! CH \!-\! CH_3 \\
| \qquad\qquad | \\
CH_3 \qquad CH_3 \\
1^\circ \qquad\quad 1^\circ
\end{array}
$$

与伯、仲、叔碳原子直接相连的氢原子分别称为伯、仲、叔氢原子（常用 $1^\circ H$、$2^\circ H$、$3^\circ H$ 表示）。因季碳原子上不连氢原子，所以氢原子只有 3 种类型。

5. 烷基的命名

烷基：烷烃分子中去掉一个氢原子所剩余的部分称为烷基。

通式：$-C_nH_{2n+1}$，常用 R— 表示。

烷基是根据相应烷烃的习惯名称以及去掉的氢原子的类型而命名的。

（1）常见烷基

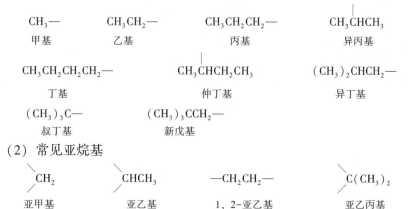

CH$_3$—　　　　CH$_3$CH$_2$—　　　　CH$_3$CH$_2$CH$_2$—　　　　CH$_3$CHCH$_3$
　甲基　　　　　　乙基　　　　　　　　丙基　　　　　　　　异丙基

CH$_3$CH$_2$CH$_2$CH$_2$—　　　　CH$_3$CHCH$_2$CH$_3$　　　　（CH$_3$）$_2$CHCH$_2$—
　　　丁基　　　　　　　　　　仲丁基　　　　　　　　异丁基

（CH$_3$）$_3$C—　　　　（CH$_3$）$_3$CCH$_2$—
　　叔丁基　　　　　　　新戊基

（2）常见亚烷基

CH$_2$　　　　CHCH$_3$　　　　—CH$_2$CH$_2$—　　　　C(CH$_3$)$_2$
亚甲基　　　　亚乙基　　　　1, 2-亚乙基　　　　亚乙丙基

（二）习惯命名法

习惯命名法是根据烷烃分子中碳原子的数目命名为"正（或异、新）某烷"。其中"某"字代表碳原子数目，其表示方法为：含碳原子数目为 $C_1 \sim C_{10}$ 的用天干名称甲、乙、丙、丁、戊、己、庚、辛、壬、癸来表示；含 10 个以上碳原子时，用中文数字"十一、十二……"来表示。命名原则如下。

（1）当分子结构为直链时，将其命名为"正某烷"。

例如，　　　　　CH$_3$CH$_2$CH$_2$CH$_3$　　　　CH$_3$(CH$_2$)$_{10}$CH$_3$
　　　　　　　　　正丁烷　　　　　　　　正十二烷

（2）当分子结构为" $CH_3\!-\!CH(CH_2)_nCH_3$ $(n=0,1,2\cdots\cdots)$ "时，将其
$$
\begin{array}{c}
| \\
CH_3
\end{array}
$$

命名为"异某烷"。

例如，　　　　　$CH_3-CH-CH_3$　　　　　$CH_3-CHCH_2CH_2CH_3$
　　　　　　　　　　　　 $|$　　　　　　　　　　　　　　　 $|$
　　　　　　　　　　　　CH_3　　　　　　　　　　　　　　CH_3

　　　　　　　　　　　　异丁烷　　　　　　　　　　　　　　异庚烷

(3) 当分子结构为 "$CH_3-\overset{\overset{\displaystyle CH_3}{|}}{\underset{\underset{\displaystyle CH_3}{|}}{C}}(CH_2)_nCH_3\,(n=0,1,2\cdots\cdots)$" 时，将其命

名为"新某烷"。

例如，　　　　$CH_3-\overset{\overset{\displaystyle CH_3}{|}}{\underset{\underset{\displaystyle CH_3}{|}}{C}}-CH_3$　　　　　$CH_3-\overset{\overset{\displaystyle CH_3}{|}}{\underset{\underset{\displaystyle CH_3}{|}}{C}}-CH_2CH_3$

　　　　　　　　　　　　新戊烷　　　　　　　　　　　　　新己烷

(三) 系统命名法

1. 直链烷烃的命名

直链烷烃的系统命名法与习惯命名法基本一致，只是把"正"字去掉。例如，

$$CH_3(CH_2)_9CH_3$$
十一烷

2. 支链烷烃的命名

支链烷烃的命名是将其看作直链烷烃的烷基衍生物，即将直链作为母体，支链作为取代基，命名原则如下。

(1) 选母体 (或主链)　选择分子中最长的碳链作为母体，若有两条或两条以上等长碳链时，应选择支链最多的一条为母体，根据母体所含碳原子数目称"某烷"。

例1：

$$CH_3 \begin{vmatrix} CH-CH_2-CH-CH_3 \\ | \qquad\qquad | \\ CH_2 \qquad CH_3 \\ | \\ CH_3 \end{vmatrix} \leftarrow 母体$$

(2) 给母体碳原子编号　为标明支链在母体中的位置，编号应遵循"最低系列"原则。

(3) 写出名称　按照取代基的位次 (用阿拉伯数字表示)、相同取代基的数目、取代基的名称、母体名称的顺序写出名称。

例2：化合物的名称为：2，3，5-三甲基己烷。

$$
\begin{array}{ccccccc}
① & ② & ③ & ④ & ⑤ & ⑥ \\
6 & 5 & 4 & 3 & 2 & 1
\end{array}
$$

$$CH_3—CH—CH_2—CH—CH—CH_3$$
$$\qquad |\qquad\qquad\quad |\quad\ |$$
$$\quad CH_3\qquad\qquad CH_3\ CH_3$$

$$CH_2CH_2CH_3$$
$$|$$
$$[CH_3—CH_2—CH_2—CH—CH—CH_2—CH_2—CH_2—CH_3]$$
$$\qquad\qquad\qquad\qquad\ |$$
$$\qquad\qquad\qquad\ CH—CH_3$$
$$\qquad\qquad\qquad\quad |$$
$$\qquad\qquad\qquad\ CH_3$$

5-丙基-4-异丙基壬烷

$$CH_3$$
$$|$$
$$CH_3—C—CH_2—CH_3$$
$$|$$
$$CH_3—CH_2—CH_2—CH_2—CH_2—CH—CH_2—CH_2—CH—CH_3$$
$$\qquad\qquad\qquad\qquad\qquad\qquad\qquad\qquad\ |$$
$$\qquad\qquad\qquad\qquad\qquad\qquad\qquad\ CH_3$$

2-甲基-5-（1，1-二甲基丙基）癸烷

四、烷烃的物理性质

（一）状态

常温常压下，4个碳原子以内的烷烃、烯烃、炔烃和环烷烃为气体；C_5~C_{16}的烷烃、C_5~C_{18}的烯烃、C_5~C_{17}的炔烃、C_5~C_{11}的环烷烃为液体；高级烷烃、烯烃、炔烃和环烷烃为固体。

（二）沸点（b. p.）

同系列的烃化合物的沸点随分子中碳原子数的增加而升高。这是因为随着分子中碳原子数目的增加，相对分子质量增大，分子间的范德华力增强，若要使其沸腾气化，就需要提供更多的能量，所以同系物相对分子质量越大，沸点越高。

碳原子数相同时，含支链多的烷烃沸点低。

（三）熔点（m. p.）

同系列的烃化合物的熔点基本上也是随分子中碳原子数目的增加而升高。对于烷烃，C_3以下的变化不规则，自C_4开始随着碳原子数目的增加而逐渐升高，其中含偶数碳原子烷烃的熔点比相邻含奇数碳原子烷烃的熔点高一些。这

种变化趋势称为锯齿形上升。

(四) 相对密度

同系列的烃化合物，随分子中碳原子数目增加而逐渐增大，其相对密度都小于 1，比水轻。

(五) 折射率

折射率是液体有机化合物纯度的标志。各脂肪烃同系列中，同系物的折射率随分子中碳原子数目的增加而缓慢加大。

(六) 溶解性

根据"相似相溶"的经验规则，由于脂肪烃分子没有极性或极性很弱，因此难溶于水，易溶于有机溶剂，见表 2-2。

表 2-2 一些直链烷烃的物理常数

名称	熔点/℃	沸点/℃	相对密度（d_A^{20}）	折射率（n_D^{20}）
甲烷	−183	−161.5	0.424	—
乙烷	−172	−88.6	0.546	—
丙烷	−188	−42.1	0.501	1.3397
丁烷	−135	−0.5	0.579	1.3562
戊烷	−130	36.1	0.626	1.3577
己烷	−95	68.7	0.659	1.3750
庚烷	−91	98.4	0.684	1.3877
辛烷	−57	125.7	0.703	1.3976
壬烷	−54	150.8	0.718	1.4056
十一烷	−26	195.9	0.740	1.4173
十二烷	−10	216.3	0.749	1.4216

五、烷烃的化学性质及应用

烷烃分子中的 σ 键键能大、极性小、化学性质稳定。一般在常温下与强酸、强碱、氧化剂、还原剂都不反应，但稳定性是相对的。

(一) 取代反应

烷烃分子中的氢原子被其他原子或基团所取代的反应，称为取代反应。

1. 卤代反应

卤素能与烷烃在高温或光照（hv）条件下发生取代反应。反应活性为 $F_2 >$

$Cl_2 > Br_2 > I_2$，其中氟代反应太剧烈，难以控制；而碘代反应太慢，难以进行，实际上广为应用的是氯代和溴代反应。例如，

$$CH_4 + Cl_2 \xrightarrow[\text{或 hv,25℃}]{400℃} CH_3Cl + HCl$$

氯甲烷

$$CH_4 + Br_2 \xrightarrow[\text{hv}]{125℃} CH_3Br + HBr$$

溴甲烷

烷烃的卤代反应一般难以停留在一取代阶段，通常得到各卤代烃的混合物，例如甲烷的氯代。

$$CH_4 + Cl_2 \xrightarrow[\text{或 hv,25℃}]{400℃} CH_3Cl + CH_2Cl_2 + CHCl_3 + CCl_4$$

产物为 4 种氯代甲烷的混合物，氯气过量时主要得到四氯化碳，甲烷过量时主要得到一氯甲烷。

2. 自由基取代反应机理

卤代反应均属于自由基取代反应。自由基取代反应是通过共价键的均裂生成自由基而进行的链反应。它包括链引发、链增长和链终止 3 个阶段，可以用下面的式子表示。

链引发　　　$X_2 \xrightarrow{hv} 2X\cdot$

链增长　　$\begin{cases} RH + X\cdot \longrightarrow R\cdot + HX \\ R\cdot + X_2 \longrightarrow RX + X\cdot \end{cases}$

链终止　　$\begin{cases} X\cdot + X\cdot \longrightarrow X_2 \\ X\cdot + R\cdot \longrightarrow RX \\ R\cdot + R\cdot \longrightarrow R\text{---}R \end{cases}$

例：甲烷氯代反应机理

链引发　　　$Cl:Cl \xrightarrow{hv} 2Cl\cdot$

氯原子（氯自由基）

链增长　　　$Cl\cdot + H:CH_3 \longrightarrow HCl + \cdot CH_3$

甲基自由基

$\cdot CH_3 + Cl:Cl \longrightarrow CH_3Cl + Cl\cdot$

$Cl\cdot + H:CH_2Cl \longrightarrow HCl + \cdot CH_2Cl$

一氯甲基自由基

$\cdot CH_2Cl + Cl:Cl \longrightarrow CH_2Cl_2 + Cl\cdot$

$Cl\cdot + H:CHCl_2 \longrightarrow HCl + \cdot CHCl_2$

二氯甲基自由基

$\cdot CHCl_2 + Cl:Cl \longrightarrow CHCl_3 + Cl\cdot$

$Cl\cdot + H:CCl_3 \longrightarrow HCl + \cdot CCl_3$

三氯甲基自由基

$$\cdot CCl_3 + Cl : Cl \longrightarrow CCl_4 + Cl \cdot$$

链终止 $$Cl \cdot + Cl \cdot \longrightarrow Cl_2$$

$$\cdot CH_3 + \cdot CH_3 \longrightarrow CH_3CH_3$$

$$Cl \cdot + \cdot CH_3 \longrightarrow CH_3Cl$$

不同卤素与烷烃的反应活性不同，其顺序为：$F_2 > Cl_2 > Br_2 > I_2$。

（二）氧化反应

1. 燃烧

$$CH_4 + 2O_2 \xrightarrow{\text{燃烧}} CO_2 + 2H_2O$$

2. 氧化

适当条件下烷烃可部分氧化为醇、醛、酮、羧酸等含氧化合物。

$$RCH_2CH_2R' + O_2 \xrightarrow[120℃]{KMnO_4} RCOOH + R'COOH$$

（三）异构化反应

适当条件下，直链或支链少的烷烃可以异构化为支链多的烷烃。

$$CH_3CH_2CH_2CH_3 \underset{}{\overset{AlCl_3, \ HCl}{\rightleftharpoons}} CH_3-\overset{\overset{\displaystyle CH_3}{|}}{CH}-CH_3$$

（四）裂化反应

烷烃在没有氧气存在下进行的热分解反应称为裂化反应。

$$CH_3CH_2CH_2CH_3 \xrightarrow{\triangle} \begin{cases} CH_4 + CH_2 \rightleftharpoons CH-CH_3 \\ CH_3-CH_3 + CH_2 \rightleftharpoons CH_2 \\ CH_2 \rightleftharpoons CHCH_2CH_3 + H_2 \end{cases}$$

知识链接

在石油化工生产过程里，常用石油分馏产品作原料，采用高温（700~800℃，有时甚至高达1000℃以上），使具有长链分子的烃断裂成各种短链的气态烃和少量液态烃，以提供有机化工原料。

习题

1. 写出下列烷基的结构简式。

（1）正丁基   （2）异丁基   （3）仲丁基   （4）叔丁基

2. 写出分子式为 C_6H_{14} 的有机物的所有同分异构体的结构简式，并用系统命名法命名。

3. 1mol 甲烷和 1mol 氯气在光照条件下发生反应，产物中物质的量最多的是 （　　）。

A. CH_3Cl　　　　B. HCl　　　　C. CH_2Cl_2　　　　D. $CHCl_3$

4. 同分异构体具有 （　　）。

①相同的分子质量；②相同的分子式；③相同的最简式；④相同的物理性质；⑤相同的化学性质。

A. ①②③　　　　B. ①②④　　　　C. ①②⑤　　　　D. ②③⑤

5. 下列有关说法不正确的是 （　　）。

A. 互为同系物的有机物其组成元素相同，且结构必然相同

B. 分子组成相差一个或若干个 CH_2 基团的化合物一定互为同系物

C. 分子式为 C_3H_8 与 C_6H_{14} 的两种有机物一定互为同系物

D. 互为同系物的有机物其相对分子质量数值一定相差 $14n$（n 为正整数）

6. 有一种无色的混合气体可能由 CH_4、NH_3、H_2、CO、CO_2 和 HCl 中一种或几种组成。将此混合气体通过浓硫酸，气体的总体积基本不变。再通过过量澄清石灰水，未见浑浊，但气体总体积减小。把剩余气体在供氧的情况下引燃，燃烧产物不能使无水硫酸铜变色。原混合气体中含有 （　　　　　　　）。

7. 若要使 1mol CH_4 完全和氯气发生取代反应，并生成相同物质的量的 4 种取代物，则需要氯气的物质的量为 （　　　　　　　）。

8. 乙烷和丙烷的混合气体与足量的氧气混合点燃后，将燃烧产物通过浓硫酸，浓硫酸增重 3.06g，使剩余气体再通过足量的 Na_2O_2，固体质量增加 3.36g，求原混合气中乙烷和丙烷的体积比。

项目三　不饱和烃

烯烃（Alkene）和炔烃（Alkyne）都属于不饱和烃（Unsaturated Hydrocarbon）。碳-碳双键 $C{=}C$ 和碳-碳叁键 —C≡C— 分别为烯烃和炔烃的官能团。它们的官能团均含有 p 键，其结构特征决定它们的化学性质比烷烃要活泼得多。不论是人工合成的还是天然存在的这两类化合物，在化学工业和生命科学中都有着十分重要的地位。

一、烯烃

（一）烯烃的同分异构现象

烯烃的通式：C_nH_{2n}。

烯烃的官能团：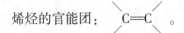 。

1. 构造异构

$$CH_2=CHCH_2CH_3 \qquad CH_2=C-CH_3$$
$$\underset{CH_3}{}$$

2. 顺反异构

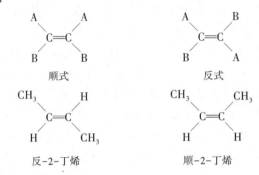

（二）烯烃的结构

1. 碳的 sp^2 杂化及乙烯的结构

碳原子的 sp^2 杂化过程如下。

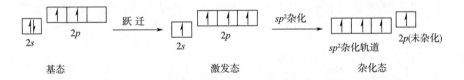

每一个 sp^2 杂化轨道含有 $1/3s$ 成分和 $2/3p$ 成分，其形状也是一头大，一头小的葫芦形。3 个 sp^2 杂化轨道以平面三角形对称地排布在碳原子周围，它们的对称轴之间的夹角为 $120°$，未参与杂化的 $2p$ 轨道垂直于 3 个 sp^2 杂化轨道组成的平面，如图 3-1 所示。

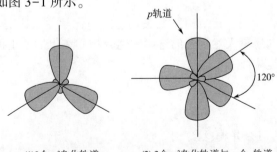

图 3-1 碳原子的 sp^2 杂化轨道

乙烯分子形成时，两个碳原子各以一个 sp^2 杂化轨道沿键轴方向重叠形成一个 C—Cσ 键，并以剩余的两个 sp^2 杂化轨道分别与两个氢原子的 $1s$ 轨道沿键轴方向重叠形成 4 个等同的 C—Hσ 键，5 个 σ 键都在同一平面内，因此乙烯为平面构型。

此外，每个碳原子上还有一个未参与杂化的 p 轨道，两个碳原子的 p 轨道相互平行，于是侧面重叠成键。这种成键原子的 p 轨道侧面重叠形成的共价键称为 π 键。乙烯分子中的 σ 键和 π 键如图 3-2 所示。

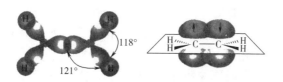

图 3-2　乙烯分子的结构

2. σ 键和 π 键的比较

σ 键和 π 键特点比较见表 3-1。

表 3-1　σ 键和 π 键的特点比较

	σ 键	π 键
存在	可以单独存在	不能单独存在，只能与 σ 键共存
形成	成键轨道沿键轴重叠，重叠程度大	成键轨道侧面平行重叠，重叠程度小
分布	电子云对称分布在键轴周围呈圆柱形	电子云对称分布于 σ 键所在平面上下
性质	①键能较大，比较稳定 ②成键的两个原子可沿键轴自由旋转 ③电子云受核的束缚大，不易极化	①键能较小，不稳定 ②成键的两个原子不能沿键轴自由旋转 ③电子云受核的束缚小，容易极化

其他烯烃的结构与乙烯相似，双键碳原子也是 sp^2 杂化，与双键碳原子相连的各个原子在同一平面上，碳碳双键都是由一个 σ 键和一个 π 键组成的。

（三）烯烃的命名

1. 构造异构体的命名

烯烃分子去掉一个氢原子剩下的部分，称为烯基。

常见的烯基有：

$$CH_2=CH— \qquad CH_3—CH=CH— \qquad CH_2=CH—CH_2—$$

乙烯基　　　　　　　丙烯基　　　　　　　　烯丙基

2. 烯烃的命名

（1）习惯命名法　烯烃和二烯烃的个别化合物常采用习惯命名法命名。例如，

$$CH_3CH_2CH=CH_2$$

$$CH_3-\underset{\underset{CH_3}{|}}{C}=CH_2$$

$$CH_2=\underset{\underset{CH_3}{|}}{C}-CH=CH_2$$

　　　正丁烯　　　　　　　　异丁烯 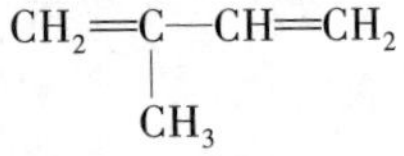　　　　　　　异戊二烯

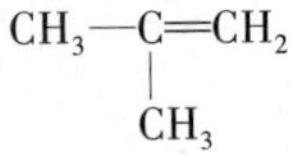

（2）系统命名法　命名方法与烷烃基本相似，原则如下。

①选择含有官能团的最长碳链作为母体，母体命名原则同直链烯化合物。若有多条最长链可供选择时，选择原则与烷烃相同。

②靠近官能团一端编号，即官能团的位次符合"最低系列"。若官能团居中，编号原则与烷烃相同。

③书写化合物名称时要注明官能团的位次。其表示方法为：取代基位次-取代基名称-官能团位次-母体名称。例如，

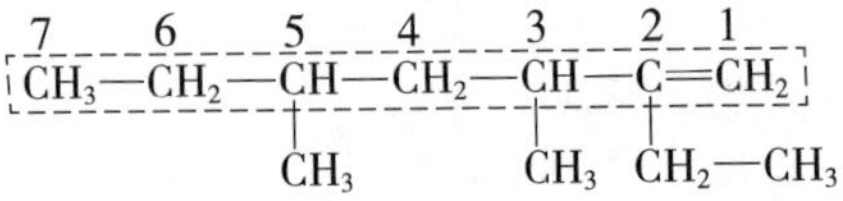

$$\overset{7}{C}H_3-\overset{6}{C}H_2-\overset{5}{C}H-\overset{4}{C}H_2-\overset{3}{C}H-\overset{2}{C}=\overset{1}{C}H_2$$

3，5-二甲基-2-乙基-1-庚烯
（选择含有双键的最长碳链为母体）

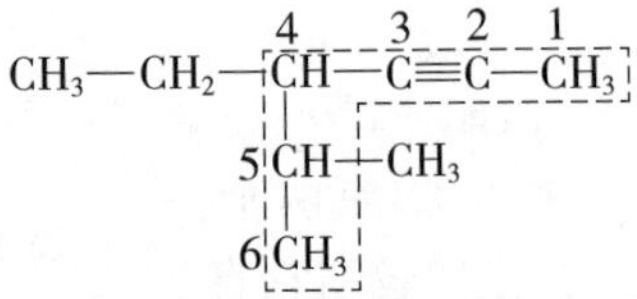

5-甲基-4-乙基-2-己炔
（选择含取代基多的最长碳链为母体）

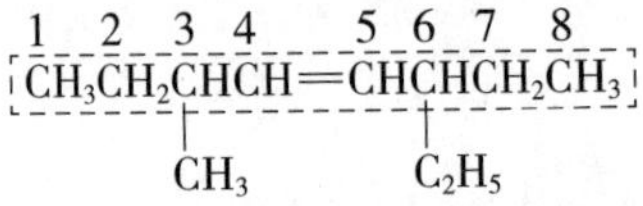

3-甲基-6-乙基-4-辛烯
（双键居中，两种编号相同，甲基占较小位次）

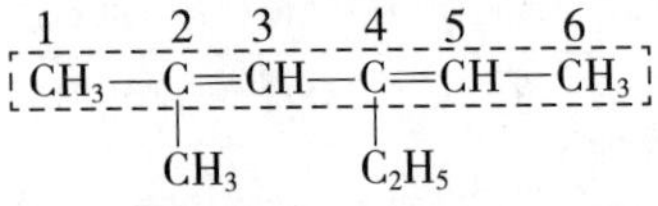

2-甲基-4-乙基-2，4-己二烯
（两个双键和取代基都符合"最低系列"）

3. 顺反异构体的命名

①顺反命名法

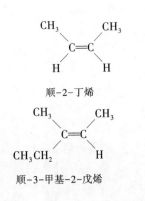

顺-2-丁烯 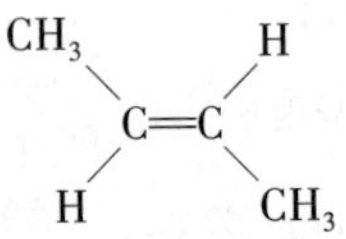　　　　　　反-2-丁烯

顺-3-甲基-2-戊烯 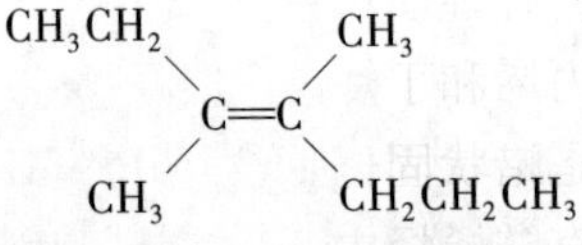　　反-3，4-二甲基-3-庚烯

②Z/E 命名法

a. Z/E 标记法的原则

（a）应用"次序规则"确定每个双键碳原子所连接的两个原子或基团的相对次序。

（b）如果两个"较优"基团在双键的同一侧，则称为 Z 型。反之，在异侧的则称为 E 型。

b. 取代基"次序规则"：在有机化合物的命名和立体异构体构型的确定中都涉及取代基相对次序的比较，取代基"次序规则"的主要内容如下：

（a）比较与双键碳原子直接相连的两个原子的原子序数，原子序数大的取代基排列在前（称为"较优"基团），原子序数小的取代基排列在后。

几种常见的原子按原子序数递减排列次序是 I＞Br＞Cl＞S＞P＞O＞N＞C＞D＞H（其中"＞"表示"优于"）。

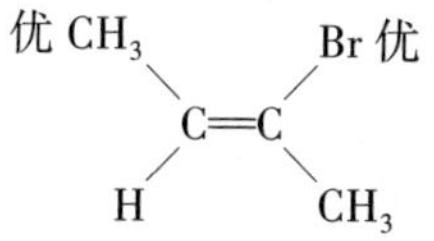

（Z）-2-溴-2-丁烯（反-2-溴-2-丁烯） 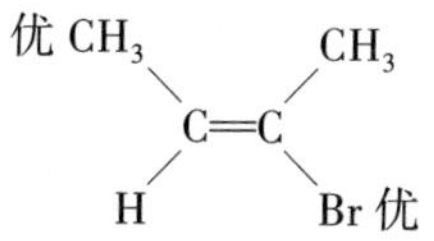   （E）-2-溴-2-丁烯（顺-2-溴-2-丁烯）

（b）如果两个基团与双键碳原子直接相连的第一个原子相同时（例如碳），则比较与它直接相连的几个原子。比较时，按原子序数由大到小排列，先比较各组中最大者；若仍相同，再依次比较第二、第三个。

（c）当取代基是不饱和基团时，则把双键或叁键假定看作是它以单键和两个或三个相同原子相连接。例如，

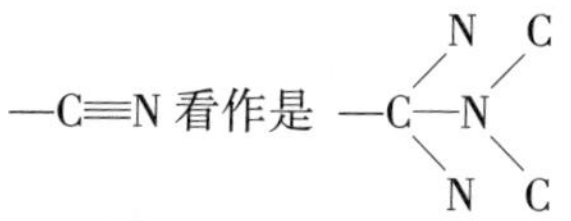

$$—C{\equiv}N \text{ 看作是 } —C\begin{smallmatrix}N&C\\N&\\N&C\end{smallmatrix}$$

例如下面两个异构体中，由于—COOH＞—H，—CH（CH₃）₂＞—CH₂CH₂CH₃，所以，（1）为（E）型，（2）为（Z）型。

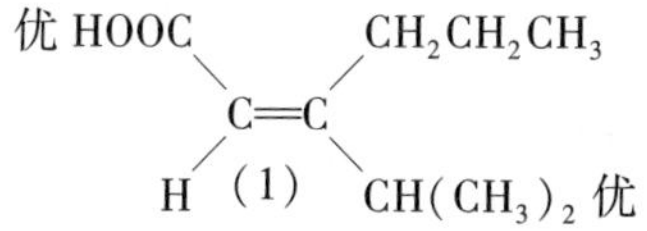

（E）-3-异丙基-2-己烯酸 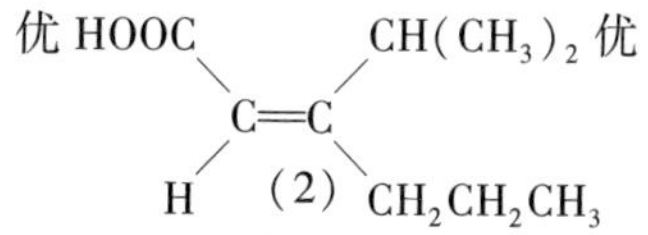   （Z）-3-异丙基-2-己烯酸

（四）烯烃的物理性质

烯烃的物理性质可以与烷烃对比。物理状态决定于分子质量。简单的烯烃中，乙烯、丙烯和丁烯是气体，含有 5~18 个碳原子的直链烯烃是液体，更高级的烯烃则是蜡状固体。烯烃 C_2~C_4 为气体；C_5~C_{18} 为易挥发液体；C_{19} 以上为固体。在直链烯烃中，随着相对分子质量的增加，沸点升高。相同碳数直链

烯烃的沸点比带支链的烯烃沸点高。相同碳架的烯烃，双键由链端移向链中间，沸点、熔点都有所增加。

反式烯烃的沸点比顺式烯烃的沸点低，而熔点高，这是因反式异构体极性小，对称性好。与相应的烷烃相比，烯烃的沸点、折射率、水中溶解度、相对密度等都比烷烃略大些，其密度比水小。

（五）烯烃的化学性质及应用

1. 加成反应

烯烃等不饱和烃与某些试剂作用时，不饱和键中的 π 键断裂，试剂中的两个原子或基团加到不饱和碳原子上，生成饱和化合物，这种反应称为加成反应。

（1）催化加氢（催化氢化）

$$CH_3—CH\!=\!CH_2 + H_2 \xrightarrow{Pt/C} CH_3—CH_2—CH_3$$

$$\bigcirc\!\!\!= + H_2 \xrightarrow{Pd/C} \bigcirc$$

$$CH\!\equiv\!CH \xrightarrow[\text{雷尼-漆原镍}]{H_2} CH_2\!=\!CH_2 \xrightarrow[\text{雷尼-漆原镍}]{H_2} CH_3—CH_3$$

（2）加卤素

$$\underset{\underset{H}{|}}{H_3C—C}\!=\!CH_2 + Br_2 \longrightarrow \underset{\underset{Br}{|}}{\overset{\overset{H}{|}}{H_3C—C}}—\underset{\underset{Br}{|}}{CH_2}$$

鉴别：

$$\left.\begin{array}{l}\text{庚烷}\\\text{烯烃}\end{array}\right\} \xrightarrow[\text{室温}]{Br_2/CCl_4} \text{褪色}$$

（3）加卤化氢
①与卤化氢的加成

$$CH_2\!=\!CH_2 + HCl \xrightarrow{AlCl_3} CH_3—CH_2—Cl$$

$$CH_3—CH\!=\!CH_2 + HBr \longrightarrow \underset{\underset{Br}{|}}{CH_3—CH}—CH_3$$

马氏加成规则：当不对称烯烃与 HX 等极性试剂加成时，氢原子或带正电荷的部分加到含氢较多的双键碳原子上，而卤原子则加到含氢较少的双键碳原子上，此规律称为马尔科夫尼科夫规则，简称马氏加成规则。

②马氏加成规则的理论解释：第一步是烯烃与 HX 相互极化影响，π 电子云偏移而极化，使一个双键碳原子上带有部分负电荷，更易于受极化分子 HX

带正电部分或 H^+ 的进攻，结果生成了带正电的中间体碳正离子（碳正离子带有一个正电荷，中心碳原子为 3 价，价电子层仅有六个电子）和卤素负离子（X^-）。第二步是碳正离子迅速与 X^- 结合生成卤烷。

$$>\overset{\delta^+}{C}=\overset{\delta^-}{C}< \ + \ \overset{\delta^+}{H}—\overset{\delta^-}{X} \quad \xrightarrow{慢} \quad >\overset{+}{C}—\overset{}{C}< \ + \ X^-$$
$$\underset{H}{|}$$

$$>\overset{+}{C}—\overset{}{\underset{|}{\underset{H}{C}}}< \ + \ X^- \quad \xrightarrow{快} \quad >\overset{}{\underset{|}{\underset{X}{C}}}—\overset{}{\underset{|}{\underset{H}{C}}}<$$

第一步反应是由亲电试剂的进攻而发生的，所以与 HX 的加成反应称为亲电加成反应。第一步碳正离子的形成是反应过程中最慢的一步，因此是决定整个反应关键的一步，也是决定反应速率的一步。

a. 从诱导效应角度解释

$$\overset{\delta^-}{CH_2}=\overset{\delta^+}{CH}\leftarrow CH_3 \ + \ H^+ \xrightarrow{第一步} CH_3—\overset{+}{CH}—CH_3 \xrightarrow[X^-]{第二步} CH_3—\underset{\underset{X}{|}}{CH}—CH_3$$

诱导效应：这种由于分子中成键原子或基团的电负性不同，引起整个分子中成键的电子云向着一个方向偏移，使分子发生极化的效应，称为诱导效应，用符号 I 表示。

不同的诱导效应对烯烃中碳碳双键的影响表示如下。

$$\overset{\delta^+}{CH_2}=\overset{\delta^-}{CH}\longrightarrow Y \quad -I$$

$$\overset{\delta^-}{CH_2}=\overset{\delta^+}{CH}\longleftarrow X \quad +I$$

常见取代基的吸电或供电能力的强弱顺序为：

吸电基 $—NO_2>—CN>—COOH>—F>—Cl>—Br>—I>—OR>—H$

供电基 $(CH_3)_3C—>(CH_3)_2CH—> CH_3CH_2—> CH_3—> H—$

值得注意的是，诱导效应以静电诱导的形式沿着碳链朝一个方向由近到远依次传递，并随着距离的增加，其效应迅速降低，一般经过 3 个碳原子后，诱导效应的影响极小，可以忽略不计。

$$\overset{\delta^-}{CF_3}\longleftarrow\overset{\delta^+}{CH}=CH_2 \qquad CF_3\longleftarrow CH_2\overset{\delta\delta^-}{—}CH\overset{\delta\delta^+}{=}CH_2 \qquad CF_3\longleftarrow CH_2—CH_2—CH_2—CH=CH_2$$

CF_3 使双键极化　　　　CF_3 使双键极化程度明显减弱　　　　　CF_3 对双键的影响忽略不计

b. 从碳正离子稳定性角度解释：当丙烯与 HX 加成时，H^+ 首先和不同的双键碳原子加成形成两种碳正离子，然后碳正离子再和卤素结合，得到两种加成产物。

$$CH_3-CH=CH_2 + H^+ \begin{cases} \xrightarrow{\text{I}} CH_3-\overset{+}{C}H-CH_3 \xrightarrow{X^-} CH_3-CH-CH_3 \\ \qquad\qquad\qquad\qquad\qquad\qquad\quad | \\ \qquad\qquad\qquad\qquad\qquad\qquad\quad X \\ \xrightarrow{\text{II}} CH_3-CH_2-\overset{+}{C}H_2 \xrightarrow{X^-} CH_3-CH_2-CH_2 \\ \qquad\qquad\qquad\qquad\qquad\qquad\qquad\quad | \\ \qquad\qquad\qquad\qquad\qquad\qquad\qquad\quad X \end{cases}$$

不同碳正离子的稳定性以如下次序减小。

$$CH_2=CH\overset{+}{C}H_2 > CH_3-\underset{\underset{CH_3}{|}}{\overset{+}{C}}-CH_3 > CH_3-\overset{+}{C}H-CH_3 > CH_3\overset{+}{C}H_2 > \overset{+}{C}H_3$$

烯丙基碳正离子　　3° 碳正离子　　2° 碳正离子　1° 碳正离子 甲基碳正离子

③过氧化物效应：不对称烯烃与溴化氢反应，若过氧化物存在，则得到反马氏加成产物，过氧化物的这种影响称为过氧化物效应。其他卤化氢没有这种反应。

$$CH_3-CH=CH_2 + HBr \begin{cases} \xrightarrow{\text{过氧化物}} CH_3-CH_2-CH_2Br \\ \xrightarrow{\text{无过氧化物}} CH_3-\underset{\underset{Br}{|}}{CH}-CH_3 \end{cases}$$

（4）加硫酸

$$R-CH=CH_2 \xrightarrow{H-OSO_3H} \begin{array}{c} R-CH-CH_3 \\ | \\ OSO_3H\,(主) \\ \downarrow H_2O/\triangle \\ R-CH-CH_2 \\ | \quad | \\ OH \quad H\,(主) \end{array} + \begin{array}{c} R-CH-CH_2 \\ | \quad\quad | \\ H \quad OSO_3H \\ \downarrow H_2O/\triangle \\ R-CH-CH_2 \\ | \quad\quad | \\ H \quad\quad OH \end{array}$$

不对称烯烃与硫酸反应，也遵循马氏加成规则。

$$\left.\begin{array}{c} \text{庚烷} \\ \text{烯烃} \end{array}\right\} \xrightarrow[\text{振荡后静置}]{\text{浓硫酸}} \left.\begin{array}{c} \text{庚烷} \\ \text{硫酸烷基酯} \\ \text{硫酸} \end{array}\right\} \xrightarrow{\text{分离}} \begin{cases} \xrightarrow{\text{上层}} \text{庚烷} \\ \xrightarrow{\text{下层}} \text{硫酸烷基酯，硫酸（弃去）} \end{cases}$$

（5）加水

$$R-CH=CH_2 \xrightarrow{\overset{\delta^+\ \ \delta^-}{H-OH}} \begin{array}{c} R-CH-CH_2 \\ | \quad | \\ OH \quad H\,(主) \end{array} + \begin{array}{c} R-CH-CH_2 \\ | \quad\quad | \\ H \quad OH \end{array}$$

（6）加次卤酸

$$R-CH=CH_2 \xrightarrow[(X_2+H_2O)]{\overset{\delta^+\ \ \delta^-}{X-OH}} \underset{\underset{OH\quad X（主）}{|\quad\quad|}}{R-CH-CH_2} + \underset{\underset{X\quad\quad OH}{|\quad\quad|}}{R-CH-CH_2}$$

2. 氧化反应

在有机化学中，通常把加氧或脱氢的反应统称为氧化反应。

（1）高锰酸钾氧化　烯烃和炔烃可以被高锰酸钾氧化，氧化产物视烃的结构和反应条件的差异而不同。

①用稀、冷高锰酸钾氧化：

$$3RCH=CHR' + 2KMnO_4 + 4H_2O \longrightarrow \underset{\underset{OH\quad OH}{|\quad\quad|}}{3RCH-CHR'}+2MnO_2\downarrow + 2KOH$$

反应后高锰酸钾溶液的紫色褪去，生成褐色的二氧化锰沉淀，因此是鉴别碳碳双键的常用方法之一。

②用浓、热高锰酸钾或酸性高锰酸钾氧化

$$CH_2= \xrightarrow{[O]} CO_2+H_2O$$

$$RCH= \xrightarrow{[O]} RCOOH$$

$$\underset{\underset{R}{|}}{R-C=} \xrightarrow{[O]} \underset{\underset{O}{||}}{R-C-R}$$

$$\underset{\underset{CH_3}{|}}{CH_3-C=CHCH_3} \xrightarrow{[O]} \underset{\underset{O}{||}}{CH_3-C-CH_3} +CH_3COOH$$

$$\underset{\underset{CH_3}{|}}{CH_3CH=C-CH_2-CH=CH_2} \xrightarrow{[O]} CH_3COOH+ \overset{\overset{O}{||}}{CH_3CCH_2COOH} +CO_2+H_2O$$

由于氧化产物保留了原来烃中的部分碳链结构，因此通过一定的方法，测定氧化产物的结构，便可推断烯烃和炔烃的结构。

烷烃、环烷烃不能被高锰酸钾氧化，这是区别烷烃、环烷烃与不饱和烃的一种方法。

（2）催化氧化　一些脂烃在催化剂存在下，用空气氧化可以生成重要的化合物，在工业上有重要应用。例如，

$$CH_2=CH_2 + O_2 \xrightarrow[250℃]{Ag} \underset{\overset{\diagdown \diagup}{O}}{CH_2-CH_2}$$

环氧乙烷

$$CH_3-CH=CH_2+O_2 \xrightarrow[90\sim120℃，1MPa]{PdCl_2-CuCl_2} CH_3-\overset{\overset{\displaystyle O}{\|}}{C}-CH_3$$

丙酮

$$CH_2=CHCH_2C\equiv CH \xrightarrow[低温]{1mol\ Br_2} \underset{\underset{\displaystyle Br}{|}}{CH_2}-\underset{\underset{\displaystyle Br}{|}}{CHCH_2C}\equiv CH$$

3. α-氢的反应

（1）α-氢的氯代反应

$$CH_3-CH=CH_2 + Cl_2 \longrightarrow \underset{\underset{\displaystyle Cl}{|}}{CH_2}-CH=CH_2 + HCl$$

3-氯丙烯

（2）α-氢的氧化

$$CH_3-CH=CH_2 + O_2 \xrightarrow[350℃]{Cu_2O} CH_2=CH-CHO$$

丙烯醛

$$CH_3-CH=CH_2 + O_2 \xrightarrow[350℃]{磷钼酸铋} CH_2=CH-COOH$$

丙烯酸

$$CH_3-CH=CH_2 + O_2 + NH_3 \xrightarrow[470℃]{磷钼酸铋} CH_2=CH-CN$$

丙烯腈

4. 聚合反应

$$nCH_2=CH_2 \xrightarrow[温度、压力]{引发剂} \text{─}\!\!\left[CH_2-CH_2\right]\!\!\text{─}_n$$

聚乙烯

二、二烯烃

二烯烃：分子中含有两个碳碳双键的链烃称为二烯烃。

通式：C_nH_{2n-2}。

（一）二烯烃的分类

1. 累积二烯烃

两个双键连在同一个碳原子上的二烯烃称为累积二烯烃。

例如：

$$CH_2=C=CH_2$$

丙二烯

2. 共轭二烯烃

两个双键被一个单键隔开的二烯烃称为共轭二烯烃。

例如：

$$CH_2\!\!=\!\!CH\!\!-\!\!CH\!\!=\!\!CH_2$$
1，3-丁二烯

3. 孤立二烯烃

两个双键被两个或多个单键隔开的二烯烃称为孤立二烯烃。

例如：

$$CH_2\!\!=\!\!CH\!\!-\!\!CH_2\!\!-\!\!CH\!\!=\!\!CH_2$$
1，4-戊二烯

3 种不同类型的二烯烃中，累积二烯烃很不稳定，自然界极少存在。孤立二烯烃相当于两个孤立的单烯烃，与单烯烃的性质相似。

（二）共轭二烯烃的结构及共轭效应

1. 1，3-丁二烯的结构

1，3-丁二烯（简称丁二烯）是最简单的共轭二烯烃，它的结构体现了所有共轭二烯烃的结构特征。用物理方法测得，1，3-丁二烯分子中的四个碳原子和六个氢原子在同一平面上，其键长和键角的数据如图 3-3 所示。

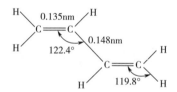

图 3-3　1，3-丁二烯的键长和键角

1，3-丁二烯分子中的四个碳原子都是 sp^2 杂化的。它们各以 sp^2 杂化轨道沿键轴方向相互重叠形成三个 C—Cσ 键，其余的 sp^2 杂化轨道分别与氢原子的 1s 轨道沿键轴方向相互重叠形成六个 C—Hσ 键，这九个 σ 键都在同一平面上，它们之间的夹角都接近 120°。每个碳原子上还剩下一个未参加杂化的 p 轨道，这四个 p 轨道的对称轴都与 σ 键所在的平面相垂直，彼此平行，并从侧面重叠，形成 π 键。这样 p 轨道就不仅是在 C_1 与 C_2、C_3 与 C_4 之间平行重叠，而且在 C_2 与 C_3 之间也有一定程度的重叠，从而造成四个 p 电子的运动范围扩展到四个原子的周围，这种现象称为 π 电子的离域。形成的 π 键包括了四个碳原子，这种包括多个（至少三个）原子的 π 键称为大 π 键，也称为离域 π 键或共轭 π 键。1，3-丁二烯分子中的大 π 键如图 3-4 所示。

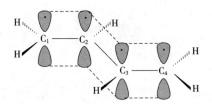

图 3-4　1，3-丁二烯分子中的大 π 键

2. 共轭体系

具有共轭 π 键的体系称为共轭体系，它是指分子中发生原子轨道重叠的部分，可以是整个分子，也可以是分子的一部分，主要包括以下 3 类。

（1） π-π 共轭体系　凡双键和单键交替排列的结构是由 π 键和 π 键形成的共轭体系，称为 π-π 共轭体系。1，3-丁二烯以及其他的共轭二烯烃都属于 π-π 共轭体系。

（2） p-π 共轭体系　具有 p 轨道且与双键碳原子直接相连的原子，其 p 轨道与双键 π 轨道平行并侧面重叠形成共轭，这种共轭体系称为 p-π 共轭体系。例如，

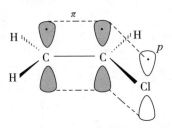

氯乙烯的 p-π 共轭体系

（3） σ-π 超共轭体系　碳氢 σ 键与相邻双键 π 轨道可以发生一定程度的侧面重叠，形成的共轭体系叫做 σ-π 超共轭体系。例如：

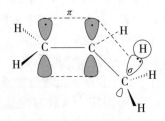

丙烯的 σ-π 超共轭体系

3. 共轭效应

在共轭体系中，形成共轭 π 键的所有原子是一个整体，它们之间的互相

影响称为共轭效应，用符号 C 表示。共轭效应具有如下特点。

（1）键长趋于平均化　由于发生了电子的离域，共轭体系的电子云密度趋于平均化，从而使双键和单键的键长趋于平均化。

（2）体系能量低，比较稳定　由于电子的离域导致共轭体系内能降低，体系比较稳定。一般电子云密度平均化程度愈大，说明共轭程度愈大，体系更加稳定。

（3）极性交替现象沿共轭链传递　当共轭体系受到外界试剂进攻或分子中其他基团的影响时，形成共轭键的原子上的电荷会发生正负极性交替现象，这种现象可沿共轭链传递而不减弱。例如，1，3-丁二烯分子受到试剂（如 H^+）进攻时，发生极化：

$$\overset{\delta^+}{CH_2}=\overset{\delta^-}{CH}-\overset{\delta^+}{CH}=\overset{\delta^-}{CH_2} \longleftarrow H^+$$

1，3-戊二烯受分子内甲基的影响，发生极化：

$$CH_3 \longrightarrow \overset{\delta^+}{CH}=\overset{\delta^-}{CH}-\overset{\delta^+}{CH}=\overset{\delta^-}{CH_2}$$

（三）共轭二烯烃的化学性质及应用

1. 二烯烃的加成

非共轭二烯烃含有两个双键，与亲电试剂的加成是分两个阶段进行的，反应可看作是孤立双键的加成，每一个双键加成都符合马氏加成规则。例如，

$$CH_2=CHCH_2CH=CH_2 \xrightarrow{1mol\ HBr} CH_2=CHCH_2\underset{\underset{Br}{|}}{CH}-CH_3$$

4-溴-1-戊烯

$$\xrightarrow{1mol\ HBr} CH_3-\underset{\underset{Br}{|}}{CH}CH_2\underset{\underset{Br}{|}}{CH}-CH_3$$

2，4-二溴戊烷

共轭二烯烃含有大 π 键，由于分子中的极性交替现象，与 1mol 卤素或卤化氢进行亲电加成反应时，得到 3，4-和 1，4-两种加成产物。

$$\underset{4}{\overset{\delta^+}{CH_2}}=\underset{3}{\overset{\delta^-}{CH}}-\underset{2}{\overset{\delta^+}{CH}}=\underset{1}{\overset{\delta^-}{CH_2}} + Br_2 \xrightarrow{CCl_4}$$

1，2-加成 $CH_2=CH-\underset{\underset{Br}{|}}{CH}-\underset{\underset{Br}{|}}{CH_2}$

3，4-二溴-1-丁烯

1，4-加成 $\underset{\underset{Br}{|}}{CH_2}-CH=CH-\underset{\underset{Br}{|}}{CH_2}$

1，4-二溴-2-丁烯

反应条件，可调节两种产物的比例。一般在低温下或非极性溶剂中有利于3，4-加成产物的生成，在高温下或极性溶剂中则有利于1，4-加成产物的生成。例如，

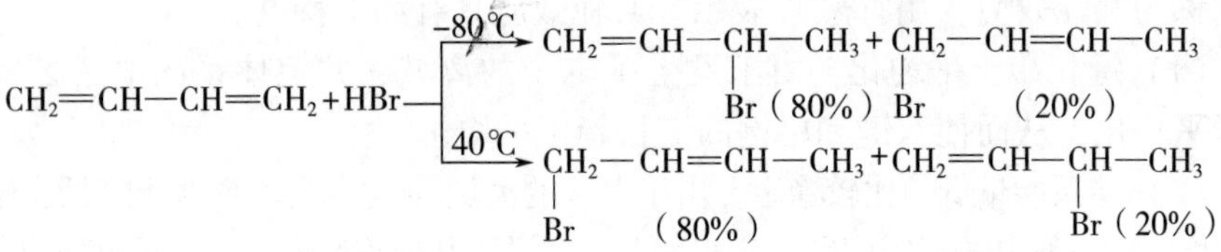

$$CH_2=CH-CH=CH_2+HBr$$

$\xrightarrow{-80℃}$ $CH_2=CH-\underset{\underset{Br（80\%）}{|}}{CH}-CH_3 + CH_2-CH=CH-CH_3$ （20%）
$\overset{|}{Br}$

$\xrightarrow{40℃}$ $CH_2-CH=CH-CH_3 + CH_2=CH-\underset{\underset{Br（20\%）}{|}}{CH}-CH_3$
$\overset{|}{Br}$ （80%）

1-溴-2-丁烯　　　　　　　3-溴-1-丁烯

2. 双烯合成

共轭二烯烃与含 C＝C 或 C≡C 的不饱和化合物发生 1，4-加成，生成环状化合物的反应称为双烯合成反应，也称为 Diels-Alder 反应。这种反应的特点是旧键断裂，新键形成同时进行，也称为协同反应。

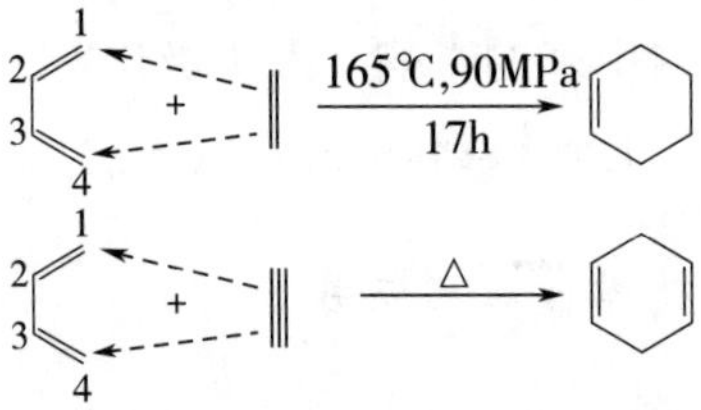

在反应中，共轭二烯烃称为双烯体，含 C＝C 或 C≡C 的不饱和化合物称为亲双烯体。当亲双烯体中连有—COOH、—CHO、—CN 等吸电子基时，有利于反应的进行。例如，

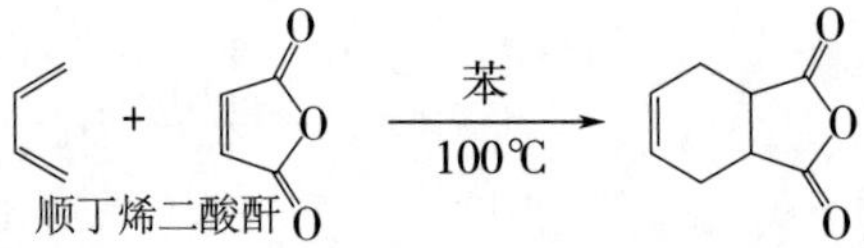

（固体，100%）

3. 聚合反应

（1）天然橡胶

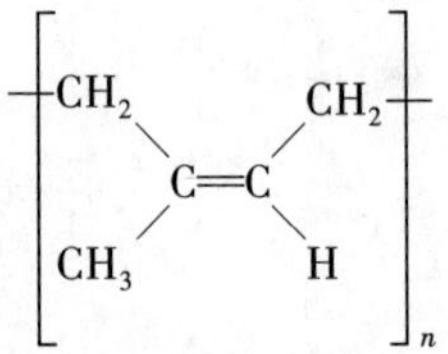

顺-1，4-聚异戊二烯

（2）合成橡胶

①顺丁橡胶

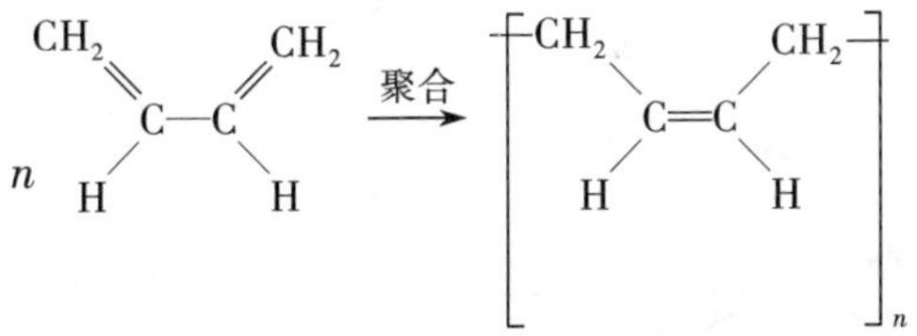

顺-1，4-聚丁二烯

②异戊橡胶

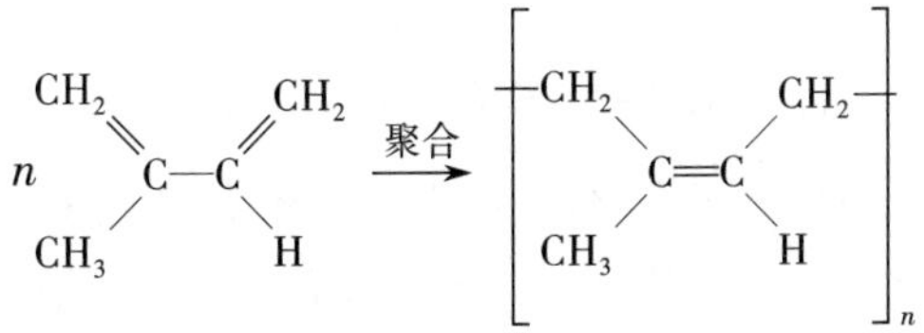

顺-1，4-聚异戊二烯

三、炔烃

炔烃，为分子中含有碳碳三键的碳氢化合物的总称。

（一）炔烃的结构

1. 乙炔的直线构型

乙炔分子式为 C_2H_2，构造式为 $CH \equiv CH$。键角为 $180°$，乙炔分子中的两个碳原子和两个氢原子在同一条直线上，乙炔为直线形分子。

2. 碳的 sp 杂化

杂化轨道理论认为，乙炔分子中的每个碳原子，各以一个 $2s$ 轨道和一个 $2p$ 轨道进行 sp 杂化，组成了两个完全相同的 sp 杂化轨道，每个碳原子还剩余两个未参与杂化的 $2p$ 轨道。杂化过程如下。

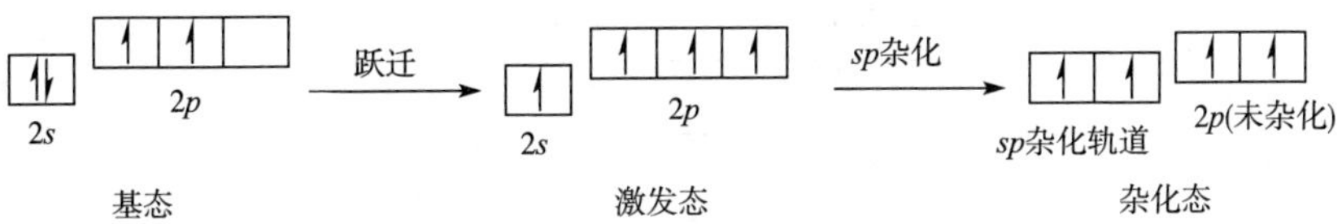

每一个 sp 杂化轨道含有 $\frac{1}{2}s$ 成分和 $\frac{1}{2}p$ 成分，其形状仍是葫芦形（从轨道成分的差异想一想，sp^3、sp^2 与 sp 杂化轨道有何不同?）。两个 sp 杂化轨道的对称轴在同一条直线上，夹角为 $180°$，未参与杂化的两个 $2p$ 轨道相互垂直并同时垂直于 sp 杂化轨道的对称轴，如图 3-5 所示。

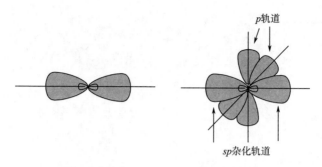

(1)两个sp杂化轨道　　　(2)两个sp杂化轨道与两个p轨道

图3-5　碳原子的sp杂化

乙炔分子形成时，两个碳原子各以一个 sp 杂化轨道沿键轴方向重叠形成一个 C—Cσ 键，并以剩余的 sp 杂化轨道分别与氢原子的 1s 轨道沿键轴方向重叠形成两个 C—Hσ 键，这三个 σ 键的对称轴在同一条直线上，因此乙炔为直线构型。

此外，每个碳原子上都有两个未参与杂化且又相互垂直的 p 轨道，两个碳原子的 4 个 p 轨道，其对称轴两两平行，侧面"肩并肩"重叠，形成两个相互垂直的 π 键。这两个 π 键电子云对称地分布在 σ 键周围，呈圆筒形。

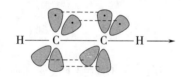

乙炔分子中的 π 键

可见，乙炔分子中的碳碳叁键是由一个 σ 键和两个 π 键组成的。其他炔烃分子中碳碳叁键的结构与乙炔完全相同。

3. sp^3、sp^2、sp 杂化的比较

杂化比较见表3-2。

表3-2　sp^3、sp^2、sp 杂化比较

轨道	sp^3	sp^2	sp
数目	4	3	2
成分	1/4s，3/4p	1/3s，2/3p	1/2s，1/2p
	s 成分愈大，电子云离原子核愈近，其电负性愈强		
形状	葫芦形	葫芦形	葫芦形
	在长度上依次缩小，在宽度上依次增大		

续表

轨道	sp^3	sp^2	sp
杂化轨道的分布	正四面体分布 （对称轴间夹角 109.5°）	平面三角形分布 （对称轴间夹角 120°）	直线分布 （对称轴间夹角 180°）
杂化轨道与未杂化轨道的关系	—	未杂化 p 轨道垂直于三个杂化轨道组成的平面	两个未杂化 p 轨道相互垂直，并垂直于杂化轨道

（二）炔烃的构造异构和命名

炔烃：含有碳碳三键的烃称为炔烃。

炔烃的通式：C_nH_{2n-2}。

1. 炔烃的构造异构

通常所说的炔烃是指分子中含有一个碳碳三键的链烃，它的通式也是 C_nH_{2n-2}，与二烯烃相同。故相同碳原子数的炔烃和二烯烃互为构造异构体。这种因官能团不同引起的异构现象称为官能团异构。此外，炔烃也存在着碳链异构和位置异构。

2. 炔烃的命名

炔烃的系统命名法命名原则与烯烃相似。命名原则如下。

（1）选择含有叁键的最长碳链作为母体，从靠近三键的一端编号。

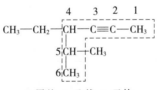

5-甲基-4-乙基-2-己炔

（2）分子中同时含有双键和三键时

①选择既含 C＝C 又含 C≡C 的最长碳链作为母体，根据母体中碳原子数目称"某烯炔"。

②编号使 C＝C 和 C≡C 的位次符合"最低系列"，在此前提下优先给 C＝C 以最小位次。

③全名称的书写方法与各类烃基本相同，只是母体要用"a-某烯-b-炔"表示，其中 a 表示"C＝C"位次，b 表示"C≡C"位次。例如，

$$\overset{1}{C}H≡C—\overset{3}{C}H—\overset{4}{C}H=\overset{5}{C}H—\overset{6}{C}H_3 \qquad \overset{5}{C}H≡\overset{4}{C}H—\overset{3}{C}H_2—\overset{2}{C}H=\overset{1}{C}H_2$$
$$\underset{CH(CH_3)_2}{|}$$

3-异丙基-4-己烯-1-炔   1-戊烯-4-炔

（三）炔烃的物理性质

炔烃是低极性的化合物，它的物理性质基本上和烷、烯相似：$C_2 \sim C_4$ 的炔烃是气体；$C_5 \sim C_{18}$ 的炔烃是液体；多于 18 个碳原子的炔烃是固体。炔烃微溶于水，易溶于有机溶剂，如苯、丙酮、石油醚等。炔烃比水轻，沸点随碳链增长而增加，见表3-3。

表 3-3　炔烃的物理性质

名称	熔点/℃	沸点/℃	相对密度（液态时）/(g/L)
乙炔	−81.5（118.7kPa）	−83.4	0.6179
丙炔	−102.7	−23.2	0.6714
1-丁炔	−125.8	8.7	0.6682
2-丁炔	−32.2	27.0	0.6937
1-戊炔	−98	39.7	0.695
2-戊炔	−10.1	55.5	0.7127
3-甲基-1-丁炔	−89.7	29.4	0.6660
1-己炔	−132	71	0.7195
2-己炔	−89.6	84	0.7305
3-己炔	−105	82	0.7255
3，3-二甲基-1-丁炔	−81	38	0.6686
1-庚炔	−81	99.7	0.7328
1-辛炔	−79.3	125.2	0.747
1-壬炔	−50.0	150.8	0.760
1-癸炔	−36.0	174.0	0.765
1-十八碳炔	28	180（12.7kPa）	0.8025

（四）炔烃的化学性质

1. 加成反应

（1）催化加氢（催化氢化）　炔烃催化加氢时，若采用 Lindlar 催化剂（将金属钯沉结在碳酸钙上，再用醋酸铅处理制得），可使反应停留在烯烃阶段，并得到顺式烯烃。

$$CH_3-C\equiv C-CH_3 + H_2 \xrightarrow[Pb(Ac)_2]{Pd/CaCO_3} $$

顺-2-丁烯

$$CH_2\!\!=\!\!CH\!\!-\!\!C\!\!\equiv\!\!CH + H_2 \xrightarrow[\text{Pb(Ac)}_2]{\text{Pd/CaCO}_3} CH_2\!\!=\!\!CH\!\!-\!\!CH\!\!=\!\!CH_2$$

（2）与 X_2、HX、H_2O、ROH、RCOOH 加成　炔烃与 X_2、HX 作用可以停留在一分子加成阶段。若分子中同时含有碳碳双键和碳碳三键，反应首先发生在碳碳双键上。

$$CH_2\!\!=\!\!CHCH_2C\!\!\equiv\!\!CH \xrightarrow[\text{低温}]{\text{1mol Br}_2} \underset{\underset{Br}{|}\ \underset{Br}{|}}{CH_2\!\!-\!\!CHCH_2C\!\!\equiv\!\!CH}$$

4,5-二溴-1-戊炔

2. 氧化反应

$$CH\!\!\equiv\!\!CH + KMnO_4 \xrightarrow{H_2O} CO_2 + MnO_2\!\downarrow + KOH$$

反应后高锰酸钾溶液的紫色褪去，生成褐色的二氧化锰沉淀。

$$CH_3\!\!-\!\!C\!\!\equiv\!\!CH \xrightarrow[H_2O]{KMnO_4} CH_3COOH + CO_2$$

$$CH_3\!\!-\!\!C\!\!\equiv\!\!C\!\!-\!\!CH_3 \xrightarrow[H_2O]{KMnO_4} 2CH_3COOH$$

$$CH_3\!\!-\!\!C\!\!\equiv\!\!C\!\!-\!\!CH_2CH_3 \xrightarrow[H_2O]{KMnO_4} CH_3COOH + CH_3CH_2COOH$$

由于氧化产物保留了原来烃中的部分碳链结构，因此通过一定的方法，测定氧化产物的结构，便可推断炔烃的结构。

烷烃、环烷烃不能被高锰酸钾氧化，这是区别烷烃、环烷烃与不饱和烃的一种方法。

3. 炔烃活泼氢的反应

（1）**与钠或氨基钠反应** 乙炔和其他末端炔烃可以与熔融的金属钠或在液氨溶剂中与氨基钠（$NaNH_2$）作用得到炔化物。

$$2CH\equiv CH + 2Na \xrightarrow{110℃} 2CH\equiv CNa + H_2\uparrow$$
乙炔钠

$$CH\equiv CH + 2Na \xrightarrow{190\sim220℃} NaC\equiv CNa + H_2\uparrow$$
乙炔二钠

$$R-C\equiv CH + NaNH_2 \xrightarrow{液氨} R-C\equiv CNa + NH_3\uparrow$$

炔化钠的性质活泼，可与卤代烷作用，在炔烃中引入烷基，这是有机合成中用作增长碳链的一个方法。

$$R-C\equiv CNa + R'X \longrightarrow R-C\equiv C-R' + NaX$$

【**例1**】以乙炔为原料合成3-己炔。

【**解析**】从原料和产物的构造骨架来看，产物比原料增加了两个乙基，显然这是一个增长碳链的合成。依据增长碳链的方法，可利用乙炔二钠与氯乙烷反应制得。合成过程中所用的氯乙烷原料也需由乙炔来合成。合成路线如下。

$$HC\equiv CH + H_2 \xrightarrow[Pb(Ac)_2]{Pd/CaCO_3} CH_2=CH_2 \xrightarrow{HCl} CH_3CH_2Cl$$

$$HC\equiv CH + 2Na \xrightarrow{190\sim220℃} NaC\equiv CNa \xrightarrow{2CH_3CH_2Cl} CH_3CH_2C\equiv CCH_2CH_3$$

（2）**金属炔化物的生成** 末端炔烃加到硝酸银或氯化亚铜的氨溶液中，立即生成金属炔化物。

$$CH\equiv CH \begin{cases} \xrightarrow{Ag(NH_3)_2NO_3} AgC\equiv CAg\downarrow \quad \text{乙炔银} \\ \xrightarrow{Cu(NH_3)_2Cl} CuC\equiv CCu\downarrow \quad \text{乙炔亚铜} \end{cases}$$

$$R-C\equiv CH \begin{cases} \xrightarrow{Ag(NH_3)_2NO_3} R-C\equiv CAg\downarrow \quad \text{炔化银} \\ \xrightarrow{Cu(NH_3)_2Cl} R-C\equiv CCu\downarrow \quad \text{炔化亚铜} \end{cases}$$

乙炔银和其他炔化银为灰白色沉淀，乙炔亚铜和其他炔化亚铜为红棕色沉淀。此反应非常灵敏，现象显著，可用于鉴别末端炔的结构。干燥的金属炔化物很不稳定，受热易发生爆炸，为避免危险，生成的炔化物应加稀酸将其分解。例如，

$$R—C\equiv CAg + HNO_3 \longrightarrow R—C\equiv CH + AgNO_3$$

$$2R—C\equiv CCu + 2HCl \longrightarrow 2R—C\equiv CH + Cu_2Cl_2$$

利用这一性质也可以分离末端炔烃。

4. 聚合反应

$$CH\equiv CH + CH\equiv CH \xrightarrow[HCl]{CuCl-NH_4Cl} CH_2\!=\!CH—C\equiv CH$$

乙烯基乙炔

$$CH_2\!=\!CH—C\equiv CH + HCl \xrightarrow[HCl]{CuCl-NH_4Cl} CH_2\!=\!CH—\underset{\underset{Cl}{|}}{C}\!=\!CH_2$$

2-氯-1，3-丁二烯

知识链接

乙炔与铜、银、水银等金属或其盐类长期接触时，会生成乙炔铜（Cu_2C_2）和乙炔银（Ag_2C_2）等爆炸性混合物，当受到摩擦、冲击时会发生爆炸。因此，凡供乙炔使用的器材都不能用银和含铜量70%以上的铜合金制造。

习题

1. 写出下列反应的转变过程：

$$CH_3—CH\!=\!CH_2 \rightarrow CH_3—CH_2—CH_2—Br$$

2. 完成反应式。

$$(CH_3)_2CHCH\!=\!CH_2 + HBr \rightarrow$$

$$(CH_3)_2CHCH\!=\!CH_2 + HBr \xrightarrow{ROOR}$$

$$(CH_3)_2C\!=\!CHCH_3 + HCl \rightarrow$$

3. 写出下列物质的结构式。

3-甲基-4-乙基-3-己烯　　　　　甲基三乙基乙烯

3，3-二甲基-1-戊烯　　　　　　（Z）-4-甲基-2-戊烯

4. 用化学方法鉴别下列各组物质。

（1）己烷、1-己烯、2-己烯

（2）丙烷、丙烯、氮气

5. 有一炔烃，分子式为 C_6H_{10}，当它加 H_2 后可生成2-甲基戊烷，它与硝酸银作用生成白色沉淀。写出该烃的结构式。

6. 某烃4.3g完全燃烧后生成13.2g CO_2，该烃的蒸气对氢气的相对密度

为 43。写出该烃的结构式。

项目四　芳香烃

芳香烃是芳香族碳氢化合物的简称，亦称芳烃。其显著特点是高度不饱和性；不易进行加成反应和氧化反应，易进行取代反应；成环原子间的键长趋于平均化；π 电子离域体系由 $4n+2$ 个 π 电子构成，即符合 Hückel 规则。

一、苯的结构

苯（Benzene，C_6H_6）是最简单的芳烃，在常温下是无色透明液体，并带有强烈的芳香气味。

（一）凯库勒构造式

1865 年凯库勒（Kekule）首先提出了苯的环状结构，即六个碳原子在同一平面上彼此连结成环，每个碳原子上都结合着一个氢原子。为了满足碳的四价，凯库勒提出如下的构造式：

或简写为

（二）闭合共轭体系

近代物理方法测定，苯分子中的六个碳原子都是 sp^2 杂化的，每个碳原子各以两个 sp^2 杂化轨道分别与另外两个碳原子形成 C—Cσ 键，这样六个碳原子构成了一个平面正六边形。使苯分子中的所有原子都在一个平面上，键角都是 120°。每个碳原子还有一个未参与杂化的 p 轨道，它的对称轴垂直于此平面，与相邻的两个碳原子上的 p 轨道分别从侧面平行重叠，形成一个闭合的共轭体系。至今还没有更好的结构式表示苯的这种结构特点，出于习惯和解释问题的方便，仍用凯库勒式表示。目前，为了描述苯分子中完全平均化的大 π 键，也用下式表示苯的结构。

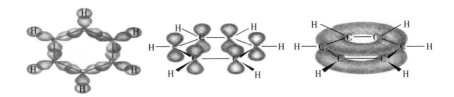

知识链接

早在 1920 年，苯就已是工业上一种常用的溶剂，主要用于金属脱脂。由于苯有毒，人体直接接触溶剂的生产过程现已不用苯作溶剂。2017 年，世界卫生组织国际癌症研究机构公布的致癌物清单，苯在一类致癌物中。

二、单环芳烃的构造异构和命名

根据分子中所含苯环的数目和连接方式，芳香烃可分为如下几类。

芳香烃 {
单环芳烃　例如，⬡（苯）
多环芳烃　例如，⬡—⬡（联苯）
稠环芳烃　例如，⬡⬡（萘）
}

（一）单环芳烃的构造异构

1. 苯环上支链的不同，产生同分构造异构

当苯环上连有不同的支链时，产生异构现象。如，

　　　C_2H_5　　　　　CH_3 CH_3

当苯环支链有三个以上碳原子时，可能出现碳链排列方式不同，产生异构现象。如，

　　$CH_2CH_2CH_3$　　　　　$\begin{matrix} CH_3 \\ CH-CH_3 \end{matrix}$

　　　　正丙苯　　　　　　　异丙苯

2. 支链在环上的位置不同，产生位置异构

当苯环上连有两个或两个以上支链时，可能出现支链在环上位置不同，产

生异构现象。如，

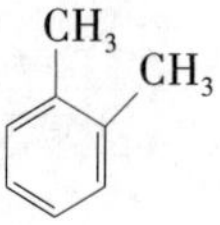

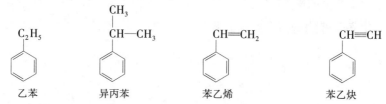

邻二甲苯 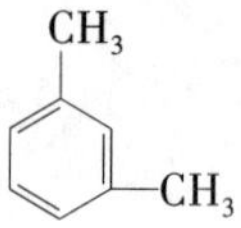　　　　　　　间二甲苯 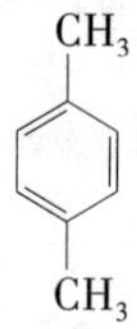　　　　　　　对二甲苯

（二）单环芳烃的命名

（1）苯的一元取代物只有一种时，以苯环为母体命名，烷基作为取代基，称为"某烷基苯"，其中"基"字常省略。若侧链为不饱和烃基（如烯基或炔基等），则以不饱和烃为母体命名，苯环作为取代基。如，

乙苯　　　　　　异丙苯　　　　　　苯乙烯　　　　　　苯乙炔

（2）当苯环上有两个或两个以上烷基时，可用阿拉伯数字标明烷基的位置。对于两个烷基，也可用邻（o）、对（p）和间（m）标明两个烷基的相对位置；对于 3 个相同的烷基，也可用"连""偏""均"标明烷基的相对位置。如，

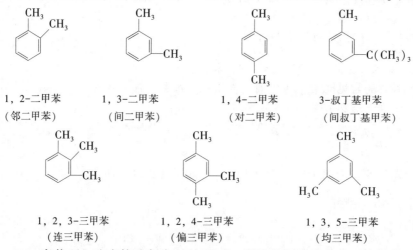

1，2-二甲苯　　　1，3-二甲苯　　　　1，4-二甲苯　　　3-叔丁基甲苯

（邻二甲苯）　　（间二甲苯）　　　（对二甲苯）　　（间叔丁基甲苯）

1，2，3-三甲苯　　1，2，4-三甲苯　　　1，3，5-三甲苯

（连三甲苯）　　　（偏三甲苯）　　　（均三甲苯）

（3）当苯环上连有构造复杂的烷基时，则将苯环作取代基，支链作母体。

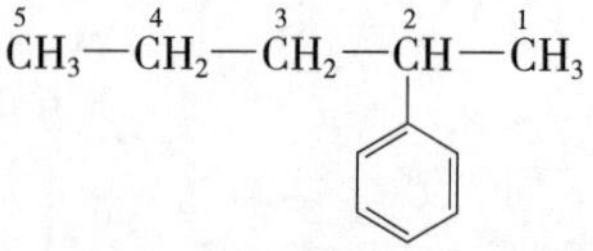

$$\overset{5}{CH_3}-\overset{4}{CH_2}-\overset{3}{CH_2}-\overset{2}{CH}-\overset{1}{CH_3}$$

2-苯基戊烷

（4）若侧链有两个或两个以上不饱和烃基时，仍以苯环为母体。

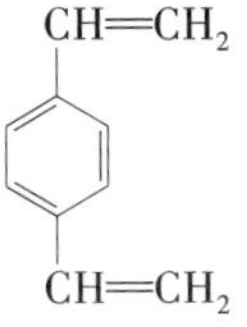

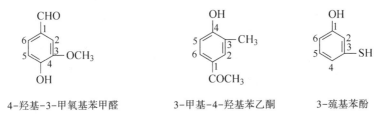

对二乙烯苯

（三）芳烃衍生物的命名

单环芳烃衍生物的系统命名法。

（1）按照"官能团的优先次序表"，选择优先官能团为母体，将与母体官能团相连的苯环上的碳原子编号为1。

（2）根据"最低系列"原则，给苯环上的其他碳原子编号。

（3）最后按"较优基团后列出"原则将取代基的名称和位次写在母体名称之前即得全名。

4-羟基-3-甲氧基苯甲醛　　　3-甲基-4-羟基苯乙酮　　　3-巯基苯酚

三、单环芳烃的物理性质

苯和它的常见同系物一般为无色透明有特殊气味的液体，不溶于水，易溶于有机溶剂，液态芳烃本身也是良好的溶剂。相对密度大多为 $0.86\sim0.93$，沸点随相对分子质量升高而升高。熔点除与相对分子质量有关外，还与结构的对称性有关，通常结构对称性高的化合物，熔点较高。芳香烃一般都有毒性，长期吸入它们的蒸气，会损害造血器官及神经系统。

四、单环芳烃的化学性质及应用

（一）取代反应

1. 卤化反应

在铁粉或路易斯酸（卤化铁、卤化铝等）的催化下，氯或溴原子可取代苯环上的氢，主要生成氯苯或溴苯。

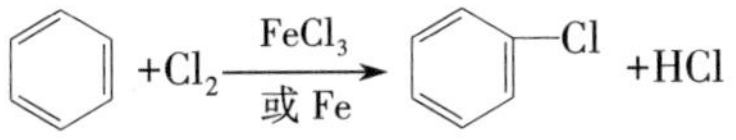

$$\text{苯} + Cl_2 \xrightarrow[\text{或 Fe}]{FeCl_3} \text{苯}-Cl + HCl$$

$$\text{（苯）} + Br_2 \xrightarrow[\text{或 Fe}]{FeCl_3} \text{（溴苯）} Br + HBr$$

卤素的活性顺序是：$F_2 > Cl_2 > Br_2 > I_2$。

氯苯和溴苯易继续反应生成二元取代物，且主要发生在卤原子的邻、对位。

$$\text{（氯苯）} Cl + Cl_2 \xrightarrow[\text{或 Fe}]{FeCl_3} \text{（邻二氯苯）} + \text{（对二氯苯）} + HCl$$

邻二氯苯　　　对二氯苯

2. 硝化反应

苯与浓硝酸及浓硫酸的混合物（混酸）共热后，苯环上的氢原子被硝基（$-NO_2$）取代，生成硝基苯。

$$\text{（苯）} + HO{-}NO_2 \xrightarrow[50 \sim 60℃]{\text{浓 }H_2SO_4} \text{（硝基苯）}NO_2 + H_2O$$

$$\text{（硝基苯）}NO_2 + \text{发烟 }HNO_3 \xrightarrow[100℃]{\text{浓 }H_2SO_4} \text{（间二硝基苯）}NO_2 + H_2O$$

在此反应中，浓硫酸除了起催化作用外，还是脱水剂。

如用甲苯硝化，不需用浓硫酸，且在 30℃ 就可以反应，主要生成邻硝基甲苯和对硝基甲苯。

$$\text{（甲苯）}CH_3 + HO{-}NO_2 \xrightarrow{30℃} \text{（邻硝基甲苯）}CH_3, NO_2 + \text{（对硝基甲苯）}CH_3, NO_2 + H_2O$$

这说明甲苯比苯容易发生硝化反应。

3. 磺化反应

苯与浓硫酸或发烟硫酸共热，苯环上的氢原子被磺酸基（$-SO_3H$）取代，生成苯磺酸。

$$\text{（苯）} + HO{-}SO_3H \underset{\triangle}{\rightleftharpoons} \text{（苯磺酸）}SO_3H + H_2O$$

苯磺酸继续磺化时，需要用发烟硫酸及较高温度，产物主要为间苯二磺酸。

$$\text{（苯磺酸）}SO_3H + H_2SO_4(SO_3) \xrightarrow{200 \sim 250℃} \text{（间苯二磺酸）}SO_3H, SO_3H + H_2O$$

烷基苯的磺化反应比苯容易进行。例如，甲苯与浓硫酸在常温下即可发生磺化反应，主要产生邻及对甲苯磺酸，而在 100~120℃时反应，则对甲苯磺酸为主要产物。

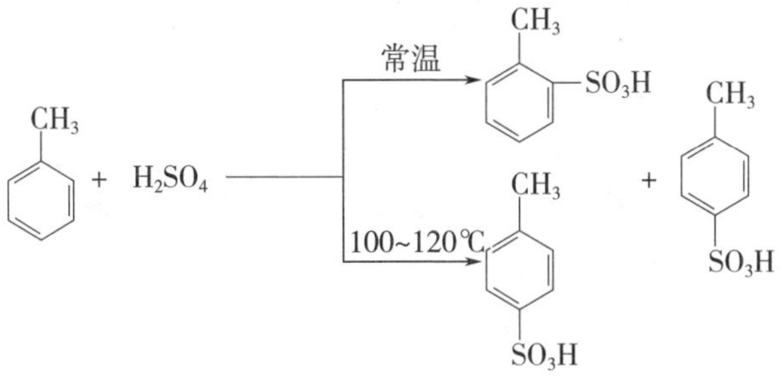

4. 傅-克（Friedel-Crafts）反应

（1）傅-克烷基化反应　凡在有机化合物分子中引入烷基的反应，称为烷基化反应。反应中提供烷基的试剂称为烷基化剂，它可以是卤代烷、烯烃和醇。

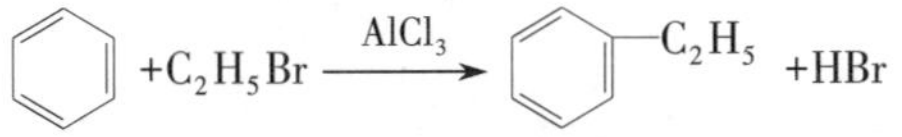

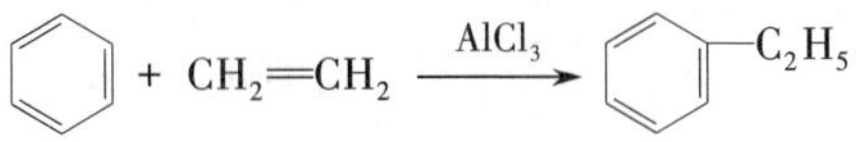

当烷基化剂含有三个或三个以上直链碳原子时，产物发生碳链异构。

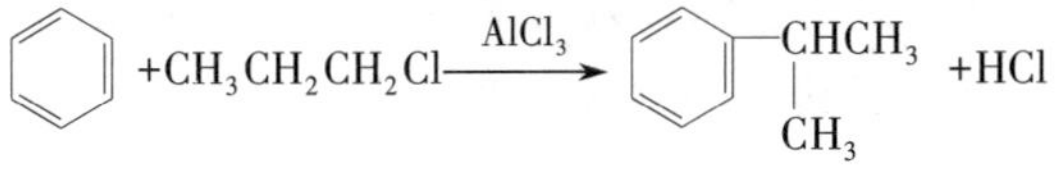

（2）酰基化反应　凡在有机化合物分子中引入酰基（ R—C（=O） ）的反应，称为酰基化反应。反应中提供酰基的试剂称为酰基化剂，主要是酰卤和酸酐。

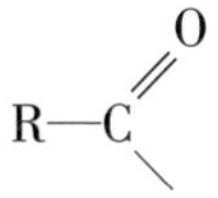

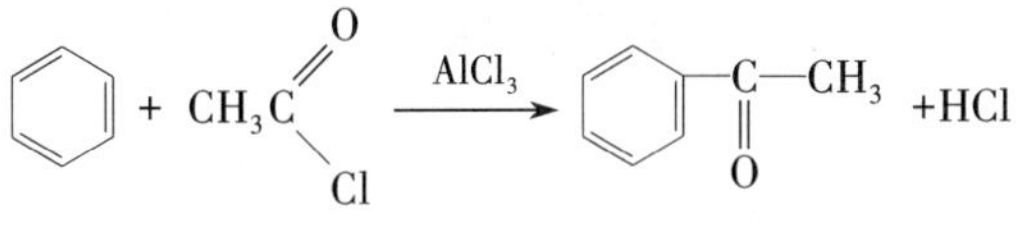

苯乙酮

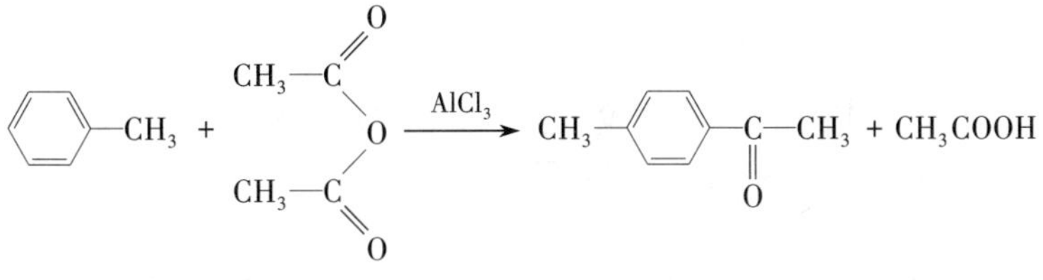

（二）氧化反应

1. 苯环氧化

苯环一般较稳定，不能被高锰酸钾氧化，但在激烈的条件下也可发生氧化

反应。例如，

$$2\ \text{⬡}\ +9O_2\ \xrightarrow[450℃]{V_2O_5}\ 2\ \begin{array}{c} H-C-C \\ \| \ \ \ \ \| \\ H-C-C \end{array}\ O\ +4H_2O+4CO_2$$

2. 侧链氧化

有 α-H 的烷基苯，在强氧化剂（高锰酸钾、重铬酸钾）作用下，都能使侧链发生氧化反应，且无论侧链长短，氧化产物均为苯甲酸。

$$\text{⬡CH}_3\ \xrightarrow[H^+]{KMnO_4}\ \text{⬡COOH}$$

$$\text{⬡}\begin{array}{c}CH_2CH_3\\CH(CH_3)_2\end{array}\ \xrightarrow[H^+]{K_2Cr_2O_7}\ \text{⬡}\begin{array}{c}COOH\\COOH\end{array}$$

间苯二甲酸

对于侧链无 α-H 的烷基苯，则不能发生此类氧化反应。

用酸性高锰酸钾作氧化剂时，随着苯环侧链氧化的发生，高锰酸钾的紫色逐渐褪去，用此反应可鉴别苯环侧链有无 α-H。

（三）加成反应

$$\text{⬡}\ +3H_2\ \xrightarrow[高温、高压]{催化剂}\ \text{⬡}$$

五、苯环上亲电取代反应的定位规律

（一）一元取代苯的定位规律

1. 邻、对位定位基

邻、对位定位基也称第一类定位基，当苯环上有这类基团时，再进行取代反应，第二个基团主要进入其邻位和对位，产物主要是邻和对两种二元取代物。并且这类基团导入苯环后，使苯环变得更容易再进行亲电取代反应，因此它们大多属于致活基团。

这类定位基按照它们对苯环亲电取代反应的致活作用由强到弱排列如下。

—O^-（氧负离子）＞—$N(CH_3)_2$（二甲氨基）＞—$NHCH_3$（甲氨基）＞—NH_2（氨基）＞—OH（羟基）＞—OCH_3（甲氧基）

2. 间位定位基

—NO$_2$、—CN、—SO$_3$H、—COOH、—CHO、—COCH$_3$、—COOCH$_3$、—CONH$_2$等是间位定位基。间位定位基也称第二类定位基，当苯环上已有这类基团时，再进行取代反应，第二个基团主要进入其间位。并且这类基团导入苯环后，使苯环变得更难再进行亲电取代反应，因此它们大多属于致钝基团。

这类定位基按照它们对苯环亲电取代反应的致活作用由强到弱排列如下。

—N$^+$H$_3$（铵基）＞—N$^+$（CH$_3$）$_3$（三甲铵基）＞—NO$_2$（硝基）＞—CN（氰基）＞—SO$_3$H（磺酸基）＞—CHO（醛基）＞—COOH（羧基）＞—CCl$_3$（三氯甲基）

（二）二元取代苯的定位规律

如果苯环上已有两个取代基，再进行亲电取代反应时，第三个基团进入的位置取决于已有的两个定位基的性质、相对位置、空间位阻等条件，有以下几种情况。

1. 两定位基定位效应一致

若苯环上原有的两个定位基的定位效应一致时，则第三个基团进入两定位基一致指向的位置。如，

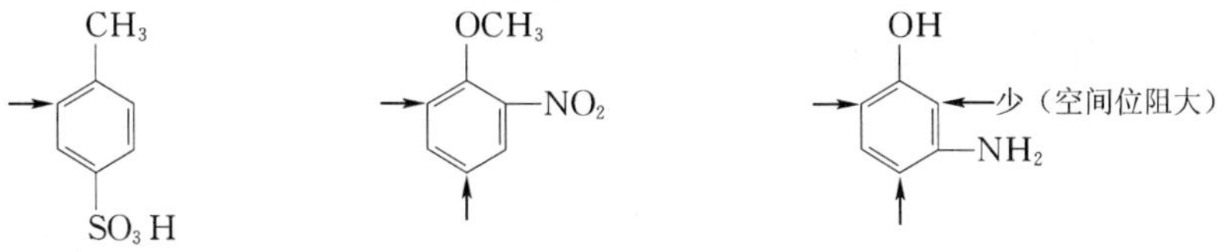

2. 两定位基定位效应不一致

若苯环上原有的两个定位基的定位效应不一致时，会出现两种情况。

（1）两个定位基属于同一类，第三个基团进入苯环的位置由定位效应强的定位基决定。如，

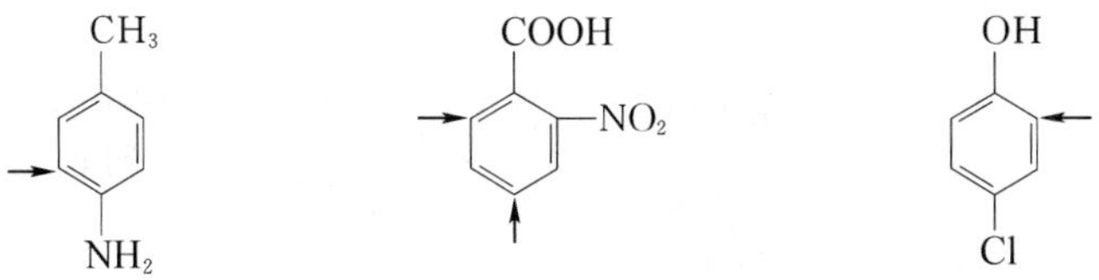

（2）两个定位基属于不同类时，第三个基团进入苯环的位置主要由邻对位定位基决定。如，

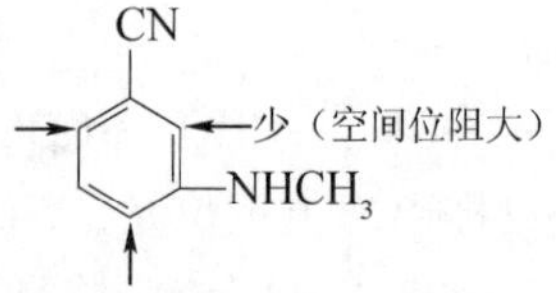

（三）定位规则在有机合成中的应用

【例1】试以甲苯为原料，设计合成具有广泛用途的医药原料间硝基苯甲酸。即，

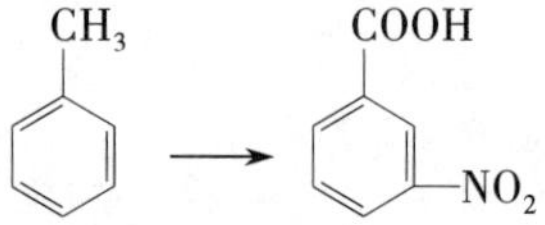

【解析】羧基可由甲基氧化而得，甲基为邻、对位定位基，若先硝化后再氧化，得不到目的产物，必须先氧化后得羧基，羧基为间位定位基，再硝化，才可得到间硝基苯甲酸。具体合成路线如下。

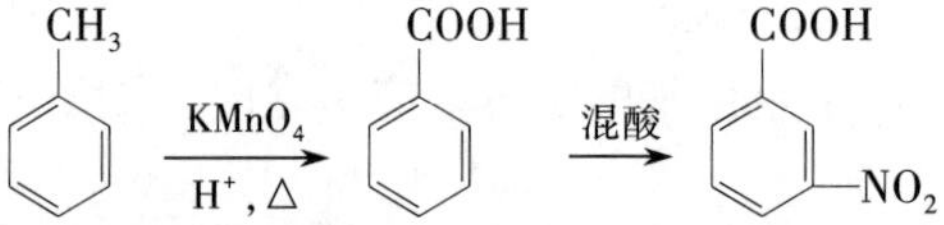

【例2】邻硝基乙苯是制备抗炎药依托吐酸的原料。试以苯为原料，设计由苯合成邻硝基乙苯的路线。即，

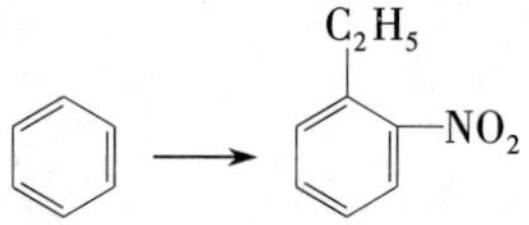

【解析】硝基是间位定位基，乙基是邻、对位定位基，因此合成邻硝基乙苯应先烷基化，再硝化。又因乙基是邻、对位定位基，为防止在硝化时，硝基进入乙基的对位，可在硝化前先将乙苯磺化，磺酸基的空间位阻大，主要产物为对乙基苯磺酸，再进行硝化后，水解脱去磺酸基，可得目的产物。

六、稠环芳烃

两个或两个以上的苯环共用两个邻位碳原子的化合物称为稠环芳烃。稠环芳烃一般是固体，且大多为致癌物质。其中比较重要的是萘、蒽、菲，它们是合成染料、药物等的重要化合物。

（一）萘

1. 萘的结构和命名

萘的分子式为 $C_{10}H_8$，是最简单的稠环芳烃。萘的构造式如下。

与苯相似，萘环上的每个碳原子都是 sp^2 杂化，碳原子间以及碳原子与氢原子间均以 σ 键相连，每个碳原子的 p 轨道平行重叠形成共轭大 π 键，垂直于萘环平面，但各 p 轨道的重叠程度不同。

碳碳键的键长既不同于典型的单键和双键，也不同于苯分子中等长的碳碳键。正是由于萘分子中键长平均化程度没有苯高，使萘的稳定性比苯差，反应活性比苯高。

萘的 10 个碳原子上的电子云分布不同，在命名时对萘环的碳原子做如下编号。

萘分子中，稠合边共用的原子不编号。1、4、5、8 位相同，又称 α 位；2、3、6、7 位相同，又称 β 位。因此，萘的一元取代物有两种，即 α 取代物和 β 取代物。命名时可以用阿拉伯数字标明取代基的位次，也可用 α、β 字母标明取代基的位次。如，

1-溴萘（α-溴萘）　　　　　2-溴萘（β-溴萘）

2. 萘的性质

萘是白色片状晶体，熔点 80.5℃，沸点 218℃，不溶于水，溶于有机溶剂，有特殊气味，易升华。

萘的化学性质活泼，容易发生亲电取代反应、氧化反应和还原反应。

（1）亲电取代反应　萘可以进行一般芳香烃的亲电取代反应，由于萘分子的 α 位电子云密度比 β 位大，所以取代反应较易发生在 α 位。

①卤化：萘与氯在三氯化铁的催化下可得无色液体 α-氯萘。

②硝化：萘和混酸在室温就可发生硝化反应，生成 α-硝基萘。

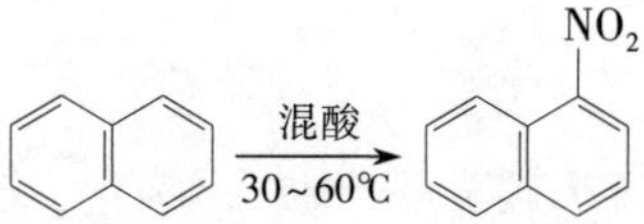

③磺化：萘的磺化反应产物随温度的不同而不同，低温主要生成α-萘磺酸，高温主要生成β-萘磺酸。

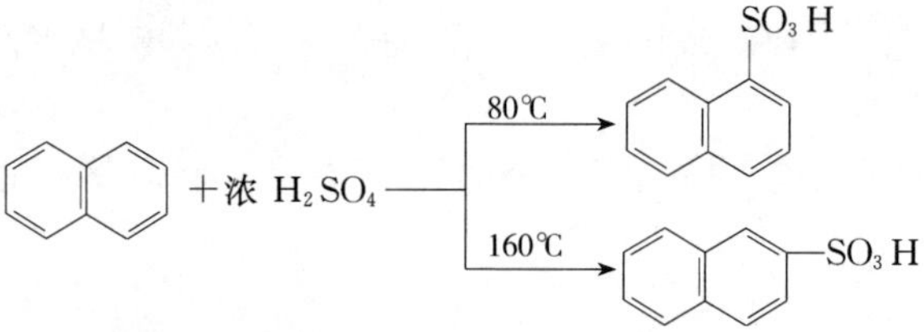

（2）氧化反应 萘比苯更容易发生氧化反应，反应主要发生在α位。在缓和条件下，萘氧化生成醌，强烈条件下，氧化生成邻苯二甲酸酐。

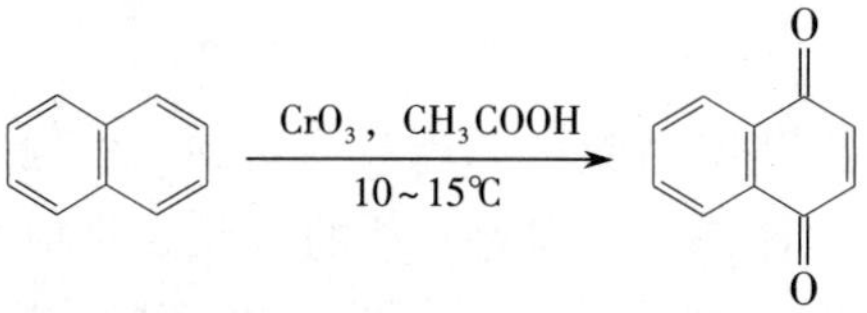

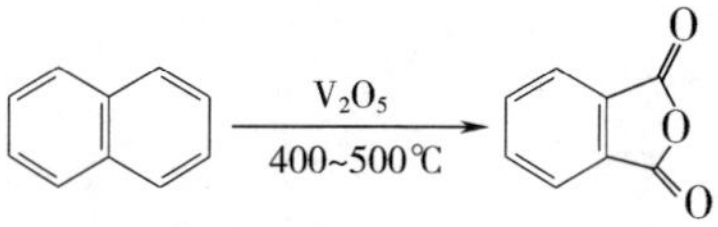

邻苯二甲酸酐俗名苯酐，为白色针状晶体，是染料、医药、塑料、增塑剂及合成纤维的原料。

（3）还原反应 萘的还原反应可以在金属钠和醇的共同作用下实现，也可以通过催化加氢的方法实现。

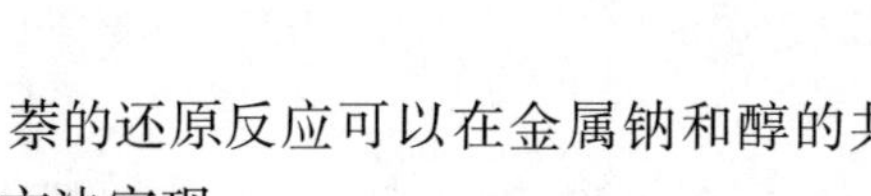

1，4-二氢萘

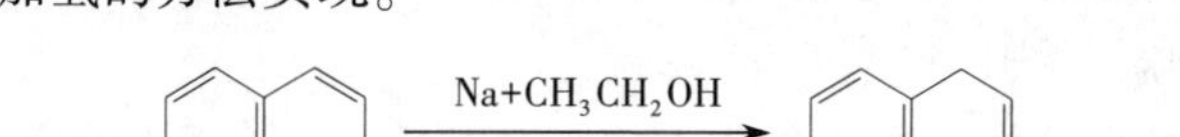

十氢化萘

3. 一元取代萘的定位规则

萘是由两个苯环稠合而成的，因此，当萘上已有取代基时，第二个基团进入萘环的位置就比较复杂，下面介绍两种比较简单的情况。

（1）环上有邻、对位定位基 由于邻、对位定位基的致活作用，取代发生在同环。如果这个定位基在 1 位，则第二个基团优先进入 4 位；如果这个定位基在 2 位，则第二个基团优先进入 1 位。如，

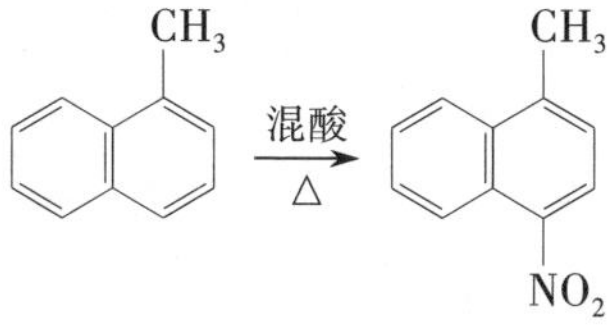

4-硝基-1-甲萘

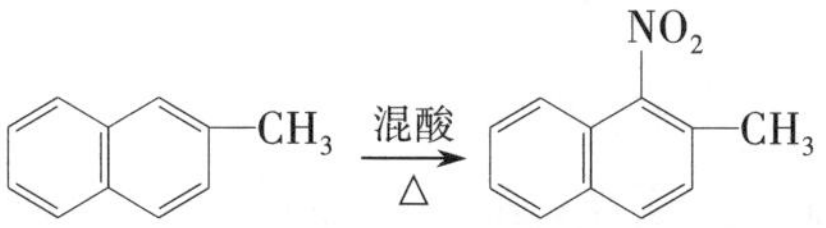

1-硝基-2-甲萘

（2）环上有间位定位基　由于间位定位基的致钝作用，取代主要发生在另一环的 α 位。如，

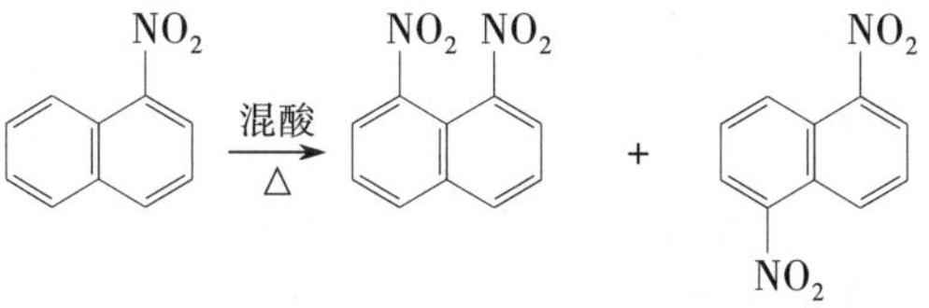

1，8-二硝基萘　　　1，5-二硝基萘

（二）其他稠环芳烃——蒽和菲

蒽和菲都是由三个苯环稠合而成的稠环芳烃。其中，蒽的三个苯环呈直线稠合排列，菲的三个苯环呈角式稠合排列。两者的分子式均为 $C_{14}H_{10}$，互为同分异构体。它们的构造式及分子中碳原子的编号如下。

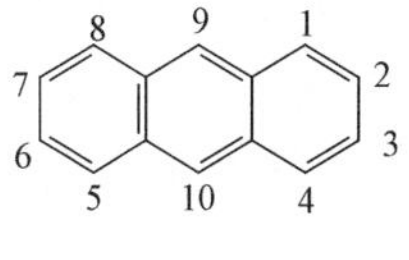

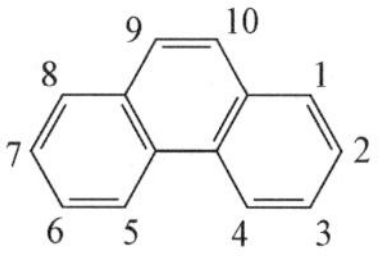

在蒽的各个碳的位置中，1，4，5，8 位等同，又称 α 位；2，3，6，7 位等同，又称 β 位；9，10 位等同，又称 γ 位。

在菲的各个碳的位置中，1，8 位等同；2，7 位等同；3，6 位等同；4，5 位等同；9，10 位等同。

蒽和菲都可以从煤焦油中得到。蒽是浅蓝色有荧光的针状晶体，菲是白色有荧光的片状晶体，均有毒。

蒽和菲都比萘更容易发生氧化及还原反应，无论氧化或还原，反应都发生在 9，10 位，反应产物分子中都具有两个完整的苯环。

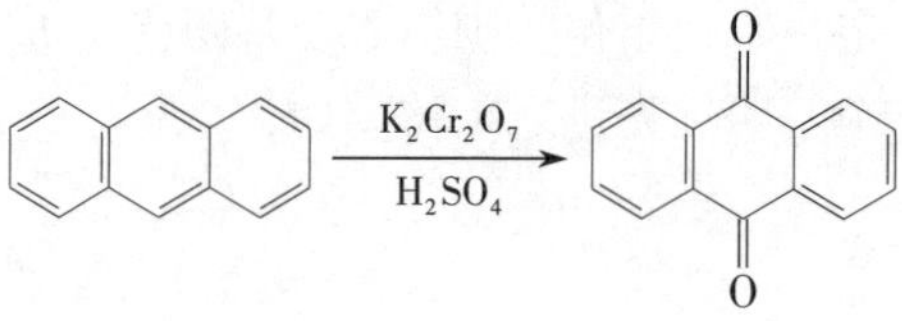

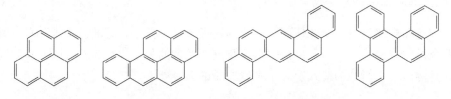

9，10-蒽醌

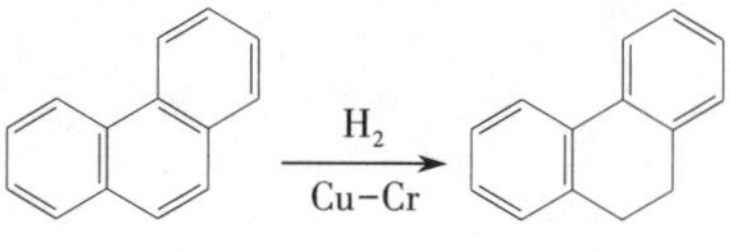

9.10-二氢化菲

蒽醌的衍生物是某些天然药物的重要原料，多氢菲的基本结构也存在于多种甾体药物中。因此，蒽和菲都是重要的医药原料。

知识链接

致癌烃

在煤焦油中除了蒽和菲外，还有许多其他的稠环芳烃，有一些有明显的致癌作用，称为致癌烃。这类化合物都含有四个或更多的苯环。如，

| 芘 | 3，4-苯并芘 | 1，2，5，6-二苯并蒽 | 1，2，3，4-二苯并菲 |

这些致癌烃的致癌作用是因为它们与体内的 DNA 结合，引起细胞突变。因此，为了保证身体健康，必须防止多环稠苯芳香烃对环境的污染。

习 题

1. 写出下列物质的结构式。

对硝基苯甲酸　对乙烯基氯苯　对甲基苯磺酸　间苯二磺酸

2. 合成如下化合物。

苯→对硝基苯甲酸

苯→2，4-二硝基氯苯

3. 用化学方法鉴别。

（1）苯，乙苯，苯乙烯

（2）苯，乙苯，苯基乙炔

4. 某芳香烃的化学式为 CH，相对分子质量为 208，被强氧化剂氧化后得到苯甲酸，经臭氧氧化和还原水解后，仅得到产物 $C_6H_5CH_2CHO$。写出该烃的结构式。

实训五　蒸馏和分馏操作

【教学目标】

1. 掌握蒸馏和分馏操作的基本原理。

2. 熟练掌握蒸馏装置的安装和使用方法。

【教学时数】

4 课时。

【教学实践条件】

普化室。

【教师任课条件】

熟悉酿酒化学课程，具有一定的教学经验，具有讲师以上职称。

【项目经费】

根据班级人数而定。

【教学内容】

1. 实验原理

蒸馏和分馏的基本原理是一样的，都是利用有机物质的沸点不同。在蒸馏过程中低沸点的组分先蒸出，高沸点的组分后蒸出，从而达到分离提纯的目的。不同的是，分馏是借助于分馏柱使一系列的蒸馏不需多次重复，一次得以完成的蒸馏（分馏就是多次蒸馏），应用范围也不同，蒸馏时混合液体中各组分的沸点要相差 30℃ 以上，才可以进行分离，而要彻底分离，沸点要相差 110℃ 以上。分馏可使沸点相近的互溶液体混合物（甚至沸点仅相差 1~2℃）得到分离和纯化。

当液态物质受热时蒸气压增大，待蒸气压大到与大气压或所给压力相等时液体沸腾，即达到沸点。所谓蒸馏就是将液态物质加热到沸腾变为蒸气，又将蒸气冷却为液体这两个过程的联合操作。

分馏：如果将两种挥发性液体混合物进行蒸馏，在沸腾温度下，其气相与液相达成平衡，出来的蒸气中含有较多量易挥发物质的组分，将此蒸气冷凝成液体，其组成与气相组成等同（即含有较多的易挥发组分），而残留物中却含有较多量的高沸点组分（难挥发组分），这就是进行了一次简单的蒸馏。

如果将蒸气凝成的液体重新蒸馏，即又进行一次气液平衡，再度产生的蒸气中，所含的易挥发物质组分又有增高，同样，将此蒸气再经冷凝而得到的液体中，易挥发物质的组成当然更高，这样我们可以利用一连串的有系统的重复蒸馏，最后得到接近纯组分的两种液体。

应用这样反复多次的简单蒸馏，虽然可以得到接近纯组分的两种液体，但是这样做既浪费时间，同时在重复多次蒸馏操作中的损失又很大，设备复杂，所以，通常是利用分馏柱进行多次气化和冷凝，这就是分馏。

在分馏柱内，当上升的蒸气与下降的冷凝液互凝相接触时，上升的蒸气部分冷凝放出热量使下降的冷凝液部分气化，二者之间发生了热量交换。其结果，上升蒸气中易挥发组分增加，而下降的冷凝液中高沸点组分（难挥发组分）增加，如果继续多次，就等于进行了多次的气液平衡，即达到了多次蒸馏的效果。这样靠近分馏柱顶部易挥发物质的组分比例高，而在烧瓶里高沸点组分（难挥发组分）的比例高。这样只要分馏柱足够高，就可将两种组分完全彻底分开。工业上的精馏塔就相当于分馏柱。

2. 实验仪器及试剂

仪器：铁架台、圆底烧瓶、蒸馏头、冷凝管、温度计、量筒、酒精灯、石棉网、玻璃棒、乳胶管、沸石。

材料：50%乙醇。

3. 实验步骤

（1）蒸馏装置的安装　所用仪器不要用水洗，否则易使收集的馏分中含水（含杂质）；前馏分（馏头）有冲洗仪器的作用。所以要养成习惯，每次实验结束后，认真清洗仪器，放入柜子中，使其自然凉干。蒸馏的仪器装置如图4-1所示。

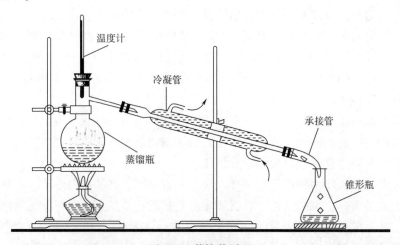

图4-1　蒸馏装置图

①安装顺序：以酒精灯为准，从下到上，从左到右。

②蒸馏体系为一开敞体系，但要注意磨口处必须严密（为什么？）。磨口处均匀涂抹少量凡士林，旋转磨口，使其严密。

③温度计的位置：水银球上端处于蒸馏头支管底边所在的水平线上。

④烧瓶口、蒸馏头、冷凝管等用铁夹固定。

铁夹的用法：①内衬软物如绒布、橡胶垫，也可用布条或棉纱将铁夹头包起来，以防止玻璃受热时炸裂。②注意双颈丝的方向及夹子的坡度。

⑤烧瓶要直立，冷凝管与实验者平行。

⑥冷凝管的选用：沸点低于140℃时选用直形冷凝管，沸点高于140℃时选用空气冷凝管。注意冷凝水的走向：下口进水，上口出水。

（2）操作步骤　准确量取50mL乙醇溶液，加入蒸馏瓶中，安装并检查好蒸馏装置后，开冷却水，缓慢加热，注意观察蒸馏烧瓶中的温度变化。记录初馏点温度。换一个干净的三角瓶，收集68～78℃时的馏出液，记录干点温度。先停止加热，再关闭冷却水。拆除装置并进行清洗、整理工作。

（3）加料　加入物料的体积应控制为烧瓶容积的1/3～1/2，并注意加入沸石。

沸石是多孔性物质，吸附有空气，可引入气化中心，防止液体过热而爆沸。

常用作沸石的物质：废旧电炉盘碎粒、废旧陶瓷碎粒、玻璃毛细管等。

加料方法：

①将待蒸馏物料通过长颈漏斗加入圆底烧瓶内。漏斗的下端须伸到蒸馏头支管的下面。

②取下蒸馏烧瓶，从烧瓶口直接将物料加入。

（4）加热

①根据待蒸馏液体和沸点可选用：明火+石棉网、水浴、油浴等加热方式。沸点高时用石棉网，沸点低时用水浴。

②先开水，后点火。

③加热前注意检查一下装置各磨口连接处是否严密，尤其是蒸馏头与冷凝管连接处。

④加热速度：开始稍快，火稍大，待液体沸腾后，调整火焰使温度计水银球上保持悬挂一个液滴且保持流出速度为每秒1～2滴。

（5）观察沸点及收集馏分　沸点可由温度计直接读出。温度计的位置正确是读数准确的保证：若温度计位置太低，则读数偏高；反之，读数偏低。

收集馏分：

①跑馏头：馏头是挥发性杂质，不收集（用一般容器接收）。

②收集馏分：待温度计读数稳定后，换一个干净的、干燥的烧瓶或锥形瓶作接收器（不能用敞口容器作接收器），此时应控制加热使流出速度为每秒1~2滴，待温度计读数升高时停止收集（一般纯物质只有1~2℃的沸程）。

留在瓶底的高沸点物质称为馏尾。

（6）停火及拆卸仪器　蒸馏完成后，应先关掉火源，再关冷凝水。拆卸仪器时的顺序与安装时相反。

由于乙醇易挥发，蒸馏头、冷凝管、尾接管、接收器不用水洗，只需将蒸馏瓶洗净。

4. 操作要点和说明

（1）进行蒸馏操作时，有时发现馏出物的沸点往往低于（或高于）该化合物的沸点，有时馏出物的温度一直在上升，这可能是因为混合液体组成比较复杂，沸点又比较接近的缘故，简单蒸馏难以将它们分开，可考虑用分馏。

（2）沸石的加入　为了清除在蒸馏过程中的过热现象和保证沸腾的平稳状态，常加沸石，或一端封口的毛细管，因为它们都能防止加热时的暴沸现象，把它们称为止暴剂又叫助沸剂，值得注意的是，不能在液体沸腾时加入止暴剂，不能用已使用过的止暴剂。

（3）蒸馏及分馏效果好坏与操作条件有直接关系，其中最主要的是控制馏出液流出速度，以1~2滴/s为宜（1mL/min），不能太快，否则达不到分离要求。

（4）当蒸馏沸点高于140℃的物质时，应该使用空气冷凝管。

（5）如果维持原来加热程度，不再有馏出液蒸出，温度突然下降时，就应停止蒸馏，即使杂质量很少也不能蒸干，特别是蒸馏低沸点液体时更要注意不能蒸干，否则易发生意外事故。蒸馏完毕，先停止加热，后停止通冷却水，拆卸仪器，其程序和安装时相反。

（6）蒸馏低沸点易燃吸潮的液体时，在接液管的支管处，连一干燥管，再从后者出口处接胶管通入水槽或室外，并将接收瓶在冰浴中冷却。

（7）简单分馏操作和蒸馏大致相同，要很好地进行分馏，必须注意下列几点。

①分馏一定要缓慢进行，控制好恒定的蒸馏速度（1~2滴/s），这样可以得到比较好的分馏效果。

②要使有相当量的液体沿柱流回烧瓶中，即要选择合适的回流比，使上升的气流和下降液体充分进行热交换，使易挥发组分尽量上升，难挥发组分尽量下降，分馏效果更好。

③必须尽量减少分馏柱的热量损失和波动。柱的外围可用石棉绳包住，这样可以减少柱内热量的散发，减少风和室温的影响，也减少了热量的损失和波动，使加热均匀，分馏操作平稳进行。

5. 数据记录

加入工业乙醇体积/mL	
馏头体积/mL	
收集馏分沸程/℃	
收集馏分体积/mL	
当天大气压力/Pa	

6. 计算收率

$$收率 = \frac{收集馏分体积}{工业乙醇体积} \times 100\%$$

【课外作业】

1. 什么叫沸点? 液体的沸点和大气压有什么关系? 文献里记载的某物质的沸点是否即为当地的沸点温度?

2. 蒸馏时加入沸石的作用是什么? 如果蒸馏前忘记加沸石, 能否立即将沸石加至将近沸腾的液体中? 当重新蒸馏时, 用过的沸石能否继续使用?

3. 为什么蒸馏时最好控制馏出液的速度为 1~2 滴/s 为宜?

4. 如果液体具有恒定的沸点, 那么能否认为它是单纯物质?

5. 分馏和蒸馏在原理及装置上有哪些异同? 如果是两种沸点很接近的液体组成的混合物能否用分馏来提纯呢?

6. 若加热太快, 馏出液>2 滴/s (每秒的滴数超过要求量), 用分馏分离两种液体的能力会显著下降, 为什么?

【考核标准】

1. 考核由指导教师组织进行。按教学计划和实训指导书的要求, 学生必须完成实训的全部任务。实习学生须提交实验报告单及课外作业等规定的资料后方可参加考核。

2. 考核方案见表4-1。

(1) 考勤。

(2) 课堂操作情况。

(3) 实训项目考核。

(4) 实习报告、实习总结。

表 4-1 考核方案

序号	考核项目	满分	考核标准	考核情况	得分
1	考勤	10	严格遵守实验室规章制度, 无迟到、早退、旷课等现象, 迟到一次扣3分, 旷课一次扣10分, 早退一次扣5分		

续表

序号	考核项目	满分	考核标准	考核情况	得分
2	课堂操作情况	30	熟悉实验安全操作规程,认真落实安全教育,衣着、操作符合实验室规定,违反一次扣5分		
3	实训项目考核	50	根据对该项目的掌握情况,优秀45~50分,良好35~45分,合格25~30分,不合格25分以下		
4	实验报告单	10	根据该组最后的实验数据考核		

模块二　白酒的主要成分

知识目标

　　白酒的主要成分是水和乙醇，二者通常占到白酒成分的 98%~99%。本模块主要从溶液的基础知识、水的理化性质、水在白酒中的应用和白酒酿造对水的要求；乙醇的主要理化性质、白酒中存在的主要醇类以及白酒酿造对乙醇的基本要求等方面进行学习。

项目五　水和溶液

一、溶液

（一）什么是溶液

学习溶液的定义，应了解溶液的上位概念——分散系。

1. 分散系

（1）定义　一种或几种物质分散在另一种或几种物质中所形成的体系称为分散系。被分散的物质称为分散质，而容纳分散质的物质则称为分散介质（分散剂）。

$$分散系 = 分散质 + 分散剂$$

　　例，食盐水溶液：食盐是分散质，水是分散介质（或分散剂）。

　　酒（乙醇水溶液）：乙醇是分散质，水是分散剂。

　　值得说明的是：分散剂并不一定是水。如，油漆溶解在汽油中，油漆是分散质，汽油是分散剂；雾霾天气中，污染性固体小颗粒是分散质，空气为分散剂；石块混在泥沙中，石块是分散质，泥沙是分散剂等。

（2）分散系的分类

①粗分子分散系：分散质颗粒直径大于100nm的分散系。由于分散质颗粒较大，因此在外观上通常是浑浊的，又称为浊液。粗分子分散系因分散质颗粒较大，分散质不能通过半透膜。同时，因为分散质颗粒较大而易于沉降，因此，粗分子分散系属于不稳定体系。

通常，粗分子分散系分为悬浊液（分散质为固体）、乳浊液（分散质为液体）。

②低分子分散系：分散质颗粒直径小于1nm的分散系。因为低分子分散质颗粒很小，不能阻挡光线通过，故一般情况下是透明的，能透过半透膜。同时，因为分散质颗粒较小，在分散系中能均匀、稳定地存在，自身不发生沉降，因此，低分子分散系属于稳定体系，也就是我们通常所说的溶液。其分散质即溶质，分散剂即溶剂。溶液是一个均一、稳定的体系。

③胶体分散系：分散质颗粒1~100nm的分散系。其分散质颗粒大小能透过滤纸，但不能透过半透膜。外观上，胶体不浑浊。

知识链接

半透膜（Semipermeable Membrane）是一种其结构孔径大小只能容许小分子或离子扩散进出的薄膜。例如细胞膜、膀胱膜、羊皮纸以及人工制作的胶棉薄膜等。

知识拓展

胶体分散系具有丁达尔现象、布朗运动、电泳、凝聚作用等性质。

丁达尔现象：当一束光线透过胶体，从垂直入射光的方向可以观察到胶体里出现的一条光亮的"通路"，这种现象称为丁达尔现象。丁达尔现象是1869年由英国科学家约翰·丁达尔率先发现的。

布朗运动：悬浮微粒永不停歇地做无规则运动的现象称为布朗运动。这是1826年英国植物学家布朗（1773—1858年）用显微镜观察悬浮在水中的花粉时发现的。胶体也可以观察到布朗运动。

电泳：带电颗粒在电场作用下，向着与其电性相反的电极移动，称为电泳（Electrophoresis，EP）。电泳是在1807年，由俄国莫斯科大学的斐迪南·弗雷德里克·罗伊斯（Ferdinand Frederic Reuss）最早发现。

凝聚作用：胶体是电中性的，但胶粒是带电的。通过加入电解质、加热、加入相反电性胶粒等方式，可以破坏结构，使胶粒集合形成较大的微粒，在重力作用下形成沉淀析出，称为胶体的凝聚作用。

2. 溶液

由上面的学习可知，溶液即一种分散系。

（二）溶液的浓度

广义的浓度可定义为溶液中的溶质相对于溶液的含量或比例。它是一个强度量，不随溶液的取量而变化。常用的浓度表示方式包括：

1. 物质的量浓度

每升溶液中所含溶质的物质的量。通常用符号 c 表示，单位为 mol/L。

2. 质量分数

质量分数又称为质量百分比浓度，即溶质的质量相对于溶液质量的分数。通常用 ω（希腊字母，读：奥米伽）表示，单位为%。

3. 摩尔分数

溶质（B）的物质的量与溶液中溶质与溶剂的总物质的量之比。即 n（B）$/n$（总），符号为 x（B），或 x_B。

（三）相似相溶原理

由于溶质与溶剂均品种繁多，构成的溶液也千差万别，导致溶质与溶剂的关系具有多样性。但总的来说，溶解过程的一般规律是相似相溶原理。

定义：溶质分子与溶剂分子的结构越相似，相互溶解越容易。

简单地说，无机物容易溶解在无机溶剂（水）中，有机物容易溶解在有机溶剂（汽油、CCl_4、酒精、氯仿、乙醚等）中。

乙醇 C_2H_5OH 与 H_2O，都可看作是羟基（—OH）与一个不大的基团连接而成的分子，其结构具有相似性，故乙醇能溶解在水中。但戊醇 $C_5H_{11}OH$ 则不能，因为 C_5H_{11}—结构与水无相似性。

（四）电解质溶液与非电解质溶液

1. 电解质

在水溶液或熔融状态下能导电的化合物。导电能力强（在水中完全电离）的称为强电解质，导电能力弱（水中只能部分电离）的称为弱电解质。

强电解质一般有：强酸、强碱、大多数盐；弱电解质一般有：弱酸、弱碱。

另外，水是极弱电解质。

🔗 知识链接

电解质的强弱与物质的溶解度无关，某些不溶性盐类，虽然溶解度很小，但溶解的那一小部分却能够完全电离，仍然属于强电解质。

2. 电解质溶液与非电解质溶液

电解质溶液是指溶质溶解于溶剂后完全或部分解离为离子的溶液。相应溶质即为电解质。而非电解质溶液，一般溶质溶于水，但是没有自由移动的离子，故不导电，常见的有：酒精、葡萄糖、蔗糖溶液，即白酒为非电解质溶液。

（五）非电解质溶液的依数性（Colligative Property）

物质的溶解是个物理化学过程，溶解中，溶质与溶剂的某些性质发生了变化，其变化的原因有两种。

原因 1：取决于溶质本身的性质，如密度、导电性等。

原因 2：取决于溶液的浓度而与溶质本身的性质无关。难挥发的非电解质溶液如葡萄糖、甘油、苯等配成的水溶液，它们的蒸气压下降、凝固点下降、沸点上升的情况渗透压几乎都相同。这些变化主要发生在非电解质稀溶液中。

1. 蒸气压下降——拉乌尔定律

单位时间内，如果由液面蒸发出的分子数与气相中回到液体中的分子数相等的话，则气、液达到平衡状态。此时的蒸气压称为饱和蒸气压，简称蒸气压。

法国物理学家拉乌尔发现，稀溶液的蒸气压相对纯溶剂会发生下降，并且，在一定温度下，难挥发非电解质稀溶液的蒸气压下降量 Δp 近似地与溶质的摩尔分数成正比。其数值等于纯溶剂的蒸气压乘以溶剂的摩尔分数，见式（5-1）。

$$p = p_B^* \times x_B \tag{5-1}$$

【例1】293K 时，苯和甲苯的纯液体蒸气压分别为 10.0kPa 和 6.6kPa，当二者等物质的量混合时，其蒸气压为：

$$p = 0.5 \times 10.0 + 0.5 \times 6.6 = 8.3 \text{kPa}$$

2. 凝固点下降

物质的凝固点是在一定外界压力下，物质的液相蒸气压与固相蒸气压相等时的温度，即固液共存时的温度。

溶液的凝固点是指溶液中的溶剂和它的固态共存时的温度。当水中溶有少量难挥发非电解质时，溶液的凝固点会下降。即，溶液的凝固点低于纯溶剂。

3. 沸点上升

沸点是指液体的蒸气压和外界大气压相等时的温度，此时液体呈沸腾状态。

在溶液沸腾时，溶液的蒸气压低于纯溶剂的蒸气压，但是溶液的沸点仍然是溶液蒸气压等于外界大气压时的温度，因而比纯溶剂的沸点高。

4. 溶液的渗透压

溶液具有渗透压。

分子或离子能透过隔离的膜的性质称为渗透性（Permeability）。这里所指的渗透（Osmosis）即溶剂分子透过半透膜由纯溶剂（或是较稀的溶液）向溶液（或是较浓的溶液）扩散，从而使溶液（或较浓的溶液）变稀的现象。

让溶液用半透膜相隔与纯溶剂接触时，由于溶质分子无法透过半透膜，因此只能是纯溶剂分子通过半透膜向溶液中渗透。如果由外界向溶液液面施加一个外力，就能阻止纯溶剂分子向溶液渗透。这种施加于溶液液面阻止纯溶剂通过半透膜向溶液渗透的压强称为渗透压。

简单地理解，渗透压就是溶液中溶质分子对纯溶剂（水）的吸引能力。溶液浓度越高（即溶质微粒越多），对水的吸引力越大，即溶液的渗透压越大。

难挥发非电解质溶液具有蒸气压下降、凝固点下降、沸点上升、渗透压变化等通性，且这些通性与所含溶质的种类与本身特性无关，只与溶液的浓度有关，称为非电解质溶液的依数性。

二、水的离子积和溶液的 pH

水是极弱的电解质，具有微弱的导电性。历史上曾长期以为纯水是不能导电的，但有人曾经将水蒸馏 40 多次制取纯水，经检测仍有导电性，由此可证明水的导电性不是由于水中的杂质引起的。研究证明，水的导电性是由于水能发生微弱的电离。

1887 年，瑞典科学家阿伦尼乌斯提出酸碱电离理论：凡是在水溶液中电离产生的全部阳离子都是 H^+ 的物质称为酸；电离产生的全部阴离子都是 OH^- 的物质称为碱。酸碱反应是指 H^+ 和 OH^- 生成水的反应。

1923 年，丹麦化学家布伦斯惕和美国化学家劳里分别提出酸碱质子理论，目前被广泛使用，其要点如下。

酸碱的定义：凡能给出质子（H^+）的物质都是酸；凡能接受质子（H^+）的物质都是碱。

酸碱共轭关系：酸碱不是孤立的，它们通过质子相互联系。即，酸释放出质子转化为其共轭碱，碱得到质子转化为其共轭酸。

$$酸 \Longleftrightarrow 碱+质子 \qquad （共轭酸碱对）$$

酸碱反应：两对共轭酸碱之间传递质子的反应。

$$酸1+碱2 \Longleftrightarrow 碱1+酸2$$

如，$HCl + NH_3 \Longleftrightarrow Cl^- + NH_4^+$

$HAc + H_2O \Longleftrightarrow Ac^- + H_3O^+$

目前，关于水溶液化学相关的研究均以酸碱质子理论为指导。

（一）水的电离和水的离子积

按照酸碱质子理论，水既是酸，又是碱，自身通过质子传递发生酸碱反应，称为水的自解离。

$$H_2O+H_2O \Longleftrightarrow H_3O^+ + OH^-$$

此反应通常简化为：

$$H_2O \Longleftrightarrow H^+ + OH^-$$

在一定的温度下，电离达到平衡状态时：

$$c_{H^+} \cdot c_{OH^-}/c_{H_2O}=K_i \tag{5-2}$$

转换为：

$$c_{H^+} \cdot c_{OH^-}=K_i \cdot c_{H_2O} \tag{5-3}$$

在22℃时，测得纯水电离出的 c_{H^+} 和 c_{OH^-} 的浓度均为 10^{-7} mol/L，这说明水的电离度很小，因此电离消耗的水分子可以忽略不计，即 c_{H_2O} 可以视为一个常数，因此（5-3）式中 $c_{H_2O} \cdot K_i$ 仍为一个常数，用 K_W 表示。

即：在一定温度下，$[H^+] \cdot [OH^-]=K_W$

K_W 称为水的离子积常数，简称水的离子积。在22℃时，其值为：

$$K_W=[H^+] \cdot [OH^-]=10^{-7}\times10^{-7}=10^{-14} \tag{5-4}$$

水的离子积随温度的升高而增大。但常温范围内，K_W 均以 10^{-14} 进行计算。

表5-1　水的离子积与温度的关系

T/℃	20	30	60	70	80	90	100
$K_W/$ (10^{-14})	0.681	1.47	9.61	15.8	25.1	38.0	55.0

水的电离平衡不仅存在于纯水中，也存在于任何物质的水溶液中，且在常温状态下，K_W 均为 10^{-14}。因此，对于任何溶液而言，H^+ 和 OH^- 都是同时存在的，只是其浓度不同，但都要符合 $K_W=10^{-14}$ 这个规律。

即，酸性溶液中，$[H^+]>10^{-7}$ mol/L，必然，$[OH^-]<10^{-7}$ mol/L。

反之，碱性溶液中，$[OH^-]>10^{-7}$ mol/L，必然，$[H^+]<10^{-7}$ mol/L。

（二）溶液的 pH

1909年，丹麦生理学家索伦生提出用 pH 表示溶液的酸度。

$$pH = -\lg [H^+] \tag{5-5}$$

当溶液 $[H^+]$ 达到 $1mol/L$ 以上时，此时 $pH = 0$，则不再使用 pH，而直接使用摩尔浓度进行表示反而更加方便。对 $[OH^-]$ 亦然。因此，pH 表示的浓度范围为 $[H^+] \leqslant 1mol/L$，$[OH^-] \leqslant 1mol/L$。因此，pH 的取值为 $0 \sim 14$。

根据水的离子积容易知道，在常温下：

酸性溶液：$pH < 7$，pH 越小，溶液酸性越强。

碱性溶液：$pH > 7$，pH 越大，溶液碱性越强。

中性溶液：$pH = 7$。

据此，可以以 $[OH^-]$ 为标准定义出 pOH 和 pK_W 的概念：

$$pOH = -\lg [OH^-]$$

$$pK_W = -\lg K_W$$

则有：

$$pH + pOH = pK_W \tag{5-6}$$

在常温下，

$$pH + pOH = 14.00 \tag{5-7}$$

一些常见物质的水溶液 pH 见表 5-2。

表 5-2 一些常见物质的水溶液 pH

物质	pH	物质	pH	物质	pH
柠檬汁	2.2~2.4	小苏打水	8.4	啤酒	4.0~4.5
汽水	3.9	家用氨水	11.9	海水	7.0~8.3
牛奶	6.4	胃酸	1.0~3.0	$Mg(OH)_2$	10.5
血液	7.4	醋	2.4~3.4	葡萄酒	2.7~3.8

（三）酸碱指示剂

酸碱指示剂是能以颜色变化来指示溶液酸碱度的物质，见表 5-3。

酸碱指示剂一般是弱的有机酸或有机碱，其中酸式及其共轭碱式具有不同的颜色。当溶液的 pH 发生变化的时候，指示剂或失去质子由酸式变为碱式，或得到质子由碱式变为酸式，从而引起颜色的变化。指示剂发生颜色变化的 pH 范围称为指示剂的变色范围。

表 5-3 一些常见的酸碱指示剂

指示剂	变色范围	颜色		指示剂	变色范围	颜色	
		酸	碱			酸	碱
甲基橙	3.1~4.4	红	黄	甲基红	4.4~6.2	红	黄
溴酚蓝	3.1~4.6	黄	紫	溴甲酚绿	3.8~5.4	黄	蓝
溴百里酚蓝	6.0~7.6	黄	蓝	中性红	6.8~8.0	红	黄橙
酚酞	8.0~9.6	无	红	酚红	6.7~8.4	黄	红

三、水的硬度及硬水的软化

水是日常生活和生产中不可缺少的物质。在白酒酿造中，水的作用也是举足轻重。在酿酒生产中，水的硬度是一个非常重要的指标。

（一）硬水与软水

天然水与空气、岩石和土壤等长期接触，溶解了许多无机盐、有机物等杂质，因而天然水一般均含有杂质。通常，水中溶解的无机盐有钙和镁的酸式碳酸盐、碳酸盐、氯化物、硫酸盐、硝酸盐等。即水中通常含有 Ca^{2+}、Mg^{2+}、CO_3^{2-}、HCO_3^-、Cl^-、SO_4^{2-}、NO_3^- 等离子。

在这些杂质离子中，Ca^{2+}、Mg^{2+} 较易形成沉淀，故将其作为衡量水硬度的主要指标。根据水中溶有的钙镁离子的量的多少可以将水进行分类。

1. 定义

硬水（Hard Water）：含有较多 Ca^{2+}、Mg^{2+} 的水（如，天然水等）。

反之，含有较少 Ca^{2+}、Mg^{2+} 的水（如，雨水、蒸馏水等）则称为软水。

水的硬度是天然水固有的内在特征，不存在没有硬度的天然水。

2. 表示法

世界上对硬水的表示方法比较多，德国、美国、英国、法国等国均有自己的硬度单位，并未进行统一。我国主要采用德国使用的"德国度"的表示方法。将水中的 Ca^{2+}、Mg^{2+} 的质量折算成相当于 CaO 的质量，1L 水中含有 10mg CaO 称为 1 度（1°dh）。也可用钙镁离子浓度表示硬度，单位是 mmol/L，其换算关系为：1mmol/L=5.6 德国度（°dh）

0~4°dh	很软的水
4~8°dh	软水
8~16°dh	中硬水
16~30°dh	硬水
30°dh 以上	最硬水

我国饮用水的硬度统一规定为不超过 25°dh。

3. 分类

根据引起水硬度的原因的不同，可以将硬水分为暂时硬水和永久硬水。

暂时硬水：由钙和镁的碳酸氢盐所引起的硬水。钙镁离子的碳酸氢盐是可以通过煮沸的方式转化为钙镁沉淀，然后经过滤而除去的，故称为暂时硬水。

$$Ca(HCO_3)_2 \rightleftharpoons CaCO_3\downarrow + CO_2\uparrow + H_2O$$

$$Mg(HCO_3)_2 \rightleftharpoons MgCO_3\downarrow + CO_2\uparrow + H_2O$$

永久硬水：由钙和镁的硫酸盐、氯化物引起的硬水。永久硬水是不能通过煮沸来除去钙镁离子的。

天然水大多同时具有暂时硬度和永久硬度，因此一般所说水的硬度是上述两种硬度的总和。

（二）硬水的影响

硬水并不对健康造成直接危害。实际上根据英国国家研究院（the National Research Council）的研究，硬水质的饮用水富含人体所需矿物质成分，是人们补充钙、镁等成分的一种重要渠道。进一步的研究指出：当某一地区水中的矿物质溶量很高的时候，饮用水将成为人们吸收钙等成分的主要来源，溶于水中的钙是最易为人体吸收的。

硬水有许多缺点，如下所示。

（1）和肥皂反应时产生不溶性的沉淀，降低洗涤效果（利用这点也可以区分硬水和软水）。

（2）工业上，钙盐、镁盐的沉淀会造成锅垢，妨碍热传导，严重时还会导致锅炉爆炸。由于硬水问题，工业上每年因设备、管线的维修和更换要耗资数千万元。

（3）硬水的饮用还会对人体健康与日常生活造成一定的影响。没有经常饮硬水的人偶尔饮硬水，会造成肠胃功能紊乱，即所谓的"水土不服"；用硬水烹调鱼肉、蔬菜，会因不易煮熟而破坏或降低食物的营养价值；用硬水泡茶会改变茶的色香味而降低其饮用价值；用硬水做豆腐不仅会使产量降低，而且影响豆腐的营养成分。

在酿酒生产中，水的硬度也对酒质产生影响。一方面，使用硬水酿酒，无论是酵母还是曲霉菌都活动频繁，发酵效果好，酒变得辛辣。相反，用软水酿制的酒发酵缓慢，酒味甘甜。另一方面，使用硬度较大的水，易在酒中产生沉淀，影响外观。

（三）硬水的软化

通过一定的方法，降低水中的 Ca^{2+}、Mg^{2+} 含量，称为硬水的软化。根据不同产业对水的硬度的要求，可采用不同方式软化硬水。

硬水软化的方法主要包括沙滤法、煮沸法、石灰纯碱法、蒸馏法、离子树脂交换法、反渗透法等，软化方法在后面进行简单介绍。

习　题

1. 名词解释。
分散系、溶液、非电解质溶液的依数性

2. 简述常用的硬水软化方法。

3. 查阅资料，完成一篇关于水的硬度在酿酒生产中对白酒酒质的影响的小论文。

项目六　乙　醇

一、乙醇

乙醇是一种非常重要的有机物，也是白酒的主要成分，俗称酒精。乙醇的用途很广，可用乙醇来制造醋酸、饮料、香精、染料、燃料等。医疗上也常用体积分数为 70%~75% 的乙醇作消毒剂等。

（一）乙醇的结构

学名：乙醇。俗称酒精。英文名：Ethyl Alcohol。

化学式：C_2H_6O。

结构式为：

$$\begin{array}{c} \quad H \quad H \\ \quad | \quad | \\ H-C-C-O-H \\ \quad | \quad | \\ \quad H \quad H \end{array}$$

结构简式：CH_3CH_2OH 或 C_2H_5OH。

其结构的空间构型见图 6-1。

图 6-1　乙醇的空间构型

官能团：—OH（羟基）。

（二）乙醇制法

乙醇是重要的食品饮料产品（白酒）和化工产品（酒精）的主要成分。根据其用处常用两种方法进行制取。

1. 发酵法

白酒酿造都使用发酵法制取乙醇。用富含糖类的原料，主要是淀粉原料如稻谷、小麦、高粱、玉米等，经过发酵、蒸馏等过程制得乙醇。这在专业课中将进行重点讲述。

$$C_6H_{12}O_6 \longrightarrow 2CH_3CH_2OH + 2CO_2$$

2. 乙烯水化法

利用乙烯的加成反应制取乙醇。以乙烯为原料，在加热、加压和有催化剂（硫酸或磷酸）存在的条件下，乙烯和水发生加成反应，生成乙醇。这是工业制取酒精的主要方法。

$$CH_2{=}CH_2 + H_2O \xrightarrow{\text{催化剂，一定的温度和压力}} CH_3CH_2OH$$

此外，还可使用硫酸水合法、乙醛加氢还原等方法制备乙醇。

（三）乙醇的物理性质

无色、透明，具有特殊香味的液体，易挥发，密度比水小，能跟水以任意比互溶（一般不能作萃取剂），是一种重要的溶剂，能溶解多种有机物和无机物，见表 6-1

表 6-1 乙醇的主要物理指标

密度	$0.78945g/cm^3$（液体20℃）	燃烧热	1365.5kJ/mol	溶解性	与水混溶，能溶于多种有机溶剂
熔点	−114.3℃（158.8K）	临界温度	243.1℃	电离性	非电解质
沸点	78.4℃（351.6K）	引燃温度	363℃	黏度	1.200mPa·s，（20.0℃）
饱和蒸气压	5.33kPa（19℃）	临界压力	6.38MPa	爆炸极限/%（体积分数）	3.3%~19.0%

（四）乙醇的化学性质

1. 弱酸性

【例1】无水乙醇与金属钠的反应

现象为：反应放出气体，经检验为氢气。

$$2CH_3CH_2OH + 2Na \longrightarrow 2CH_3CH_2ONa + H_2\uparrow$$

因为使用的是无水乙醇，故证明生成的氢气的 H 来源于乙醇，进而证明乙醇能释放出 H。同时根据反应物与产物的摩尔比，能证明乙醇中有 6 个 H。

从结构上看，乙醇的结构可能为：C_2H_5—OH 或 CH_3—O—CH_3，若乙醇结构为后者，则 1mol 乙醇应能生成 $3molH_2$，但经实验检测，2mol 乙醇只能生成 1mol H_2，由此可以证明乙醇所含 6 个 H 中只有一个 H 参与了反应，从而也能证明乙醇结构为 C_2H_5—OH。

由于只有一个 H 能从结构中脱离出来，故乙醇的酸性很弱，只能和活泼性很强的金属反应，生成相应的醇盐和氢气。结构分析证明，脱离的 H 来源于羟基—OH，电离出极少量的 H^+。

$$CH_3CH_2OH \longrightarrow CH_3CH_2O^- + H^+$$

2. 还原性

乙醇具有还原性，能发生氧化反应。

（1）燃烧　乙醇易燃，完全燃烧生成二氧化碳和水。反应呈蓝色火焰，纯度较低的时候显黄色。

$$CH_3CH_2OH + O_2 \longrightarrow CO_2\uparrow + H_2O$$

（2）与氧化剂反应　乙醇在加热和催化剂（Cu 或 Ag）存在的条件下，被空气中氧气氧化成乙醛。把一端绕成螺旋形的铜丝，放在酒精灯外焰上烧至红热，趁热将铜丝插入乙醇溶液中。铜丝立即变成红色。重复上述操作几次，原有的乙醇气味消失，生成带有强烈刺激性气味的物质。

$$2CH_3CH_2OH+O_2 \xrightarrow[\text{加热}]{\text{Cu 或 Ag 的作用下}} 2CH_3CHO + 2H_2O \text{（此法为工业制乙醛的方法）}$$

乙醇的催化氧化本质是在催化剂作用下，从结构中脱去 H（脱离的 H 被氧化为水）。故此反应也属于消去反应（见下页"4 消去反应"）。

由此我们可以得到有机物氧化的一个共性：即在结构中"加上氧—O"或者"去掉氢—H"是氧化反应；反之，在结构中"去掉氧—O"或者"加上氢—H"是还原反应。

乙醇也可被高锰酸钾氧化，同时高锰酸钾由紫红色变为无色。乙醇也可以与酸性重铬酸钾溶液反应，当乙醇蒸气进入含有酸性重铬酸钾溶液的硅胶中时，可见硅胶由橙红色变为草绿色，此反应现用于检验司机是否醉酒驾车。

3. 取代反应

乙醇能与氢卤酸发生取代反应，—X 取代—OH，醇转化为卤代烃和水。

$$C_2H_5OH + H—Br \longrightarrow C_2H_5—Br + H_2O$$

$$C_2H_5OH + H—X \longrightarrow C_2H_5—X + H_2O$$

4. 消去反应

消去反应是指有机物分子内失去两个小基团，形成新结构的反应。

在乙醇结构中，—OH 和—H，能在一定条件下结合生成水（消去），从结构中脱离出来。故乙醇的消去反应又称为脱水反应，分为分子内脱水和分子间脱水两种。

（1）分子内脱水　乙醇在有浓硫酸作催化剂的条件下，加热到170℃即生成乙烯。其反应的化学方程式是：

$$H-\underset{\substack{|\\H}}{\overset{\substack{H\\|}}{C}}-\underset{\substack{|\\[\underline{H\ \ OH}]}}{\overset{\substack{H\\|}}{C}}-H \xrightarrow[170℃]{\text{浓 } H_2SO_4} CH_2{=\!=}CH_2\uparrow + H_2O$$

分子间脱水

（2）分子间脱水　如果把乙醇和浓硫酸共热的温度控制在140℃，乙醇将以另一种方式脱水，即每两个乙醇分子间脱去一分子水，反应生成的是乙醚。

$$C_2H_5-OH + HO-C_2H_5 \xrightarrow[140℃]{\text{浓 } H_2SO_4} C_2H_5-O-C_2H_5 + H_2O$$

5. 酯化反应

【例2】乙醇与乙酸的反应，见图6-2。

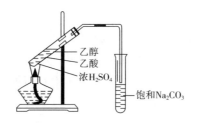

图6-2　乙醇和乙酸的反应

现象：饱和碳酸钠液面上有油状液体，并可闻到香味。生成的有香味的液体即为乙酸乙酯。

$$CH_3-\overset{\substack{^{18}O\\||}}{C}-[\underline{OH} + \underline{H}]-OC_2H_5 \longrightarrow CH_3-\overset{\substack{^{18}O\\||}}{C}-OC_2H_5 + H_2O$$

可知：酯化反应本质是脱水反应，也即消去反应。

或

$$CH_3-\overset{\substack{^{18}OH\\|}}{C}{=\!}C + \underline{\ H\ }OC_2H_5 \longrightarrow CH_3-\overset{\substack{O\\||}}{C}-OC_2H_5 + H_2^{18}O$$

如上所示，能检测到在酯化反应中，是醇脱氢，酸脱羟基。

（五）乙醇的提纯方法

一般情况下，75%的乙醇可以用蒸馏的方法蒸馏到95.5%，此后形成恒沸物，不能提高纯度；95%的乙醇可以用生石灰煮沸回流提纯到99.5%；99.5%的乙醇可以用镁条煮沸回流制得99.9%的乙醇。

1. 食用酒精提纯

食用酒精提纯主要采用精馏技术，包括流程选择、杂质分离、节能等方面的内容，食用酒精精馏流程中包括粗馏塔（又称为醪塔）、精馏塔、甲醇塔等。常见的有两塔系、三塔系、四塔系、六塔系等流程。

2. 无水酒精提纯

常压蒸馏方式无法得到无水酒精，一般采用95.5%（体积分数）以上酒精进行处理。处理的传统技术包括真空蒸馏法、三元蒸馏法、热泵技术、多效蒸馏技术等。随着科技的发展，技术含量更高的液-液萃取技术、吸附脱水技术等非传统方法得到了更为广泛的使用。

二、醇类

（一）醇的结构、分类和命名

1. 醇的结构

醇分子中，羟基的氧原子及与羟基相连的碳原子都是sp^3杂化。氧原子以一个sp^3杂化轨道与氢原子的$1s$轨道相互重叠而成；C—O键是碳原子的一个sp^3杂化轨道与氧原子的一个sp^3杂化轨道相互重叠而成的。此外，氧原子还有两对未共用的电子对分别占据其他两个杂化轨道，甲醇的成键轨道示意图见图6-3。

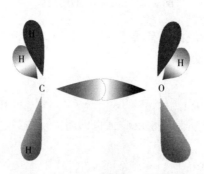

图6-3　甲醇的成键轨道示意图

由于氧的电负性比碳和氢都大，使得碳氧键和氢氧键都具有较大的极性，醇为极性分子。

2. 醇的分类

按烃基的类型，醇可分为饱和醇、不饱和醇、脂环醇和芳香醇。如，

$$CH_3CH_2CH_2CH_2OH \qquad CH_2{=}CHCH_2OH$$

正丁醇 　　　　　　　　　　烯丙醇 　　　　　　　环戊醇 　　　　　　苄醇

（饱和醇） 　　　　　　　（不饱和醇） 　　　　（脂环醇） 　　　　（芳香醇）

按醇分子中所含羟基的数目可分为一元醇、二元醇和三元醇。二元醇以上统称多元醇。如，

$$CH_3OH \qquad \underset{\underset{OH\ \ OH}{|\ \ \ \ |}}{CH_2{-}CH_2} \qquad \underset{\underset{OH\ \ OH\ \ OH}{|\ \ \ \ |\ \ \ \ |}}{CH_2{-}CH{-}CH_2}$$

甲醇 　　　　　　　　　乙二醇 　　　　　　　　　　丙三醇

（一元醇） 　　　　　　（二元醇） 　　　　　　　　　（三元醇）

羟基与一级碳原子相连接的称为一级醇（伯醇）；与二级碳原子相连接的称为二级醇（仲醇）；与三级碳原子相连接的称为三级醇（叔醇）。如，

$$RCH_2OH \qquad \underset{\underset{OH}{|}}{R{-}CH{-}R'} \qquad \overset{\overset{R'}{|}}{\underset{\underset{OH}{|}}{R{-}C{-}R'}}$$

一级醇（伯醇） 　　　　二级醇（仲醇） 　　　　三级醇（叔醇）

饱和一元醇的通式为 $C_nH_{2n+1}OH$。

3. 醇的命名

（1）习惯命名法 结构简单的醇采用习惯命名法，即在烃基后面加一"醇"字。如，

$$CH_3CH_2OH \qquad \underset{\underset{CH_3}{|}}{CH_3CHOH} \qquad \overset{\overset{CH_3}{|}}{\underset{\underset{OH}{|}}{CH_3CCH_3}}$$

乙醇 　　　　　　　　　异丙醇 　　　　　　　　　叔丁醇

（2）系统命名法 系统命名法的命名原则如下。

①选主链（母体）：选择连有羟基的最长的碳链为主链，支链为取代基。

②编号：从靠近羟基的一端开始将主链的碳原子依次用阿拉伯数字编号，使羟基所连的碳原子位次最小。

③命名：根据主链所含碳原子数称为"某醇"，将取代基的位次、名称及羟基位次写在"某醇"前。如，

$$CH_3CHCH_2CH_2CCH_3$$
$$\underset{OH}{|} \quad \underset{CH_3}{\overset{CH_3}{|}}$$

5,5-二甲基-2-己醇

$$CH_3CHCH_2CH_2CHCH_3$$
$$\underset{OH}{|} \quad \quad \underset{OH}{|}$$

2,5-庚二醇

环己甲醇

④不饱和醇的命名应选择包括羟基和不饱和键在内的最长碳链为主链，从靠近羟基的一端编号命名。如，

$$CH_3CH=CHCHCH_3$$
$$\underset{OH}{|}$$

3-戊烯-2-醇

⑤芳香醇命名时，可将芳基作为取代基。如，

$$—CH_2CHCH_2CH_3$$
$$\underset{OH}{|}$$

1-苯基-2-丁醇

（二）醇的物理性质

低级的饱和一元醇中，C_4 以下是无色透明带酒精味的流动液体。甲醇、乙醇和丙醇可与水以任何比例相溶；$C_5 \sim C_{11}$ 是具有不愉快气味的油状液体，仅部分溶于水；C_{12} 以上的醇是无臭无味的蜡状固体，不溶于水。

直链饱和一元醇的沸点随相对分子质量的增加而有规律地增高，每增加一个 CH_2 系差，沸点升高 $18 \sim 20℃$。

低级醇可与一些无机盐（$MgCl_2$、$CaCl_2$、$CuSO_4$）形成结晶状的结晶醇，它们可溶于水，但不溶于有机溶剂。利用这一性质，可使醇与其他化合物分离，或从反应产物中除去少量醇。如工业用的乙醚中常含有少量乙醇，可利用乙醇与氯化钙生成结晶醇的性质，除去乙醚中少量的乙醇。但也正因如此不能用 $CaCl_2$ 干燥醇。

（三）醇的化学性质及应用

醇的化学性质，主要由它所含的羟基官能团决定的。醇分子中，氧原子的电负性较强，使与氧原子相连的键都有极性。

$$R\overset{\overset{\displaystyle H}{|}}{\underset{\underset{\displaystyle H}{|}}{C}}\overset{\overset{\displaystyle H}{|}}{\underset{\underset{\displaystyle H}{|}}{C}}O—H$$

这样 H—O 键和 C—O 键都容易断裂发生反应。由于羟基的影响，α 碳上的氢原子和 β 碳上的氢原子也比较活泼。

1. 与活泼金属的反应

$$R—OH+Na \longrightarrow RONa + \frac{1}{2}H_2 \uparrow$$

醇钠遇水就分解成原来的醇和氢氧化钠。

$$RONa + HOH \rightleftharpoons NaOH + ROH$$

反应是可逆的，平衡偏向于生成醇的一边。实际生产中制备醇钠是从反应物中不断把水除去，使反应向生成醇钠的方向进行。

各种不同结构的醇与金属钠反应的活性是：

$$甲醇 > 伯醇 > 仲醇 > 叔醇$$

2. 羟基被取代

（1）与氢卤酸反应　醇与氢卤酸反应，羟基被卤素取代，生成卤代烃和水。

$$ROH + HX \rightleftharpoons RX + H_2O$$

反应是可逆的，常运用增加一种反应物用量或移去某一生成物使平衡向正反应方向移动，以提高产量。

不同的卤烷与同一种醇反应的活性：HI＞HBr＞HCl。

不同的醇与同一种卤烷反应的活性：烯丙醇、苄醇＞叔醇＞仲醇＞伯醇＞甲醇。

卢卡斯（Lucas）试剂：无水氯化锌的浓盐酸溶液。

Lucas 试剂与不同的醇反应，生成的小分子卤烷不溶于水，会出现分层或浑浊，但不同结构的醇反应快慢不同。

$$\underset{CH_3}{\overset{CH_3}{CH_3-C-OH}} + HCl \xrightarrow[20℃]{ZnCl_2} \underset{CH_3}{\overset{CH_3}{CH_3-C-Cl}} + H_2O \quad （立即浑浊分层）$$

$$\underset{OH}{CH_3CHCH_2CH_3} + HCl \xrightarrow[20℃]{ZnCl_2} \underset{Cl}{CH_3CHCH_2CH_3} + H_2O \quad （放置片刻浑浊分层）$$

$$CH_3CH_2CH_2CH_2—OH + HCl \xrightarrow[20℃]{ZnCl_2} CH_3CH_2CH_2CH_2Cl + H_2O \quad （常温无变化，加热后反应）$$

注意：此方法只适用于鉴别含 6 个碳以下的伯、仲、叔醇异构体，因高级一元醇本身不溶于 Lucas 试剂。

三卤化磷或亚硫酰氯（$SOCl_2$）也可与醇反应制卤代烃，且不发生重排，因此是实验室制卤代烃的一种重要方法。

$$CH_3CH_2CH_2OH \xrightarrow[85\sim90℃]{P+I_2\ (PI_3)} CH_3CH_2CH_2I$$

$$CH_3CH_2CH_2CH_2OH + SOCl_2 \xrightarrow{\triangle} CH_3CH_2CH_2CH_2Cl + SO_2 \uparrow + HCl \uparrow$$

此法用于氯代烷的制备，反应速度快、产率高，且副产物均为气体，易与氯代烷分离。

（2）与含氧无机酸反应　醇与含氧无机酸如硝酸、硫酸、磷酸等作用，脱去水分子生成无机酸酯。例如，

$$CH_3—OH+H—OSO_3H \Longrightarrow CH_3OSO_3H+H_2O$$

硫酸氢甲酯为酸性，在减压下蒸馏可得中性的硫酸二甲酯。

$$2CH_3OSO_3H \xrightarrow{\text{减压蒸馏}} (CH_3O)_2SO_2+H_2SO_4$$

醇与硝酸反应生成硝酸酯。如，

$$\begin{array}{l} CH_2—OH \\ | \\ CH—OH \\ | \\ CH_2—OH \end{array} +3HONO_2 \xrightarrow[10\sim20℃]{H_2SO_4（浓）} \begin{array}{l} CH_2—ONO_2 \\ | \\ CH—ONO_2 \\ | \\ CH_2—ONO_2 \end{array} +3H_2O$$

3. 脱水反应

如同乙醇一样，醇类也能发生脱水反应（消去反应）。醇脱水反应据条件的不同而不同：低温下发生分子间脱水生成醚；高温下发生分子内脱水生成烯烃。常用的脱水剂有硫酸、氧化铝等。如，

$$\begin{array}{cc} CH_2—CH_2 \\ | \quad\quad | \\ H \quad\quad OH \end{array} \xrightarrow[\text{或 Al}_2O_3，360℃]{\text{浓 H}_2SO_4，170℃} CH_2{=}CH_2 + H_2O \quad\quad \text{分子内脱水}$$

$$CH_3CH_2—OH+H—OCH_2CH_3 \xrightarrow[\text{或 Al}_2O_3，240℃]{\text{浓 H}_2SO_4，140℃} CH_3CH_2OCH_2CH_3+H_2O \quad\quad \text{分子间脱水}$$

查依采夫（Saytzeff）规则：脱去羟基及含氢少的 β-碳原子上的氢，生成含烷基较多的烯烃。

不同的醇脱水的活性也不同：叔醇＞仲醇＞伯醇。

$$CH_3CH_2CH_2CH_2CH_2OH \xrightarrow[140℃]{75\% H_2SO_4} CH_3CH_2CH_2CH{=}CH_2$$

$$\begin{array}{c} CH_3CH_2CHCH_3 \\ | \\ OH \end{array} \xrightarrow[100℃]{60\% H_2SO_4} CH_3CH{=}CHCH_3$$

$$\begin{array}{c} CH_3 \\ | \\ CH_3—C—CH_3 \\ | \\ OH \end{array} \xrightarrow[80\sim90℃]{20\% H_2SO_4} \begin{array}{c} CH_3 \\ | \\ CH_3C{=}CH_2 \end{array}$$

4. 氧化反应

伯醇先被氧化成醛，醛继续被氧化为羧酸。

$$RCH_2OH \xrightarrow{[O]} RCHO \xrightarrow{[O]} RCOOH$$

$$CH_3CH_2CH_2CH_2OH \xrightarrow[\triangle]{K_2Cr_2O_7+H_2SO_4} CH_3CH_2CH_2CHO$$

仲醇被氧化成含有相同数目碳原子的酮，由于酮较稳定，不易再被氧化，可用此方法合成酮。

$$R-\underset{\underset{OH}{|}}{CH}-R' \xrightarrow{[O]} R-\underset{\underset{O}{\parallel}}{C}-R'$$

$$CH_3CH_2\underset{\underset{OH}{|}}{CH}CH_2CH_3 \xrightarrow[90℃]{Na_2Cr_2O_7+H_2SO_4} CH_3CH_2\underset{\underset{O}{\parallel}}{C}CH_2CH_3$$

叔醇分子中没有 α-H，在通常情况下不被氧化。

$$3C_2H_5OH+2K_2Cr_2O_7+8H_2SO_4 \longrightarrow 3CH_3COOH+2Cr_2(SO_4)_3+2K_2SO_4+11H_2O$$

　　　　橙红　　　　　　　　　　　　　　　　　绿色

在此反应中溶液由橙红色转变为绿色，以此鉴别醇（检查司机酒后驾车的"呼吸分析仪"也是据此原理设计）。

伯醇或仲醇的蒸气在高温下通过活性铜或银、镍等催化剂则发生脱氢反应，分别生成醛和酮。如，

$$CH_3CH_2OH \underset{250\sim350℃}{\overset{Cu}{\rightleftharpoons}} CH_3CHO+H_2$$

$$CH_3\underset{\underset{OH}{|}}{CH}CH_3 \underset{500℃,0.3MPa}{\overset{Cu}{\rightleftharpoons}} CH_3\underset{\underset{O}{\parallel}}{C}CH_3+H_2$$

叔醇分子中没有 α-H，不发生脱氢反应。

5. 酯化反应

醇和酸脱水生成酯，酯化反应是可逆的。

$$ROH+R_1COOH \rightleftharpoons R_1COOR+H_2O$$

习　题

1. 归纳总结乙醇的理化性质。

2. 查阅资料，简述酒精对人体的有利影响和危害。

3. 分析工业酒精和食用酒精在制法上的区别。分析为什么不能使用工业酒精的生产方法来进行酿酒生产。

4. 预测下列化合物与卢卡斯试剂反应速率快慢的次序：

正丙醇、2-甲基-2-戊醇、二乙基甲醇

5. 怎样除去乙醚中混有的少量乙醇？

6. 某醇 $C_5H_{12}O$ 氧化后生成酮，脱水生成一种不饱和烃，此烃氧化生成酮和羧酸两种产物的混合物。写出该醇的结构式。

实训六　无水乙醇的制备

【教学目标】

1. 了解氧化钙法制备无水乙醇的原理和方法。
2. 熟练掌握回流、蒸馏装置的安装和使用方法。

【教学时数】

4 课时。

【教学实践条件】

普化室。

【教师任课条件】

熟悉酿酒化学课程，具有一定的教学经验，具有讲师以上职称。

【项目经费】

根据班级人数而定。

【教学内容】

1. 实验原理

普通工业酒精是含乙醇 95.6%（体积分数）和 4.4% 水的恒沸混合物，其沸点为 78.15℃，用蒸馏的方法不能将乙醇中的水进一步除去。要制得无水乙醇，在实验室中可加入生石灰后回流，使水分与生石灰结合后再进行蒸馏，得到无水乙醇，详见下式。

$$CaO + H_2O \rightleftharpoons Ca(OH)_2$$

主要试剂及物理性质见表 6-2。

表 6-2　主要试剂及物理性质

试剂名称	外形、性状	熔点/℃	沸点/℃
乙醇（C_2H_6O）	无色透明液体，有愉快的气味和灼烧味，易挥发	−114.3	78.5
生石灰（CaO）	外形为白色（或灰色、棕白）、无定形、溶于酸和水，不溶于醇	2580	2850
氢氧化钠（NaOH）	常温下是一种白色晶体，具有强腐蚀性。易溶于水，其水溶液呈强碱性，能使酚酞变红	318	1390
氯化钙（$CaCl_2$）	无色立方结晶体，无毒、无臭、味微苦，极易潮解	772	大于1600
无水硫酸铜（$CuSO_4$）	白色或灰白色粉末；溶液呈酸性，溶于水及稀的乙醇溶液中而不溶于无水乙醇；在潮湿环境下易吸水形成五水硫酸铜呈蓝色	—	—

2. 实验仪器及材料

仪器：圆底烧瓶、蒸馏头、冷凝管、温度计、量筒、酒精灯、石棉网、玻棒、乳胶管、沸石、铁架台。

材料：95%乙醇（工业乙醇）、生石灰、氢氧化钠、氯化钙。

3. 实验步骤

（1）仪器装置　装置图见图6-4，图6-5。

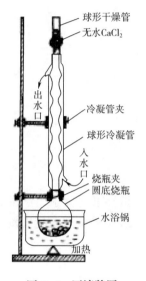

图 6-4　回流装置　　　　　图 6-5　蒸馏装置

（2）实验步骤及现象　见表6-3。

表 6-3　实验步骤及现象

步骤	现象
回流：量取 40mL 95%的乙醇于 100mL 圆底烧瓶中，再慢慢加入 16g 颗粒状的生石灰和几颗 NaOH，接着回流 1h	随着加热慢慢有蒸气溢出，之后回流管内也慢慢有液体流出
蒸馏：回流毕，待圆底烧瓶稍冷，改为蒸馏装置。以圆底烧瓶做接收器，接引管支口上接上盛有无水 CaCl$_2$ 的干燥管	冷凝管内壁慢慢出现小液滴，约 78℃时有液体流入锥形瓶中
检验：向蒸馏得出的乙醇中加入少许 CuSO$_4$	不变蓝
回收：把检验好的乙醇倒入回收瓶中	—

（3）实验结果　蒸馏稳定温度 $T=76℃$，无水乙醇产率见表6-4。

表 6-4   无水乙醇产率

材料	生石灰（CaO）	氢氧化钠	95%乙醇	无水乙醇
质量或体积	10.03g	少许	40.0mL	35.5mL
无水乙醇产率	88.75%			

4. 注意事项

（1）在实验过程中，所有回流、蒸馏的装置都应洗净后烘干使用。

（2）要在烧瓶中加入沸石，防止在回流和蒸馏过程中发生暴沸。

（3）回流时用球形冷凝管，蒸馏时用直形冷凝管。

（4）当烧瓶中的物料为糊状时，表示蒸馏已经接近尾声，此时应立即停止加热以免过热导致烧瓶破裂。

【课外作业】

1. 如何检查装置的气密性？

2. 冷凝管的选择原则有哪些？

【考核标准】

1. 考核由指导教师组织进行。按教学计划和实训指导书的要求，学生必须完成实训的全部任务。实习学生须提交实验报告单及课外作业等规定的资料后方可参加考核。

2. 考核方案见表 6-5。

（1）考勤。

（2）课堂操作情况。

（3）实训项目考核。

（4）实习报告、实习总结。

表 6-5   考核方案

序号	考核项目	满分	考核标准	考核情况	得分
1	考勤	10	严格遵守实验室规章制度，无迟到、早退、旷课等现象，迟到一次扣3分，旷课一次扣10分，早退一次扣5分		
2	课堂操作情况	30	熟悉实验的安全操作规程，认真落实安全教育，衣着、操作符合实验室规定，违反一次扣5分		
3	实训项目考核	50	根据对该项目的掌握情况，优秀45~50分，良好35~45分，合格25~30分，不合格25分以下。		
4	实验报告单	10	根据该组最后的实验数据考核		

项目七　水在白酒生产中的应用

水是酒的主要成分之一。酿酒中决定酒质的优劣主要是酿酒工艺，但水质也在其中起着非常重要的作用，酒的质量与水质的好坏有着直接的密切关系，酿酒行业中有"水是酒之血"的俗语。充沛的水源、优良的水质，以及由庞大水系造就的适合微生物生长的环境，对酿酒来说都是必不可少的基本条件，纵观中国各名酒，其产地必然有充足和优质的水源，故又有"名酒必有佳泉"的俗语。但是，有水不一定就能出好酒，白酒生产过程中，对水的应用有着很多要求。特别是当前白酒呈现低度化的趋势，作为加浆降度用水，对水提出了更高的要求。

一、乙醇和水在酒中的比例

当酒精度为 57.9%vol 时，白酒中乙醇和水的比例为 1∶1，以此作为一个分界线。此时，白酒的密度为 0.9138g/cm³，每立方厘米乙醇的质量是 0.457g，不同酒精度的水醇比见表 7-1。

酒精度高于 57.9%vol 时，乙醇是溶剂，水是溶质，通常称为"酒水"。

酒精度低于 57.9%vol 时，水是溶剂，乙醇是溶质，通常称为"水酒"。

表 7-1　不同酒精度的水醇比

酒精度/ %vol	酒精比例/% （体积分数）	水的比例/% （体积分数）	酒精度/%vol	酒精比例/% （质量分数）	水的比例/% （质量分数）
95	95	5	92	92	8
80	80	20	73	73	27
70	70	30	62	62	38
60	60	40	52	52	48
57.9	57.9	42.1	50	50	50
54	54	46	46	46	54
52	52	48	44	44	56
50	42	50	42	42	58
46	46	54	39	39	61
45	45	55	38	38	62
42	42	58	35	35	65

续表

酒精度/ % vol	酒精比例/% (体积分数)	水的比例/% (体积分数)	酒精度/% vol	酒精比例/% (质量分数)	水的比例/% (质量分数)
40	40	60	33	33	67
38	38	62	32	32	68
35	35	65	29	29	71
33	33	67	27	27	73

就白酒而言，当酒精度为 52% vol 时，乙醇和水的缔合力最好，饮用酒的感觉醇和度最好，既不会感觉到水味，也不会感觉到强烈的酒精刺激感。随着社会文明不断提高和人们养生意识的不断强化，人们饮酒的酒精度越来越低，因而市场上低度酒的销量逐渐提高，但要真正体验陈年白酒的独特风味和醇和口感，仍以 52% vol 白酒为佳。

二、白酒生产中用水的分类及来源

（一）分类

白酒生产用水分为两大类：酿造工艺用水和非酿造工艺用水。白酒生产用水水质要求应达到国家规定的饮用水标准，否则将影响成品酒的风味，甚至产生浑浊、沉淀。

1. 酿造工艺用水

与产品直接接触的用水，包括酿造用水、洗涤用水、降度用水。酿造工艺用水因为要与产品直接接触，最终形成食品，故对水质的要求比较高。白酒中有益微生物生长，酶的形成和发生作用，以及发酵过程中的各种变化，均与水质有重要的关系。如果酿造用水水质不良，会造成酿酒糟醅发酵迟钝、曲霉生长迟缓、曲温上升缓慢、酵母菌生长不良等状况，影响呈香物质的形成，还会造成白酒口味上的涩苦，出现异臭、变色、沉淀等现象。同时，水的 pH、硬度、氯含量、硝酸盐含量也对白酒酿造产生十分重要的影响。

酿造工艺用水中，对降度用水要求最高，色泽应为无色透明，嗅感、味感良好，最好使用天然软水。

2. 非酿造工艺用水

不与产品直接接触的用水，包括冷却用水、锅炉用水。非酿造工艺用水不与产品接触，故只需温度较低、硬度适当、无固体悬浮物、含油量及溶解物等越少越好，pH 在 25℃时高于 7 即可。

（二）来源

白酒酿造用水主要来源分为自然水源、自来水水源。自然水源可分为地表水和地下水。

1. 地表水

大气降水到地面聚集而形成的水，包括江河水、湖水、溪水等。注意，海水不能作为白酒生产用水。江河水硬度小、碳酸少、含氧量大、悬浮物多、有机物多、水质随季节变化比较大；湖泊水与江河水相似，但因流动小而较为澄清，但因菌类、藻类较多而使有机物含量增大。

近年来，随着工农业生产和生活污染的加重，导致地表水水质有大幅度降低。

2. 地下水

由地表水渗透至地下黏土层或岩石层汇集而成，或地下深处涌出的井水或泉水。地下水通常硬度较大，无机物含量较大，清洁度高。

地下水是白酒酿造工艺中主要使用的水源。

3. 自来水

地表水或地下水经过人工处理之后，达到国家标准的水。

知识链接

一般来讲，江河湖周边地区酿酒业均比较发达，也在其周边产生了无数优秀的白酒品牌。在我国八大水系中，长江水系及其支流岷江、汉江、湘江、赣江以及洞庭湖、鄱阳湖，黄河流域的渭河、汾河，松辽水系、珠江水系、淮河流域等地都是出产美酒的地区。

在我国，北纬27°~37°是出产名优白酒的黄金区域，集中了全国三分之二的白酒厂家。如北纬28°线上的四川宜宾五粮液、泸州老窖、古蔺郎酒，贵州仁怀茅台、习水大曲、遵义董酒、珍酒、湄潭湄窖、鸭溪窖酒，湖南常德武陵酒，江西清江四特酒等；北纬34°线上的甘肃徽县陇南春、陕西眉县太白酒、凤翔县西凤酒、河南洛阳杜康酒、平顶山宝丰酒、宁陵张弓酒、鹿邑宋河酒、安徽亳州古井贡酒、淮北口子酒、江苏泗阳洋河大曲、泗洪双沟酒等。

三、白酒生产对水的基本要求

白酒生产中，对水的要求包括酸碱度、硬度、无机物含量、卫生指标等方面。针对白酒生产的不同用水类型，对水的要求也不一样。

(一) 水中无机成分对白酒酿造的影响

水中含无机成分大约 20 多种，对白酒的口味与老熟起着重要作用。水中的无机成分是酿酒微生物的营养成分，适量的无机成分能促进微生物发酵。但如果水源选择或水处理不当，则反而起到负面作用。

1. 无机成分对酿酒的有益作用

磷、钾离子是酿造用水中最重要的无机成分，它们是酿酒微生物的养分，能促进微生物生长。如果白酒生产过程中磷、钾离子不足，曲霉生长变得迟缓，曲温上升慢，酵母菌生长不良，醅发酵迟缓。其次，钙、镁离子则能刺激酶的产生，也是酶溶出的缓冲剂。

2. 无机成分对酿酒的有害作用

一些无机离子会对酿酒过程产生不利影响，严重影响成品酒质量，甚至给人体带来危害。它们即使含量很小，也能抑制有益菌的生产，抑制酶的形成和作用，以及影响发酵等。包括亚硝酸盐、硫化物、氟化物、氰化物、砷、硒、汞、镉、铬、锰、铅等。如，

锰离子含量过高：影响酒的正常发酵。

F^-、Pb^{4+}、Sn^{2+}、Cr^{3+}、Zn^{2+}、NO_2^-、NO_3^- 是酵母毒素。

Ca^{2+}、Mg^{2+} 含量偏高：引起酒沉淀，并产生苦味。

铁离子含量偏高：产生铁腥味。

Cu^{2+} 含量偏高：酒色显蓝色。

Cl^- 含量偏高：呈咸味。适量则能使酒感丰满、爽口。

铜、锌离子含量偏高：具有收敛性苦味。

钠、钾离子含量过高：酒味不柔和。

常见的水中无机成分对酿酒的影响见表 7-2。

表 7-2　水中无机成分对酿酒的影响

无机成分	影响	水中的状态
钾	米曲霉和酵母生长及醪发酵必需 K^+，酵母繁殖必要量为 156mg/L，蛋白质进行磷酸酯化反应时需 K^+	氯化钾、硫酸钾、碳酸钾
钠	酵母不特需，但当钾不足时能起替代作用	氯化钠、硫酸钠
钙	促进曲中酶的产生与溶出，Ca^{2+} 能使 α-淀粉酶不易破坏。Ca^{2+} 过高易与有机酸形成不溶于水和乙醇的物质，会使白酒发苦	碳酸钙、硫酸钙

续表

无机成分	影响	水中的状态
镁	微生物生长必需，促进曲孢子生长，催化核苷三磷酸代谢，还是淀粉酶分解淀粉时的催化剂，催化 6-磷酸-果糖酯化反应。但含量过高易与有机酸形成不溶于水的也不溶于乙醇的物质，会使白酒发苦，还会产生沉淀	氯化镁、碳酸镁
磷酸	酵母繁殖及醪发酵需要	水中少
氯	糖化酶从曲中溶出所必需，使酒有光泽及口味浓醇	水中少，与多种阳离子结合
碳酸	使水有缓冲能力	游离或结合型
铁	使酒着色，出现铁腥味	$Fe(HCO_3)_2$ 为多
硫	产生 H_2S 特有异臭味	硫酸根或硫化氢
硅酸	使锅炉结垢	酒中作用不明，离子态

（二）卫生指标要求

酿造用水的主要卫生指标有亚硝酸盐、氰化物、重金属、硫化物、砷化物等。这些有毒物质如超过国家规定的卫生指标，用于酿酒或勾兑用水，将直接影响人体健康。硫化物含量较高的水，变质发黑，将给白酒带来异味，不能用于酿造或加浆。通常，酿造用水符合我国生活用水标准 GB 5749—2006 即可，详见表 7-3。

表 7-3　水质常规指标及限值

指标		限值
微生物指标[①]	总大肠菌群/（MPN/100mL 或 CFU/100mL）	不得检出
	耐热大肠菌群/（MPN/100mL 或 CFU/100mL）	不得检出
	大肠埃希菌/（MPN/100mL 或 CFU/100mL）	不得检出
	菌落总数/（CFU/mL）	≤100
毒理指标	砷/（mg/L）	≤0.01
	镉/（mg/L）	≤0.005
	铬（六价，mg/L）	≤0.05
	铅/（mg/L）	≤0.01
	汞/（mg/L）	≤0.001
	硒/（mg/L）	≤0.01
	氰化物/（mg/L）	≤0.05

续表

指标		限值
毒理指标	氟化物/（mg/L）	≤1
	硝酸盐/（以N计，mg/L）	≤10
		地下水源限制时为20
	三氯甲烷/（mg/L）	≤0.06
	四氯化碳/（mg/L）	≤0.002
	溴酸盐/（使用臭氧时，mg/L）	≤0.01
	甲醛/（使用臭氧时，mg/L）	≤0.9
	亚氯酸盐/（使用二氧化氯消毒时，mg/L）	≤0.7
	氯酸盐/（使用复合二氧化氯消毒时，mg/L）	≤0.7
感官性状和一般化学指标	色度/（铂钴色度单位）	≤15
	浑浊度/NTU	≤1
		水源与净水技术条件限制时为3
	臭和味	无异臭、异味
	肉眼可见物	无
	pH	6.5~8.5
	铝/（mg/L）	≤0.2
	铁/（mg/L）	≤0.3
	锰/（mg/L）	≤0.1
	铜/（mg/L）	≤1
	锌/（mg/L）	≤1
	氯化物/（mg/L）	≤250
	硫酸盐/（mg/L）	≤250
	溶解性总固体/（mg/L）	≤1000
	总硬度/（以$CaCO_3$计，mg/L）	≤450
	耗氧量/（COD_{Mn}法，以O_2计，mg/L）（高锰酸钾法）	≤3
		水源限制，原水耗氧量>6mg/L时为5
	挥发酚类/（以苯酚计，mg/L）	≤0.002
	阴离子合成洗涤剂/（mg/L）	≤0.3

续表

指标		限值
放射性指标②	总 α 放射性/（Bq/L）	≤0.5（指导值）
	总 β 放射性/（Bq/L）	≤1（指导值）

注：①MPN 表示最可能数；CFU 表示菌落形成单位。当水样检出总大肠菌群时，应进一步检验大肠埃希菌或耐热大肠菌；水样未检出总大肠菌群，不必检验大肠埃希菌或耐热大肠菌。

②放射性指标超过指导值，应进行核素分析和评价，判定能否饮用。

（三）酿造用水的要求

酿造用水除满足上述生活用水标准和卫生指标要求外，还应达到以下要求。

（1）pH　6.8~7.2。

（2）硬度　总硬度 7~12°dh。

（3）不含细菌或大肠杆菌。

（4）游离氯小于 0.1mg/L。

（5）硝态氮 0.2~0.5mg/L。

（四）降度用水的要求

降度用水是高度白酒勾兑用水（又称加浆）及由高度原酒制成低度白酒时稀释用水的总称。白酒降度用水，在白酒生产用水中要求最高。

（1）感官　无色、澄清、透明，无悬浮物及沉淀物，不分层，无异味和异嗅。

（2）口味　加热至 20~30℃，口感清爽。不能有咸味、苦味、泥臭味、铁腥味等；加热至 40~50℃，在挥发气体中不能闻到腐败味、氨味、煤气味等。

（3）电导率≤25μS/cm（25℃）。

（4）可溶性总固形物≤350mg/L。

（5）微生物指标　细菌总数≤100 个/mL，大肠杆菌数≤3 个/mL，致病菌不得检出。

（6）应使用软水，水的总硬度应<1.783mmol/L。

（7）降度用水 pH 应呈中性。酿造用水 pH6.8~7.2。

（8）不宜用蒸馏水作为降度用水，因为微量无机离子也是白酒的组分。

（9）低矿化度，总盐量少于 100mg/L。

（10）NH_3 含量低于 0.1mg/L，铁含量低于 0.1mg/L，铝含量低于 0.1mg/L；硝酸盐含量不超过 3mg/L，亚硝酸盐含量不超过 0.5mg/L，氯含量低于

30mg/L。

（11）重金属含量　砷离子含量低于 0.1mg/L，铜离子含量低于 2mg/L，汞离子含量低于 0.05mg/L，锰离子含量低于 0.2mg/L。

（12）不应有腐殖质的分解产物　将 10mg 高锰酸钾溶解在 1L 水中，若在 20min 内完全褪色，则这种水不能作为降度用水。

若降度用水的水质不符合规定要求，应予以适当处理。

四、酿造用水处理技术基础

1. 沙滤

以多层的卵石、棕垫、木炭、粗沙、细沙组成滤层，浑浊水经过滤层后，可除去悬浮物，也可除去不良气味和浮游生物。

典型设备：滤池。

沙滤为粗滤，对可溶性杂质和分子态杂质不起作用。

2. 煮沸

可软化暂时的硬水，也可达到杀菌的目的。

典型设备：蒸煮容器。

3. 蒸馏法

蒸馏法是把水加热，变成气体，分出混入气相中的低沸点成分或飞沫成分，低沸点气体应有后处理步骤。不挥发性不纯物残留于液相中，成为浓缩液排出。如此把水精制成高纯度的水。

典型设备：蒸馏水机。

此法耗电耗水量很大，且使用时需有人看守，使用不方便，现已较少使用。

4. 活性炭处理

主要通过一道或二道活性炭吸附水中的异色、异味，去除水中如氯气、消毒水等有机化学物质，达到净化水体的效果。活性炭可分为颗粒活性炭、碳棒、载银活性炭等。

典型设备：活性炭过滤器。

5. 化学处理法

化学处理法又称石灰纯碱法，能软化永久硬水。

$$Mg^{2+}+Ca(OH)_2 =\!=\!= Mg(OH)_2\downarrow +Ca^{2+}$$
$$Ca^{2+}+CO_3^{2-} =\!=\!= CaCO_3\downarrow$$

6. 离子交换法

离子交换法的原理是将原水（原水是指相对于每一个过滤单元而言，其进水就称为原水）中的无机盐阴、阳离子如 Ca^{2+}、Mg^{2+}、SO_4^{2-}、NO_3^- 等，通过与离子交换树脂交换，使水中的阴、阳离子与树脂中的阴、阳离子相交换，从而使水得到软化或纯化。

离子交换树脂（离子交换树脂的高分子基团通常以 R 表示），分为阴离子树脂（R-OH）和阳离子树脂（H-R 和 Na-R）两种，其中阳离子树脂根据其活性基团的不同而分为钠型树脂（Na-R）和氢型树脂（H-R）。钠型树脂常用于水质软化，氢型树脂常和阴离子树脂 R-OH 一起配合使用，以去除水中的无机盐阴、阳离子，使水质纯化为超纯水。

如以 H-R 代表氢型阳离子树脂，以 OH—R 代表阴离子树脂，其纯化水质的交换过程如下：

$$2H\text{-}R + Ca^{2+} \Longrightarrow R_2Ca + 2H^+$$
$$2R\text{-}OH + SO_4^{2-} \Longrightarrow R_2SO_4 + 2OH^-$$

以上过程中生成的 H^+ 和 OH^- 再反应：

$$H^+ + OH^- \Longrightarrow H_2O$$

即水质通过离子交换器后，水中的无机盐阴、阳离子被置换成 H_2O，达到纯化的目的。

如以 Na-R 代表钠型树脂，其交换过程如下。

$$2Na\text{-}R + Ca^{2+} \Longrightarrow R_2Ca + 2Na^+$$
$$2Na\text{-}R + Mg^{2+} \Longrightarrow R_2Mg + 2Na^+$$

即水质通过钠离子交换器后，水中的 Ca^{2+}、Mg^{2+} 被置换成 Na^+，达到软化的目的。

再生过程：离子交换树脂使用一段时间后，树脂中的离子会被交换完全，达到饱和，失去离子交换能力，此时就需要对树脂进行再生。

软化树脂需要用 NaCl 即食盐溶液进行再生，再生过程的化学反应与上述软化过程的离子交换反应正好相反。

纯化水用阳离子交换树脂需要用酸进行再生，阴离子交换树脂需要用碱进行再生。再生过程的化学反应与上述纯化过程的离子交换反应正好相反。

典型设备：钠离子交换器、全自动软化水设备。

7. 反渗透（RO）法

一种高新膜分离技术。它是以压力为推动力，利用反渗透膜只能透水而不能透过溶质的选择性，从含有各种无机物、有机物、微生物的水体中，提取纯水的物质分离过程。反渗透膜的孔径小于 10Å（1Å 等于 10^{-10}m），具有极强的筛分作用，其脱盐率高达 99%，除菌率大于 99.5%。可去除水中的无机盐、糖类、氨基酸、细菌、病毒等杂质。现已广泛应用于海水的淡化处理、纯净水的生产、超纯水的制备，以及其他以细菌、热原、胶体、微粒和有机物为去除目的的先进工艺。如果以原水水质及产水水质为基准，经过适当设计后，RO法是纯化自来水的最经济有效的方法，同时也是超纯水系统最好的前处理方法。

典型设备：反渗透设备。

8. 薄膜微孔过滤（MF）法

薄膜微孔过滤法包括 3 种形式：深层过滤、筛网过滤、表面过滤。

深层过滤是以编织纤维或压缩材料制成的基质，利用惰性吸附或是捕捉的方式来留住颗粒，如常用的多介质过滤或砂滤；深层过滤是一种较为经济的方式，可去除 98% 以上的悬浮固体，同时保护下游的纯化单元不会被堵塞，因此通常作为预处理。

表面过滤则是多层结构，当溶液通过滤膜时，比滤膜内部孔隙大的颗粒将被留下来，并主要堆积在滤膜表面上，如常用的 PP 纤维过滤。表面过滤可去除 99.9% 以上的悬浮固体，所以也可作为预处理或澄清用。

筛网滤膜基本上具有一致性的结构，就像筛子一般，将大于孔径的颗粒，都留在表面上（这种滤膜的孔量度是非常精准的），如超纯水机终端使用的精密过滤器；筛网微孔过滤一般被置于纯化系统中的最终使用点，以去除最后残留的微量树脂片、碳屑、胶体和微生物。

典型设备：多介质过滤器、PP 棉过滤器。

习 题

归纳总结在白酒生产用水中需注意哪些方面的问题。

模块三　白酒的呈香呈味物质

　　白酒的香味来自白酒中所含的有机物。白酒香味物质含量很少，仅 1% ~ 2%，但却决定了白酒风格与质量。白酒香味成分种类有：高级醇类、醛酮类、羧酸类、酯类等。不同香型的白酒，这些香味物质的含量也不同。

项目八　羧基化合物——醛和酮

　　醛和酮都是分子中含有羧基（碳氧双键）的化合物，羧基与一个烃基相连的化合物称为醛，与两个烃基相连的化合物称为酮。

一、醛、 酮的分类、 同分异构和命名

（一）分类

按烃基不同分为：脂肪醛酮（饱和、不饱和）、芳香醛酮。
按羧基数分为：一元醛酮、二元醛酮、多元醛酮。

$CH_3CH_2CH_2CHO$	脂肪醛	$CH_3\overset{\overset{O}{\|\|}}{C}CH_3$	脂肪酮

⬡—CHO	脂环醛	⬡=O	脂环酮

⬡—CHO	芳香醛	⬡—$\overset{\overset{O}{\|\|}}{C}$—$CH_3$	芳香酮

$CH_3CH=CHCHO$　不饱和醛

$CH_3CH=CH-\overset{\overset{O}{\|\|}}{C}-CH_3$

⬡=O　　}　不饱和酮

$\begin{matrix} CH_2CHO \\ | \\ CH_2CHO \end{matrix}$　二元醛

$CH_3-\overset{\overset{O}{\|\|}}{C}-CH_2-\overset{\overset{O}{\|\|}}{C}-CH_3$　二元酮

（二）同分异构现象

醛酮的异构现象有碳链异构和羰基的位置异构。

（三）醛酮的命名

选择含有羰基的最长碳链为主链，从靠近羰基的一端开始编号。
例如，

$\underset{\underset{CH_3}{\|}}{CH_3-CH-CH_2CHO}$

3-甲基丁醛

$\underset{\underset{CH_3}{\|}}{C_6H_5-CH-CHO}$

2-苯基丙醛

$\underset{\underset{CH_2}{\|}}{CH_3-C}=CHCH_2CH_2-\underset{\underset{CH_3}{\|}}{CH}-CH_2CHO$

3，7-二甲基-6-辛醛

$CH_3CH_2-\overset{\overset{O}{\|\|}}{C}-CH_2CH_3$

3-戊酮

$CH_3-\overset{\overset{O}{\|\|}}{C}-CH_2-\overset{\overset{O}{\|\|}}{C}-CH_3$

2，4-戊二酮

3-甲基环戊酮

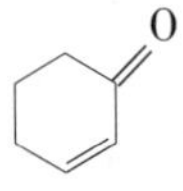

2-环己烯酮

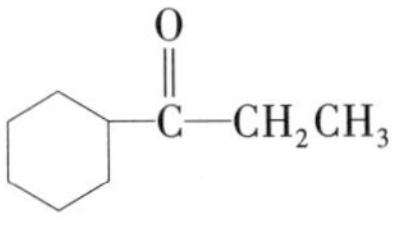

1-环己基-1-丙酮

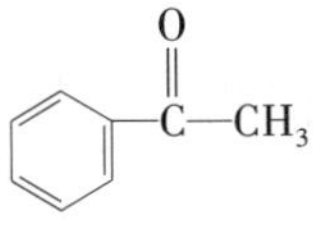

1-苯基乙酮

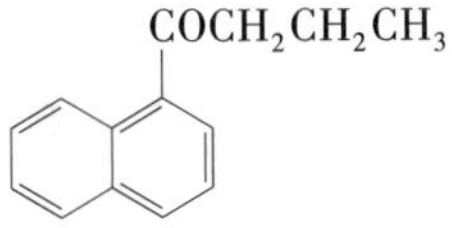

α-萘-1-丁酮

碳原子的位置也可用希腊字母表示。

例如，

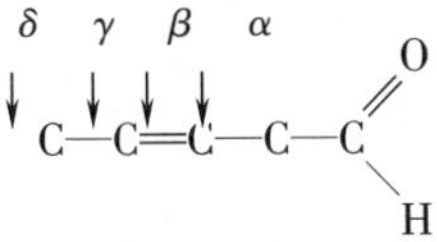

$$\overset{\delta}{C}-\overset{\gamma}{C}=\overset{\beta}{C}-\overset{\alpha}{C}-C\overset{O}{\underset{H}{\|}}$$

$CH_3CH\!=\!CHCH_2CHO$

β-丁烯醛

二、醛、酮的结构和物理性质

（一）醛、酮的结构

醛酮的官能团是羰基，所以要了解醛酮必须先了解羰基的结构。

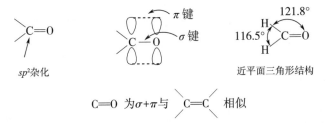

sp^2杂化 近平面三角形结构

$$C\!=\!O \text{ 为}\sigma+\pi\text{与} \ \ \ C\!=\!C \ \ \ 相似$$

C＝O 双键中氧原子的电负性比碳原子大，所以 π 电子云的分布偏向氧原子，故羰基是极化的，氧原子上带部分负电荷，碳原子上带部分正电荷。

电负性C 小于O $\quad$ π 电子云偏向氧原子 $\quad$ 极性双键

（二）物理性质

1. 状态味道

只有甲醛是气体，有刺激味。低级醛（12 个 C 以下）是液体。高级醛

（12 个 C 以上）是固体。8~13 个 C 的醛、酮有花果香味（用于香料、化妆品工业）。

2. 沸点

比相应的烷烃、醚高，比醇低。酮比醛高。

3. 溶解性

4 个 C 以下醛、酮溶于水，醛、酮易溶于有机溶剂。

三、醛、酮的化学性质

醛、酮中的羰基由于 π 键的极化，使得氧原子上带部分负电荷，碳原子上带部分正电荷。氧原子可以形成比较稳定的氧负离子，它较带正电荷的碳原子要稳定得多，因此反应中心是羰基中带正电荷的碳，所以羰基易与亲核试剂进行加成反应（亲核加成反应）。

此外，受羰基的影响，与羰基直接相连的 α-碳原子上的氢原子（α-H）较活泼，能发生一系列反应。

亲核加成反应和 α-H 的反应是醛、酮的两类主要化学性质。

醛、酮的反应与结构关系一般描述如下。

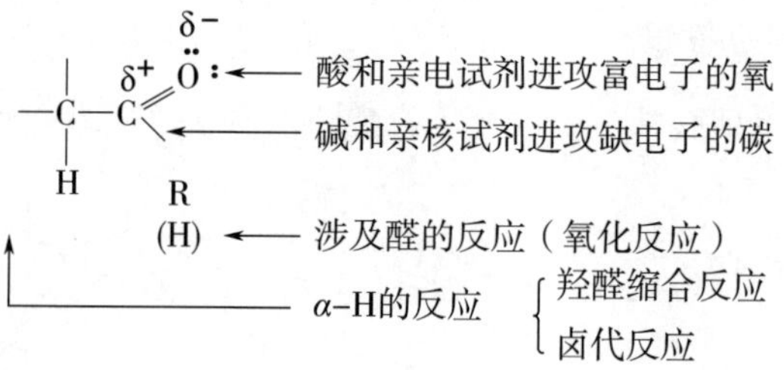

（一）亲核加成反应历程

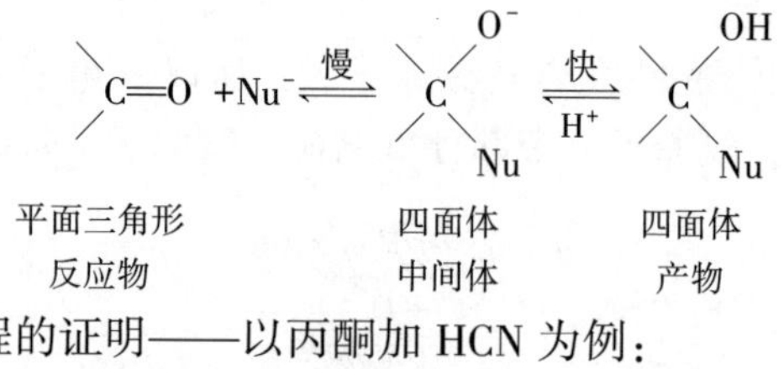

亲核加成历程的证明——以丙酮加 HCN 为例：

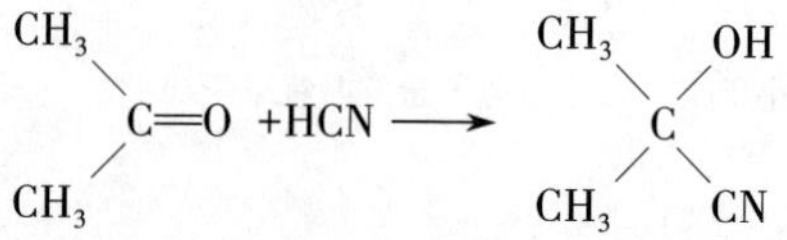

实验证明：中性（无碱存在时）3~4h 内只有一半原料起反应。加一滴 KOH 到反应体系中，2min 内反应即完成。加大量酸到反应体系中，放置几个星期也不反应。这说明羰基与 CN^- 的反应确实是亲核加成反应。

原因：HCN 的电离度很小，中性条件下氰酸根的浓度很小，故反应速度慢。加入碱 OH⁻ 则中和了 H⁺，CN⁻ 的浓度增大，故反应速度加快。加入 H⁺ 后抑制了 HCN 的电离，CN⁻ 的浓度大大减小，故反应很难进行。

各类亲核试剂对各类羰基化合物的加成反应的 K_c 值（化学平衡常数）各不相同，有的很大，实际上不起反应；有的很小，实际上是不可逆反应。通常将 K_c 值在 10^4 以下看作是可逆反应。HCN 与醛酮加成的 K_c 值在 $10^{-3} \sim 10^3$，是一种可逆反应，且易测定，故常用 HCN 为试剂来研究各种因素对亲核加成的影响。

1. 空间因素对亲核加成的影响

$$
\begin{array}{c}
R \\
\quad\ \ C{=}O +Nu^- \longrightarrow \\
R'
\end{array}
\qquad
\begin{array}{c}
R\quad\ \ O^- \\
\quad\ \ C \\
R'\quad\ Nu
\end{array}
$$

R、R′、Nu⁻ 的体积增大，平衡常数减小。

例如，

羰基的空间位阻小

$$
\begin{array}{c}
CH_3 \\
\quad\ \ C{=}O +HCN \longrightarrow \\
CH_3CH_2
\end{array}
\qquad
\begin{array}{c}
CH_3\quad OH \\
\quad\ \ C \\
CH_3CH_2\quad CN
\end{array}
\qquad K_c = 38
$$

羰基受到高度空间位阻

$$
\begin{array}{c}
(CH_3)_3C \\
\qquad\ \ C{=}O +HCN \longrightarrow \\
(CH_3)_3C
\end{array}
\qquad
\begin{array}{c}
(CH_3)_3C\quad OH \\
\qquad\ \ C \\
(CH_3)_3C\quad CN
\end{array}
\qquad K_c \text{ 远小于 } 1
$$

2. 电负性因素对亲核加成的影响

（1）诱导效应　当羰基连有吸电子基时，使羰基碳上的正电性增加，有利于亲核加成的进行，吸电子基越多，电负性越大，反应就越快。

（2）共轭效应　羰基上连有与其形成共轭体系的基团时，由于共轭作用可使羰基稳定化，因而亲核加成速度减慢。

3. 试剂的亲核性对亲核加成的影响

试剂的亲核性越强，反应越快。

（二）亲核加成反应

1. 与氢氰酸的加成反应

$$
\begin{array}{c}
\quad\ \ C{=}O +HCN \Longleftrightarrow \\
\end{array}
\qquad
\begin{array}{c}
\quad OH \\
\quad C \\
\quad\ CN
\end{array}
$$

α-羟基腈

反应范围：醛、脂肪族甲基酮。ArCOR 和 ArCOAr 难反应。

α-羟基腈是很有用的中间体，它可转变为多种化合物，例如，

$$
(CH_3)_2CCN \begin{cases} \xrightarrow{-H_2O} CH_2=\overset{\overset{\displaystyle CH_3}{|}}{C}-CN \xrightarrow[H^+]{CH_3OH} CH_2=\overset{\overset{\displaystyle CH_3}{|}}{C}-COOCH_3 \\ \xrightarrow{H_2O/H^+} (CH_3)_2CCOOH \\ \qquad\qquad\quad\ \ \overset{|}{OH} \\ \xrightarrow{[H]} (CH_3)_2CCH_2NH_2 \\ \qquad\qquad\ \ \overset{|}{OH} \end{cases}
$$

$\overset{|}{OH}$

2. 与格氏试剂的加成反应

$$
\overset{\delta^+\ \delta^-}{\underset{}{C=O}} + \overset{\delta^-\ \delta^+}{R-MgX} \xrightarrow{无水乙醚} \overset{\overset{\displaystyle OMgX}{|}}{\underset{\underset{\displaystyle R}{|}}{C}} \xrightarrow{H_2O} R-\overset{|}{\underset{|}{C}}-OH\ +HOMgX
$$

式中 R 也可以是苯环（Ar）。故此反应是制备结构复杂的醇的重要方法。

这类加成反应还可在分子内进行。例如，

$$
CH_3MgI + HCHO \xrightarrow{无水乙醚} CH_3CH_2OMgI \xrightarrow{H_2O} CH_3CH_2OH
$$

$$
(CH_3)_2CHMgBr + CH_3CHO \xrightarrow{无水乙醚} \overset{(CH_3)_2CH}{\underset{\underset{\displaystyle CH_3}{|}}{\ \ \ CH-OMgBr}} \xrightarrow{H_2O}
$$

$$
\longrightarrow \overset{(CH_3)_2CH}{\underset{\underset{\displaystyle CH_3}{|}}{\ \ \ CH-OH}}
$$

$$
(CH_3)_2CHMgBr + CH_3COCH_3 \xrightarrow{无水乙醚} \overset{(CH_3)_2CH\quad\ OMgBr}{\underset{\underset{\displaystyle CH_3\ \ CH_3}{|\quad\ |}}{\qquad C}} \xrightarrow{H_2O}
$$

$$\longrightarrow (CH_3)_2CH-\underset{\underset{CH_3}{|}}{\overset{\overset{CH_3}{|}}{C}}-OH$$

3. 与饱和亚硫酸氢钠反应

$$\underset{}{\overset{}{C}}=O + NaO-\underset{\overset{\|}{O}}{\overset{O}{S}}-OH \longrightarrow \left[\underset{\underset{强酸\uparrow}{SO_3H}}{\overset{\overset{醇钠\downarrow}{ONa}}{C}}\right] \longrightarrow \underset{\underset{强酸盐（白色\downarrow）}{SO_3Na}}{\overset{\overset{OH}{|}}{C}}$$

产物 α-羟基磺酸盐为白色结晶，不溶于饱和亚硫酸氢钠溶液中，容易分离出来；与酸或碱共热，又可得原来的醛、酮。故此反应可用以提纯醛、酮。

（1）反应范围　醛、甲基酮、七元环以下的脂环酮。

（2）反应的应用

①鉴别化合物。

②分离和提纯醛、酮。

$$\underset{\underset{(R')}{H}}{\overset{R}{C}}=O \xrightarrow{NaHSO_3} \underset{\underset{(R')}{H}}{\overset{R}{C}}\underset{SO_3Na}{\overset{OH}{}} \begin{array}{l} \xrightarrow{稀NaHCO_3} RCHO + Na_2SO_3 + CO_2 + H_2O \\[2mm] \xrightarrow{稀HCl} RCHO + NaCl + SO_2 + H_2O \end{array}$$

③用于制备羟基腈，是避免使用挥发性剧毒物 HCN 合成羟基腈的好方法。例如，

$$PhCHO \xrightarrow[H_2O]{NaHSO_3} PhCH\overset{OH}{\underset{SO_3Na}{}} \xrightarrow{NaCN} Ph\overset{OH}{\underset{}{CH}}CN \xrightarrow[回流]{HCl} Ph\overset{OH}{\underset{}{CH}}COOH$$

$$(67\%)$$

4. 与醇的加成反应

$$\underset{\underset{(R')}{H}}{\overset{R}{C}}=O + R''OH \xrightarrow{无水 HCl} \underset{\underset{(R')}{H}}{\overset{R}{\underset{OR''}{\overset{OH}{C}}}} \underset{\overset{无水 HCl}{\rightleftharpoons}}{\overset{R''OH}{}} \underset{\underset{(R')}{H}}{\overset{R}{\underset{OR''}{\overset{OR''}{C}}}} + H_2O$$

半缩醛（酮）　　　　　缩醛（酮），双醚结构

不稳定　　　　　　　　对碱、氧化剂、还原剂稳定

一般不能分离出来　　　可分离出来，酸性条件下易水解

也可以在分子内形成缩醛。

$$\text{(六氢吡喃半缩醛结构)} \xrightarrow{\text{无水 HCl}} \text{(环状结构)}$$

环状半缩醛（稳定）
在糖类化合物中多见

醛较易形成缩醛，酮在一般条件下形成缩酮较困难，用 1，2-二醇或 1，3-二醇则易生成缩酮。

$$\underset{R}{\overset{R}{>}}C=O + \begin{matrix} HO-CH_2 \\ HO-CH_2 \end{matrix} \xrightarrow{H^+} \underset{R}{\overset{R}{>}}C\begin{matrix} O-CH_2 \\ O-CH_2 \end{matrix} + H_2O$$

5. 与氨及其衍生物的加成反应

醛、酮能与氨及其衍生物反应生成一系列的化合物。

$$NH_2-OH \qquad NH_2-NH_2 \qquad NH_2-NH-\text{(苯基)}$$

羟氨　　　　　　　肼　　　　　　　　苯肼

$$NH_2-NH-\text{(2,4-二硝基苯基)} \qquad NH_2-NH-\overset{O}{\overset{\|}{C}}-NH_2$$

2，4-二硝基苯肼　　　　　　　　氨基脲

醛、酮与有 α-H 的仲胺反应生成烯胺，烯胺在有机合成上是个重要的中间体。

$$\underset{RCH_2}{\overset{R}{>}}C=O + NHH_2 \longrightarrow RCH-\underset{OH}{\overset{R}{\underset{|}{C}}}-NR_2 \xrightarrow{-H_2O} RCH=\overset{R}{\underset{|}{C}}-NR_2$$

仲胺　　　　　　　　　　　　　　　　　　　　　烯胺

醛、酮与氨的衍生物反应，其产物均为固体且各有其特点，是有实用价值的反应。

$$>C=O + NH-OH \longrightarrow \underset{OH\ H}{\overset{|}{\underset{|}{C}}}-N-OH \xrightarrow{-H_2O} >C=N-OH$$

羟氨　　　　　　　　　　　　　　　　肟，白色↓，有固定熔点

如乙醛肟的熔点为 47℃，环己酮肟的熔点为 90℃。

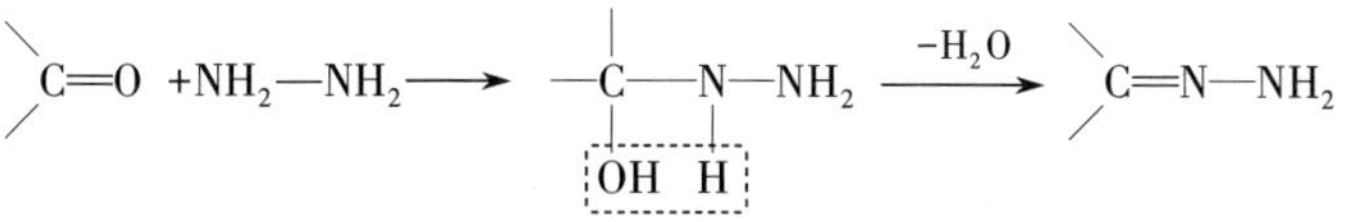

肼　　　　腙（白色↓）有固定熔点

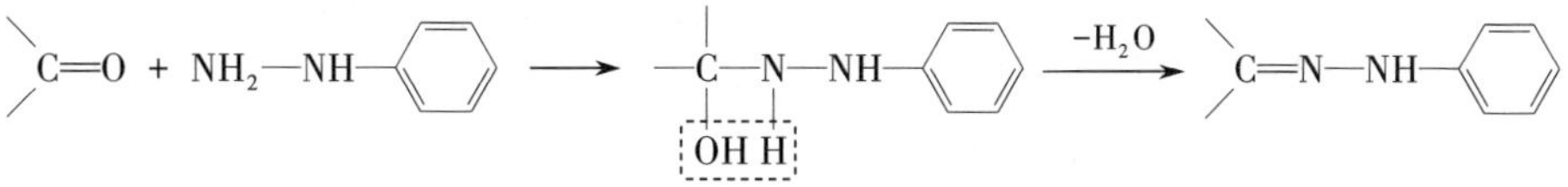

苯肼　　　　苯腙（黄色↓）有固定熔点

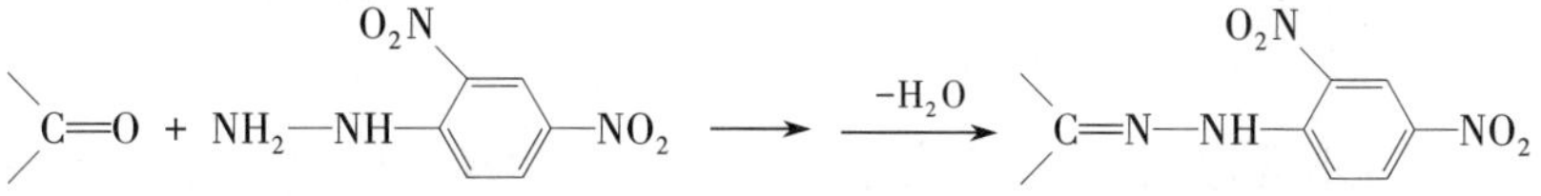

2，4-二硝基苯肼　　　　2，4-二硝基苯腙（黄色↓）

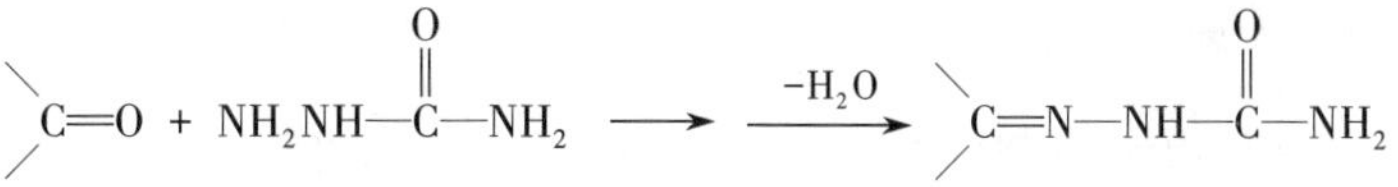

氨基脲　　　　缩氨脲（白色↓）

上述反应的特点如下所示：

反应现象明显（产物为固体，具有固定的晶形和熔点），常用来分离、提纯和鉴别醛酮。

2，4-二硝基苯肼与醛酮加成反应的现象非常明显，故常用来检验羰基，称为羰基试剂。

6. 与希夫试剂的显色反应

将二氧化硫通入红色的品红水溶液中，至红色刚好消失，所得溶液称为品红亚硫酸试剂，又称希夫试剂。醛与希夫试剂作用显紫色，酮则不显色，可用于区别醛和酮。

（三）还原反应

利用不同的条件，可将醛、酮还原成醇、烃或胺。

1. 还原成醇（>C=O ⟶ >CH—OH）

（1）催化氢化（产率高，90%～100%）

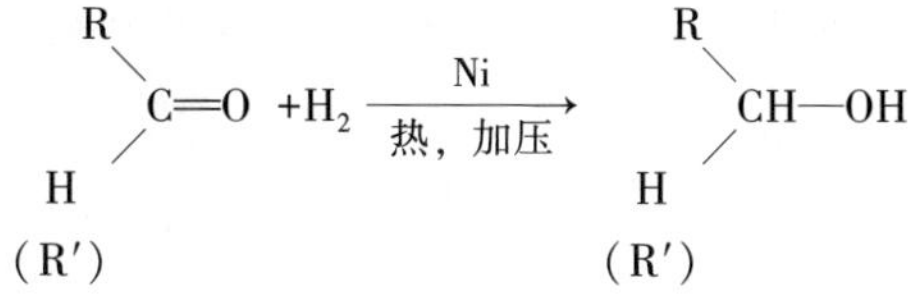

例如，

$$\text{环己酮} + H_2 \xrightarrow[50℃\ 6.5MPa]{Ni} \text{环己醇—OH}$$

$$CH_3CH\!=\!CHCH_2CHO + 2H_2 \xrightarrow[250℃\ 加压]{Ni} CH_3CH_2CH_2CH_2CH_2OH$$

（C＝C，C＝O 均被还原）

如要保留双键而只还原羰基，则应选用金属氢化物为还原剂。

（2）用还原剂（金属氢化物）还原

①LiAlH₄还原

$$CH_3CH\!=\!CHCH_2CHO \xrightarrow[②H_3O^+]{①LiAlH_4\ 无水乙醚} CH_3CH\!=\!CHCH_2CH_2OH$$

（只还原C＝O）

LiAlH₄是强还原剂，但选择性差，除不还原 C＝C、C≡C 外，其他不饱和键都可被其还原；不稳定，遇水剧烈反应，通常只能在无水醚或 THF 中使用。

②NaBH₄还原

$$CH_3CH\!=\!CHCH_2CHO \xrightarrow[②H_3O^+]{①NaBH_4} CH_3CH\!=\!CHCH_2CH_2OH$$

（只还原C＝O）

NaBH₄还原的特点如下：

①选择性强，只还原醛、酮、酰卤中的羰基，不还原其他基团。

②稳定，不受水、醇的影响，可在水或醇中使用。

③异丙醇铝——异丙醇还原法（麦尔外因-庞道夫 MeerWein-Ponndorf 还原法）。

$$\begin{matrix}R\\|\\C\!=\!O\\|\\H\\(R')\end{matrix} + CH_3\!-\!\underset{\underset{OH}{|}}{CH}\!-\!CH_3 \xrightleftharpoons{(i\text{-}Pr\text{-}O)_3Al} \begin{matrix}R\\|\\CH\!-\!OH\\|\\H\\(R')\end{matrix} + CH_3\!-\!\underset{\underset{O}{\|}}{C}\!-\!CH_3$$

反应的专一性高，只还原羰基。其逆反应称为奥彭欧尔（Oppenauer）氧化反应。

2. 还原为烃（ $\diagdown\!C\!=\!O \longrightarrow \diagdown\!CH_2$ ）

较常用的还原方法有两种。

（1）吉尔聂尔-沃尔夫-黄鸣龙还原法（吉尔聂尔为俄国人，沃尔夫为德国人） 此反应是吉尔聂尔和沃尔夫分别于 1911、1912 年发现的，故因此而得名。

$$\diagdown\!C\!=\!O \xrightarrow[加成，脱水]{无水\ NH_2\!-\!NH_2} \diagdown\!C\!=\!N\!-\!NH_2 \xrightarrow[\substack{200℃加压\\回流\ 50\sim100h}]{\substack{KOH\ 或\\C_2H_5ONa,\ C_2H_5OH}} \diagdown\!CH_2 + N_2\uparrow$$

1946年黄鸣龙改进了这个方法。

改进：将无水肼改用为水合肼，碱用 NaOH，用高沸点的缩乙二醇为溶剂一起加热。

加热完成后，先蒸去水和过量的肼，再升温分解腙。

例如，

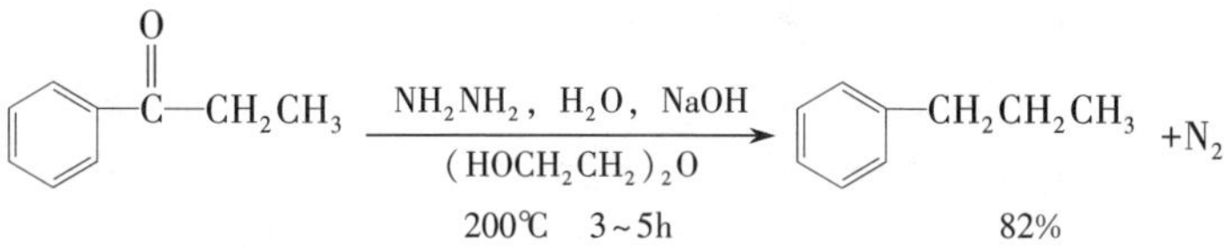

此反应可简写为：

（2）克莱门森（Clemmensen）还原——酸性还原　此法适用于还原芳香酮，是间接在芳环上引入直链烃基的方法。

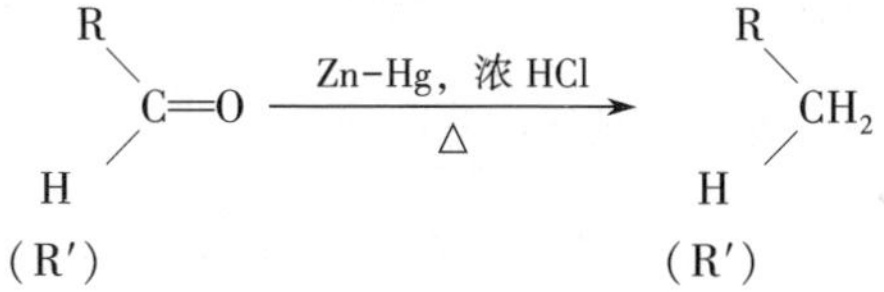

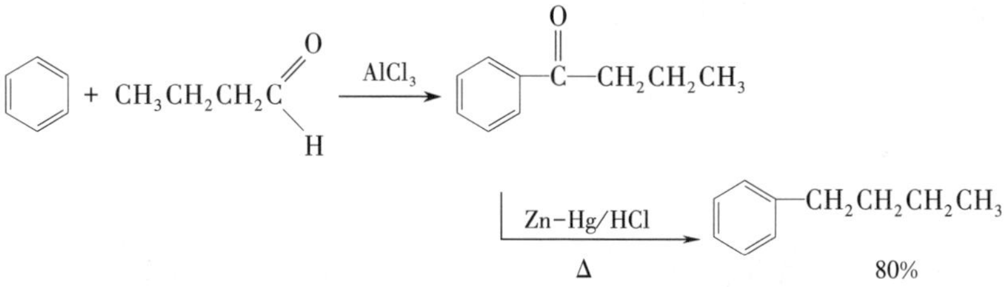

对酸敏感的底物（醛酮）不能使用此法还原（如醇羟基、C=C 等）。

（四）氧化反应

1. 与常用氧化剂反应

常用氧化剂有：Ag_2O，H_2O_2，$KMnO_4$，HNO_3，CrO_3，$K_2Cr_2O_7$。

2. 与托伦试剂反应——银镜反应

托伦试剂即硝酸银的氨溶液。银离子可将醛氧化为羧酸，本身被还原为金属银。反应是在碱性溶液中进行，反应式如下所示：

$$R—\overset{\overset{O}{\|}}{C}—H + Ag(NH_3)_2^+ \xrightarrow{OH^-} R—COO^- + Ag + NH_3 + H_2O$$

（1）托伦试剂能与所有醛反应。

（2）托伦试剂能与 α-羟基酮反应，与其他酮不反应。

（3）托伦试剂不能氧化醛分子中 β 位更远的羟基、碳碳双键和三键，是良好的选择性氧化剂。

应用：制备羧酸，鉴别醛酮。

3. 与斐林试剂反应

斐林试剂：硫酸铜与酒石酸钾钠和碱溶液等量混合而成。加入酒石酸钠与铜离子生成配合物，防止氢氧化铜生成。

斐林试剂与所有脂肪醛都反应，与所有芳香醛、酮都不反应。

斐林试剂不能氧化醛分子中 β 位更远的羟基、碳碳双键和三键。

应用：制备羧酸、鉴别醛和酮、鉴别芳香醛和脂肪醛。

4. 与希夫试剂（品红醛试剂）的反应

品红是一种红色染料，通入二氧化硫于品红溶液中则得到无色的品红醛试剂。这种试剂与醛类作用显紫红色，反应非常敏锐，是醛特有的检验方法。酮与品红醛试剂不反应，因而不显色，是最简单的醛和酮的鉴别方法。甲醛显色后加硫酸颜色不褪，其他的醛遇酸颜色变淡。可用于鉴别甲醛和其他醛类。

（五）歧化反应——康尼查罗（Cannizzaro）反应

没有 α-H的醛在浓碱的作用下发生同种分子间的氧化还原反应，生成等摩尔的醇和酸的反应称为康尼查罗反应。

$$2CHOH \xrightarrow{\text{浓 NaOH}} CH_3OH+HCOONa$$

$$2 \bigcirc{-}CHO \xrightarrow{\text{浓 NaOH}} \bigcirc{-}CH_2OH + \bigcirc{-}COONa$$

交叉康尼查罗反应：甲醛与另一种无 α-H 的醛在强的浓碱催化下加热，主要反应是甲醛被氧化而另一种醛被还原。

$$\bigcirc{-}CHO +HCHO \xrightarrow[\triangle]{\text{浓 NaOH}} \bigcirc{-}CH_2OH +HCOONa$$

这类反应称为"交叉"康尼查罗反应，是制备 $ArCH_2OH$ 型醇的有效手段。

（六）α-H 的取代反应

醛、酮分子中由于羰基的影响，α-H 变得活泼，具有酸性，所以带有 α-H的醛、酮具有如下的性质。

1. α-H 的卤代反应

（1）卤代反应 醛、酮的 α-H 易被卤素取代生成 α-卤代醛、酮，特别是在碱溶液中，反应能很顺利地进行。

例如（未配平），

$$\underset{O}{\overset{\parallel}{C}}-CH_3 +Br_2 \longrightarrow \underset{O}{\overset{\parallel}{C}}-CH_2Br$$

（2）卤仿反应　含有 α-甲基的醛酮在碱溶液中与卤素反应，则生成卤仿。

$$\underset{(H)}{R}-\overset{O}{\overset{\parallel}{C}}-CH_3 +NaOH+X_2 \longrightarrow \underset{(H)}{R}-\overset{O}{\overset{\parallel}{C}}-CX_3 \xrightarrow{OH^-} CHX_3+RCOONa$$

（NaOX）　　　　　　　　　卤仿

若 X_2 用 Cl_2 则得到 $CHCl_3$（氯仿）液体。

若 X_2 用 Br_2 则得到 $CHBr_3$（溴仿）液体。

若 X_2 用 I_2 则得到 CHI_3（碘仿）黄色固体，称其为碘仿反应。

碘仿反应的范围：具有 $CH_3\overset{O}{\overset{\parallel}{C}}—H(R)$ 结构的醛、酮和具有 $CH_3\overset{OH}{\overset{|}{C}}—H(R)$ 结构的醇。

因 NaOX 也是一种氧化剂，能将 α-甲基醇氧化为 α-甲基酮（X 为卤素）。

碘仿为浅黄色晶体，现象明显，故常用来鉴定上述反应范围的化合物。

2. 羟醛缩合反应

有 α-H 的醛在稀碱（10% NaOH）溶液中能和另一分子醛相互作用，生成 β-羟基醛，故称为羟醛缩合反应。

$$CH_3-\overset{O}{\overset{\parallel}{C}}-H + CH_2CHO \rightleftharpoons \xrightarrow{稀 OH^-} CH_3-\overset{OH}{\overset{|}{CH}}-CH_2CHO \underset{-H_2O}{\overset{\triangle}{\rightleftharpoons}} CH_3CH=CHCHO$$

β-羟基丁醛　　　　　2-丁醛

四、白酒中主要的羰基化合物

羰基化合物又称醛酮类，与白酒的香气有密切的关系，是构成白酒香味物质的重要成分。白酒中主要醛类化合物以乙醛为主，它是生成缩醛的前体物质。在白酒贮藏过程中，一部分乙醇挥发，一部分与乙醇结合生成乙缩醛。乙醛、乙缩醛与羟酸共同形成白酒中的协调成分。酸偏重于白酒口味的平衡和协调，而醛主要平衡和协调白酒的香气。与醛类相比，酮类的香气更为绵柔细腻。白酒中酮类物质主要以 2，3-丁二酮和 3-羟基丁酮为主。除开这些，白酒中还有一些含量较少，但也很重要的羰基化合物，例如甲醛、丙醛、丁醛、异丁醛、正戊醛、异戊醛、正己醛、香草醛、丙酮、丁酮、己酮、4-乙基愈创木酚。

（一）主要作用

1. 乙醛和乙缩醛的携带作用

乙醛和乙缩醛本身有较大的蒸气压，它们与所携带物质在液相、气相均有好的相容性。乙醛与酒中醇、酯、水，均有很好的相容性，相容性好才能给人的嗅觉以复合型的感觉，白酒的溢香和喷香与乙醛的携带作用有关。

2. 降低阈值作用

在白酒勾兑时，使用含醛量高的白酒时，其闻香明显变强，对放香强度有放大和促进作用，这是对阈值的影响。阈值不是一个固定值，在不同的环境条件下有不同的值。乙醛的存在，对可挥发性物质的阈值有明显的降低作用，白酒的香气变大了，提高了放香感知的整体效果，当然要把握尺度。

3. 掩蔽作用

在制作低度酒时，出现酒与味脱离的现象，其原因是没有处理好四大酸与乙醛和乙缩醛的关系。四大酸主要表现为对味的协调功能，酸压香增味，乙醛、乙缩醛提香压味，处理好这两类物质间的平衡关系，就不会显现出有外加香味物质的感觉，这就提高了酒中各成分的相容性，掩盖了白酒某些成分过于突出的弊端，从这个角度，具有掩蔽作用。

4. 促进酒的老熟作用

因为醛基很活跃，加速了酒中微量成分的转变和陈味物质的生成。一般认为，乙醛是由乙醇经酵母氧化而生成的，异戊醛由亮氨酸组成，芳香醛由酪氨酸经酵母作用而生成醋醌。高沸点的醛可增强白酒的香气，提高酒质。在白酒老熟过程中，挥发性的羰基化合物增加，酒变微黄，产生陈味。过陈过熟的臭味是由于氨基和羰基反应生成 3 - 去氧葡糖胺所致。酒质好的总醛含量在 1.2g/L 左右，超过 1.6g/L 酒质就差了。总醛占微量成分 13% 的酒质好，超过 15% 的酒质差，与微量成分的比值越大，酒质越差。

(二) 主要物质

1. 乙醛和乙缩醛

酒精发酵过程中，酵母将葡萄糖转变为丙酮酸，放出二氧化碳并产生乙醛，乙醛被迅速还原而成乙醇，只是中间产物，主要存在于酒头，极少存在酒醅中。当酒醅中已生成大量的乙醇后，乙醇被氧化而生成乙醛，这是成品酒中乙醛形成的主要途径。乙醛沸点低，白酒中的乙醛含量与流酒温度有关。

在白酒中，乙醛和乙缩醛含量最多，占到总醛的 98%，它们的含量分别在 400mg/L 和 500mg/L，是白酒中不可缺少的。

乙缩醛即二乙醇缩乙醛，在分子内有 2 个醚键，为无色液体，微溶于水，溶于乙醇等有机溶剂中，容易燃烧，长期放置易变质。该醛有水果香、欧亚甘草香和清香，在 10%（体积分数）的酒精水溶液中的阈值是 50μg/L，已经在葡萄酒和中国白酒中检测到。乙缩醛在白酒的贮存过程中含量增加，是形成陈味的一种物质。而白酒中如果没有乙缩醛就没有刺激感，平淡无味，但是含量过高，则冲辣、刺舌，有新酒的感觉。1，1-二乙氧基-3-甲基丁烷（异戊醛二乙缩醛）具有水果香，是浓香型白酒中含量最高的缩醛类化合物。在浓香型白酒中，检测到一个比较特殊的缩醛——1，1-二乙氧基-2-苯乙烷（苯乙醛二乙缩醛），该化合物呈水果香。1，1，3-三乙氧基丙烷，呈水果香和蔬菜气味。该缩醛在浓香型白酒和白兰地酒中已经检测到，是白兰地酒中的异嗅物质。该化合物是由酒中的丙烯醛与乙醇反应而形成的，低 pH 时有利于它的生成。1，1-二乙氧基丙烷、1，1-二乙氧基丁烷、1，1-二乙氧基戊烷、1，1-二乙氧基辛烷、1，1-二乙氧基壬烷、1，1-二乙氧基癸烷、1-乙氧基-1-丁氧基乙烷、1-乙氧基-1-戊氧基乙烷、1-乙氧基-1-己氧基乙烷、1-乙氧基-1-辛氧基乙烷、1-乙氧基-1-（3-甲基丁氧基）乙烷等缩醛也已经在浓香型大曲酒中检测到，它们中的大部分呈现水果香。

2. 甲醛

甲醛是一种无色、有强烈刺激性气味的气体，易溶于水、醇和醚。甲醛在常温下是气态，通常以水溶液形式出现。35%～40% 的甲醛水溶液称为福尔马林。白酒中所含甲醛，对人体也有毒性。甲醛的毒性，要比甲醇高 30 倍。新酒含甲醛较多，老酒含甲醛较少。陈酿老熟，也会使甲醛在缓慢氧化过程中转变为缩醛类，失去其原来的毒性。白酒中含甲醛很少，一般在 1mg/L，新型白酒中基本上不含甲醛。

3. 丙醛

丙醛具有青香，略有果香，刺激、味短淡、欠净、爽，在刚馏出的白酒中可能含有极微量的丙醛，经过短期的贮存，大部分挥发和转化了，所以白酒需要适当的贮存期。

4. 丁醛和异丁醛

丁醛和异丁醛与丙醛接近，微带刺激，稍甜，略有草香味，甜、净、爽，有麻木感。

5. 正戊醛和异戊醛

含量极少，具有醛香气，略带果香，有轻微的刺激感，微苦。

6. 正己醛

在白酒中有微量的正己醛存在，似青草汁气，带汗臭或药臭，微苦，带油闷。在浓香型白酒中含量以 0.005g/L 左右为好，有陈味，多则带药臭。

7. 香草醛

香草醛是白酒中复杂成分之一，它是具有世界性嗜好的一种非常愉快的清香味，使白酒显现芳香的甘甜味。微量，一般酱香型白酒高于浓香型白酒，浓香型白酒高于清香型白酒。

8. 丙酮

丙酮具有特殊臭及辛、辣、甜味，在西凤酒中含量较高。

9. 丁酮

丁酮呈现陈味酱味的组成部分，在酱香型酒中含量较高。

10. 己酮

己酮有刺激性糠醛臭，味清凉，刺激、哈喉、微苦，是酱香型酒的复杂成分之一。

11. 糠醛

糠醛，又称为2-呋喃甲醛。糖醛是重要的呋喃衍生物，无色液体，相对密度（水=1）1.16，熔点-36.5℃，沸点162℃，不溶于水，溶解于醇和醚，还溶于其他有机溶剂中，气味与苯甲醛相似，在空气中颜色逐渐变深，由黄褐色逐渐变为棕色，最后变为黑褐色。可以发生银镜反应，在乙酸的催化作用下，与苯胺反应显红色，可用于检验糖醛。稻壳辅料及原料皮壳中均有多缩戊糖，在微生物的作用下，生成糠醛。白酒中的呋喃成分主要是糠醛，此外，还有醇基糠醛（糠醇）和甲基糠醛等呋喃衍生物，主要是酱香型白酒的主要成分。

12. 丙烯醛

丙烯醛又名甘油醛，白酒无论是固态还是液态发酵，在发酵不正常时，常在蒸馏操作中有刺眼的辣味，蒸出来的新酒燥辣，这是白酒中有丙烯醛的缘故，但是贮存后，辣味大为减少。因为丙烯醛的沸点只有50℃，容易挥发，在酒老熟的过程中会减少。酒醅中如果含有大量杂菌，尤其当酵母和乳酸菌共存时，就会产生丙烯醛。

13. 4-乙基愈创木酚

4-乙基愈创木酚具有酱油的特殊香气，是酱香型白酒的特征香味成分。其含量甚微，在1mg/L时就能使人闻到强烈的香气。

14. 苯甲醛

苯甲醛为苯的氢被醛基取代后形成的有机化合物。苯甲醛是最简单的、同时也是工业上最常使用的芳香醛。在室温下其为无色液体，具有特殊的杏仁气味。可作为特殊的头香香料，微量用于花香配方，如紫丁香、白兰、茉莉、紫罗兰、金合欢、葵花、甜豆花、梅花、橙花等中。香皂中也可使用。还可作为食用香料用于杏仁、浆果、奶油、樱桃、椰子、杏子、桃子、大胡桃、大李子、香荚兰豆、辛香等香精中。作为酒用香精在朗姆、白兰地等酒中也使用。

15. 正庚醛

无色油状液体，有果香气味，沸点155℃，密度0.8495g/cm³，折射率

1.4257。微溶于水，溶于乙醇和乙醚。用于配制橘子香精和玫瑰香精等，也用来制取多种药物。

16.2，3-丁二酮

2，3-丁二酮又称双乙酰，是十分重要的呈黄油和奶油香化合物，通常用它来制造人造黄油。该化合物在水中的阈值是 $4\sim15\mu g/L$，在空气中的阈值是 $5.0\sim30ng/L$，而在 10%（体积分数）的酒精水溶液中的阈值是 $100\mu g/L$。葡萄酒中含有低浓度双乙酰时，呈坚果或焙烤香；当浓度在 $1\sim4mg/L$ 时，呈异嗅。葡萄酒发酵时，酵母只能产生有限的双乙酰（$0.2\sim0.3mg/L$），该化合物在酿造过程中，主要由乳酸菌产生。双乙酰通常认为是啤酒的异味化合物。它是啤酒的特征香气，但却是拉格啤酒（Lager）和世涛（Stout）啤酒的异味。

17.3-羟基-2-丁酮

双乙酰的还原产物为 3-羟基-2-丁酮，又称为乙偶姻。乙偶姻呈水果香、霉腐臭和木香。该化合物不是啤酒的异嗅/异味化合物。乙偶姻在水中的阈值为 $800\sim500\mu g/L$，在 10%（体积分数）的酒精水溶液中的阈值是 $150mg/L$。

习 题

1. 提纯下列物质。

（1）乙醇中含有少量乙醛（提纯乙醇）

（2）丁酮中含有少量丁醛（提纯丁酮）

2. 乙醛无限溶解于水，而正己醛则微溶于水，为什么？

3. 化合物 A 和 B 的分子式都是 C_3H_6O，它们都能与亚硫酸氢钠作用生成白色结晶，A 能与托伦试剂作用产生银镜，但不能发生碘仿反应；B 能发生碘仿反应，但不能与托伦试剂作用。推测 A 和 B 的构造式。

4. 用化学方法鉴别。

（1）丙醛、丙醇、异丙醇、丙酮

（2）甲醛、乙醛、乙醇、乙醚

（3）苯甲醇、苯甲醛、苯甲酮

5. 某饱和一元醛与足量的托伦试剂反应，析出银 5.4g。写出该醛的结构式。

项目九 白酒中的酸

羧酸可看成是烃分子中的氢原子被羧基（—COOH）取代而生成的化合

物。其通式为 RCOOH。羧酸的官能团是羧基。

羧酸是许多有机物氧化的最后产物，它在自然界中普遍存在（以酯的形式），在工业、农业、医药和人们的日常生活中有着广泛的应用。

一、羧酸的分类和命名

（一）分类

只含有一个羧基的羧酸称为一元酸，是最常见的酸，可根据它的来源命名，见表 9-1。

表 9-1　一元酸命名示例

一元酸	系统命名	普通命名
HCOOH	甲酸	蚁酸
CH_3COOH	乙酸	醋酸
CH_3CH_2COOH	丙酸	初油酸
$CH_3CH_2CH_2COOH$	丁酸	酪酸
$CH_3(CH_2)_{16}COOH$	十八酸	硬脂酸

含有两个羧基的羧酸称为二元酸，见表 9-2。

表 9-2　二元酸命名示例

二元酸	系统命名	普通命名
HOOCCOOH	乙二酸	草酸
$HOOCCH_2COOH$	丙二酸	缩苹果酸
$HOOC(CH_2)_2COOH$	丁二酸	琥珀酸
$(Z)-HOOCCH=CHCOOH$	顺丁烯二酸	马来酸
$(E)-HOOCCH=CHCOOH$	反丁烯二酸	富马酸

（二）命名

许多羧酸可以从天然产物中获得，因此常根据最初的来源而有俗名。

甲酸——最初是由蒸馏赤蚁制得，称为蚁酸。

乙酸——最初由食醋中得到，称为醋酸。

丁酸——存在于奶油中，具有酸败牛奶气味，称为酪酸。

己酸、辛酸、癸酸——又分别称为羊油酸、羊脂酸、羊蜡酸（都存在山羊脂肪中）。

十二酸——月桂树皮中得到，称为月桂酸。

十八酸——动物脂肪中得到，称为硬脂酸。

苯甲酸——存在于安息香胶中，称为安息香酸。

乙二酸——大部分植物和草中都含有其盐，称为草酸。

丁二酸——存在于琥珀中，又称琥珀酸。

二、饱和一元羧酸的物理性质

低级脂肪酸是液体，可溶于水，具有刺鼻的气味。中级脂肪酸也是液体，部分溶于水，具有难闻的气味。高级脂肪酸是蜡状固体，无味，在水中溶解度不大。

液态脂肪酸以二聚体形式存在，所以羧酸的沸点比相对分子质量相当的烷烃高。所有的二元酸都是结晶化合物。

1. 性状

十个碳原子数以下的羧酸是液体；低级脂肪酸（甲、乙、丙酸）有强烈的刺激性气味；丁酸至壬酸是具有腐败气味的油状液体；十个碳原子数以上的正构羧酸为无味的蜡状固体；脂肪族二元羧酸和芳香族羧酸都是结晶固体；芳香族羧酸一般具有升华性，有些能随水蒸气挥发。饱和一元脂肪酸，除甲酸、乙酸的相对密度大于 1 外，其他羧酸的相对密度都小于 1。二元羧酸和芳香酸的相对密度都大于 1。

2. 沸点和熔点

由于羧酸分子之间能由两个氢键互相结合形成双分子缔合二聚体，羧酸的沸点和熔点比相同分子质量的烷烃及其他极性分子的沸点与熔点都高。饱和一元羧酸的沸点随相对分子质量的增加而升高。羧酸的熔点随着碳原子数的增加而呈锯齿状上升。

3. 溶解性

（1）羧酸具有比较广泛的溶解性。

（2）甲酸至丁酸能与水混溶，从戊酸开始随相对分子质量增加，水溶性迅速降低，癸酸以上的羧酸不溶于水。

（3）低级的饱和二元羧酸也可溶于水，并随碳链的增长而溶解度降低。

（4）芳香酸的水溶性极微，常常在水中重结晶。

（5）脂肪族一元羧酸一般都能溶于乙醇、乙醚、卤仿等有机溶剂中。

羧酸是由羟基和羰基组成的，羧基是羧酸的官能团，因此要讨论羧酸的性质，必须先剖析羧基的结构。

从 —C(=O)OH 形式上看羧基是由一个 —C(=O)— 和一个 OH 组成，实质上并非二者的简单组合。

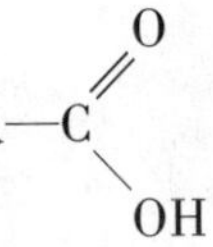

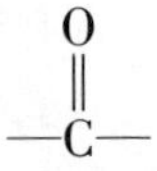

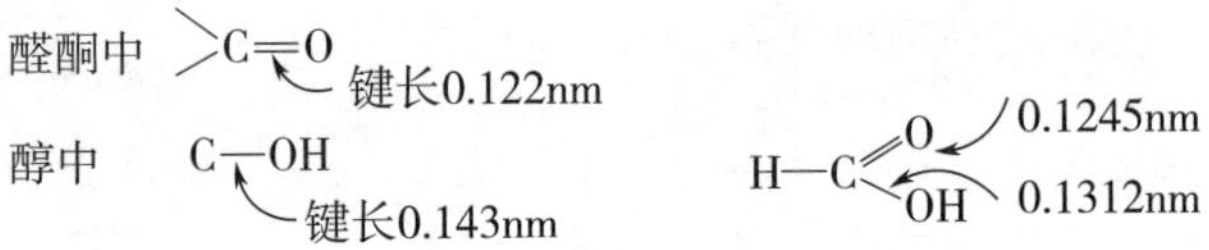

醛酮中 >C=O 键长0.122nm
醇中 C—OH 键长0.143nm

H—C(=O)(OH) 0.1245nm 0.1312nm

（甲酸，电子衍射实验证明，故羧基的结构为 $p\text{-}\pi$ 共轭体系）

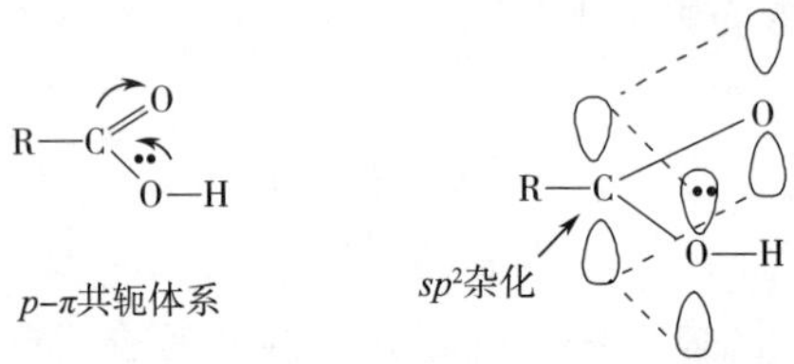

R—C(=O)(O—H)
$p\text{-}\pi$共轭体系

sp^2杂化

当羧基电离成负离子后，氧原子上带一个负电荷，更有利于共轭，故羧酸易离解成负离子。

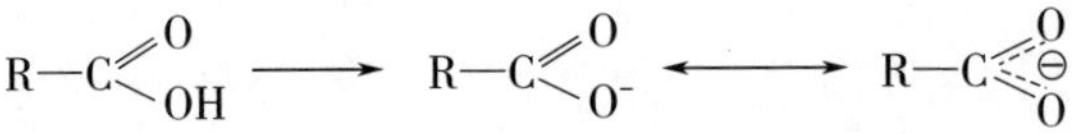

$$R-C\diagup^{O}_{OH} \longrightarrow R-C\diagup^{O}_{O^-} \longleftrightarrow R-C\diagup^{\ominus}_{O}$$

例如，

$$H-C\diagup^{O}_{OH} \longrightarrow H-C\diagup^{O\ 0.127nm}_{O^-\ 0.127nm} \longleftrightarrow H-C\diagup^{\ominus}_{O}$$

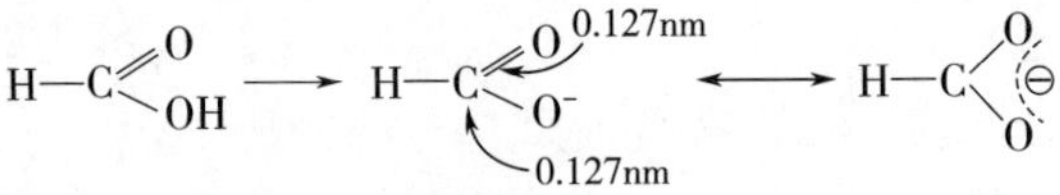

由于共轭作用，使得羧基不是羰基和羟基的简单加合，所以羧基中既不存在典型的羰基，也不存在着典型的羟基，而是二者互相影响的统一体。

三、羧酸的化学性质

羧酸的性质可从结构上预测，有以下几种。

O—H 键易断裂表现出酸性。

—OH 被取代的反应。

羰基的亲核加成反应。

C—C 键断裂发生脱羧反应。

α—H 的取代反应。

（一）酸性

羧酸具有弱酸性，在水溶液中存在着如下平衡。

$$RCOOH \Longrightarrow RCOO^- + H^+$$

乙酸的离解常数 K_a 为 1.75×10^{-5}。

甲酸的 $K_a = 2.1 \times 10^{-4}$，$pK_a = 3.75$。

其他一元酸的 K_a 在 $1.1 \sim 1.8 \times 10^{-5}$，$pK_a$ 在 $4.7 \sim 5$。

可见羧酸的酸性小于无机酸而大于碳酸（$H_2CO_3 pK_{a_1} = 6.73$）。

故羧酸能与碱作用成盐，也可分解碳酸盐。

$$RCOOH + NaOH \longrightarrow RCOONa + H_2O$$

$$RCOOH + Na_2CO_3 \longrightarrow RCOONa + CO_2\uparrow + H_2O$$

或 $NaHCO_3$　$\xrightarrow{\quad H^+\quad}$ RCOOH　用于区别酸和其他化合物

此性质可用于醇、酚、酸的鉴别和分离，不溶于水的羧酸既溶于 NaOH 也溶于 $NaHCO_3$，不溶于水的酚能溶于 NaOH 不溶于 $NaHCO_3$，不溶于水的醇既不溶于 NaOH 也不溶于 $NaHCO_3$。

$$RCOOH + NH_4OH \longrightarrow RCOONH_4 + H_2O$$

高级脂肪酸钠是肥皂的主要成分，高级脂肪酸铵是雪花膏的主要成分。

影响羧酸酸性的因素：电子效应和空间效应。

1. 电子效应对酸性的影响

（1）诱导效应

①吸电子诱导效应使酸性增强

$$FCH_2COOH > ClCH_2COOH > BrCH_2COOH > ICH_2COOH > CH_3COOH$$

pK_a　　2.66　　2.86　　　　2.89　　　　　3.16　　　　4.76

②供电子诱导效应使酸性减弱

$$CH_3COOH > CH_3CH_2COOH > (CH_3)_3CCOOH$$

pK_a　　　　4.76　　　　4.87　　　　　5.05

③吸电子基增多酸性增强

$$ClCH_2COOH > Cl_2CHCOOH > Cl_3CCOOH$$

pK_a　　　　　2.86　　　　　1.29　　　　0.65

④取代基的位置距羧基越远，酸性越弱。

$$CH_3CH_2\underset{\underset{Cl}{|}}{CH}CO_2H \quad > \quad CH_3\underset{\underset{Cl}{|}}{CH}CH_2CO_2H \quad > \quad \underset{\underset{Cl}{|}}{CH_2}CH_2CH_2CO_2H \quad > \quad \underset{\underset{H}{|}}{CH_2}CH_2CH_2CO_2H$$

pK_a　2.86　　　　　　4.41　　　　　　　　4.70　　　　　　　4.82

（2）共轭效应　当能与基团共轭时，则酸性增强，例如，

$$CH_3COOH \qquad\qquad Ph—COOH$$

pK_a　　　　　　4.76　　　　　　　　4.20

2. 取代基位置对苯甲酸酸性的影响

苯甲酸的酸性与取代基的位置、共轭效应与诱导效应的同时存在和影响有关，还有场效应的影响，情况比较复杂，可大致归纳如下。

（1）邻位取代基（氨基除外）都使苯甲酸的酸性增强（位阻作用破坏了羧基与苯环的共轭）。

（2）间位取代基使其酸性增强。

（3）对位上是第一类定位基时，酸性减弱，是第二类定位基时，酸性增强。

（二）羧基上羟基（OH）取代反应

羧基上的 OH 原子团可被一系列原子或原子团取代生成羧酸的衍生物。

$$R-\underset{\underset{\text{酯}}{}}{\overset{\overset{O}{\|}}{C}}+OR' \qquad R-\underset{\underset{\text{酰胺}}{}}{\overset{\overset{O}{\|}}{C}}+NH_2 \qquad R-\underset{\underset{\text{酰卤}}{}}{\overset{\overset{O}{\|}}{C}}+X \qquad R-\underset{\underset{\text{酸酐}}{}}{\overset{\overset{O}{\|}}{C}}+O-\overset{\overset{O}{\|}}{C}-R'$$

羧酸分子中消去 OH 基后的剩下的部分（$R—\overset{\overset{O}{\|}}{C}—$）称为酰基。

1. 酯化反应

$$RCOOH+R'OH \underset{}{\overset{H^+}{\rightleftharpoons}} R\overset{\overset{O}{\|}}{C}-O-R' + H_2O$$

（1）酯化反应是可逆反应，$K_c \approx 4$，一般只有 2/3 的转化率。

提高酯化率的方法：增加反应物的浓度（一般是加过量的醇），移走低沸点的酯或水。

（2）酯化反应的活性次序

酸相同时：$CH_3OH > RCH_2OH > R_2CHOH > R_3COH$

醇相同时：$HCOOH > CH_3COOH > RCH_2COOH > R_2CHCOOH > R_3CCOOH$

（3）成酯方式

可能 1：
$$R-\underset{\substack{\|\\ O}}{C}-\boxed{O-H \ + \ H-}O-R' \ \underset{}{\overset{H^+}{\rightleftharpoons}} \ R-\underset{\substack{\|\\ O}}{C}-O-R' \ + \ H_2O$$
酰氧断裂

可能 2：
$$R-\underset{\substack{\|\\ O}}{C}-O\boxed{-H \ + \ H-O-}R' \ \underset{}{\overset{H^+}{\rightleftharpoons}} \ R-\underset{\substack{\|\\ O}}{C}-O-R' \ + \ H_2O$$
烷氧断裂

验证：

$$R-\underset{\substack{\|\\ O}}{C}-O-H \ + \ H-O^{18}-R' \ \overset{H^+}{\rightleftharpoons} \ R-\underset{\substack{\|\\ O}}{C}-O^{18}-R' \ + \ H_2O$$

H_2O 中无 O^{18}，说明反应为酰氧断裂。

（4）酯化反应历程 1°、2°醇为酰氧断裂历程，3°醇（叔醇）为烷氧断裂历程。

（5）羧酸与醇的结构对酯化速度的影响

对酸：　　HCOOH > 1°RCOOH > 2°RCOOH > 3°RCOOH

对醇：　　1°ROH > 2°ROH > 3°ROH

2. 酰卤的生成

羧酸与 PX_3、PX_5、$SOCl_2$ 作用则生成酰卤。

$$3CH_3COOH + PCl_3 \longrightarrow 3CH_3COCl + H_3PO_3$$

$$\bigcirc\!\!\!-COOH + PCl_3 \longrightarrow \bigcirc\!\!\!-COCl + POCl + HCl$$

$$CH_3COOH + SOCl_2 \longrightarrow CH_3COCl + SO_2\uparrow + HCl\uparrow$$

3 种方法中，$SOCl_2$ 的产物纯，易分离，因而产率高，是一种合成酰卤的好方法。

例如，　$m\text{-}NO_2C_6H_4COOH + SOCl_2 \longrightarrow m\text{-}NO_2C_6H_4COCl + SO_2 + HCl$
$$90\%$$

$$CH_3COOH + SOCl_2 \longrightarrow CH_3COCl + SO_2 + HCl$$
$$100\%$$

3. 酸酐的生成

羧酸在脱水剂作用下加热，脱水生成酸酐。

$$R-\underset{\substack{|\\ OH}}{\overset{\substack{O\\ \|}}{C}} + R-\underset{\substack{|\\ OH}}{\overset{\substack{O\\ \|}}{C}} \xrightarrow{\triangle} R-\underset{\substack{\|\\ O}}{C}-O-\underset{\substack{\|\\ O}}{C}-R + H_2O$$

$$2 \ \bigcirc\!\!\!-COOH + (CH_3CO)_2O \xrightarrow{\triangle} (\bigcirc\!\!\!-CO)_2O + CH_3COOH$$

1，4 和 1，5-二元酸不需要任何脱水剂，加热就能脱水生成环状（五元或六元）酸酐。

例如，

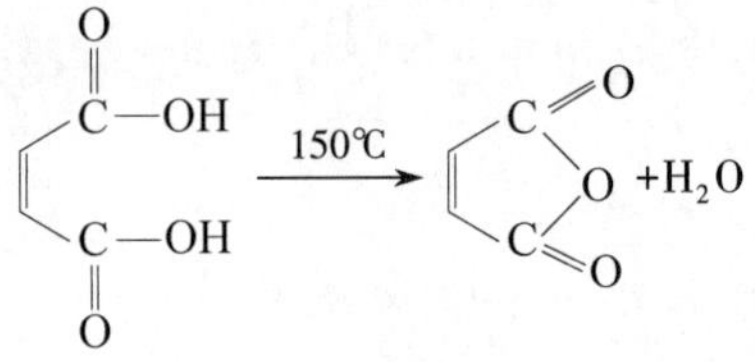

顺丁烯二酸酐（95%）

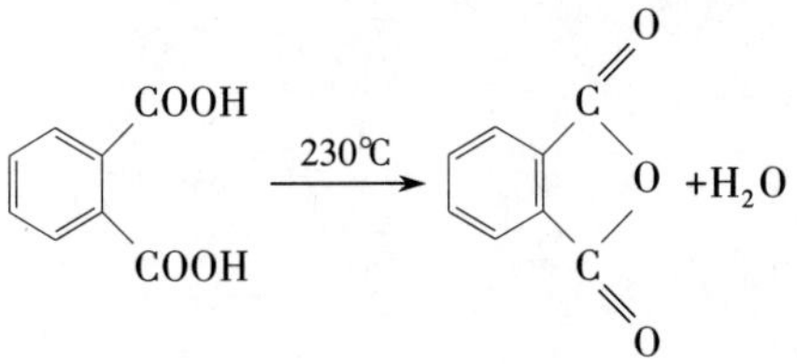

邻苯二甲酸酐（近似100%）

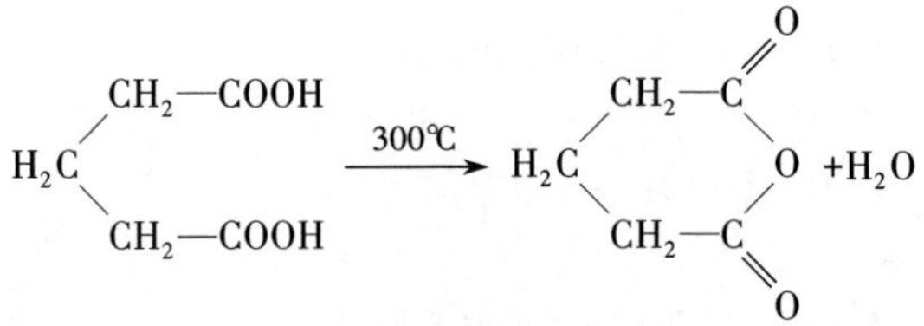

戊二酸酐

4. 酰胺的生成

在羧酸中通入氨气或加入碳酸铵，可得到羧酸铵盐，铵盐热解失水而生成酰胺。

$$CH_3COOH+NH_3 \longrightarrow CH_3COONH_4 \xrightarrow{\triangle} CH_3CONH_2+H_2O$$

（三）脱羧反应

羧酸在一定条件下受热可发生脱羧反应。

无水醋酸钠和碱石灰混合后强热生成甲烷，是实验室制取甲烷的方法。

$$CH_3COONa+NaOH（CaO）\xrightarrow{热熔} CH_4\uparrow+Na_2CO_3$$
$$99\%$$

其他直链羧酸盐与碱石灰热熔的产物复杂，无制备意义。

$$CH_3CH_2COONa+NaOH（CaO）\xrightarrow{热熔} CH_3CH_2CH_3+CH_4\uparrow+烯及混合物$$
$$17\% \qquad 20\%$$

一元羧酸的 α 碳原子上连有强吸电子基团时，易发生脱羧。

$$CCl_3COOH \xrightarrow{\triangle} CHCl_3+CO_2\uparrow$$

$$CH_3\overset{O}{\overset{\|}{C}}CH_2COOH \xrightarrow{\Delta} CH_3\overset{O}{\overset{\|}{C}}CH_3 +CO_2\uparrow$$

$$\underset{O}{\overset{COOH}{\bigcirc}} \xrightarrow{\Delta} \bigcirc_O +CO_2\uparrow$$

洪塞迪克尔（Hunsdiecker）反应，羧酸的银盐在溴或氯存在下脱羧生成卤代烷的反应。

$$RCOOAg+Br_2 \xrightarrow[\Delta]{CCl_4} R\!\!-\!\!Br+CO_2\uparrow +AgBr$$

$$CH_3CH_2CH_2COOAg+Br_2 \xrightarrow[\Delta]{CCl_4} CH_3CH_2CH_3\!\!-\!\!Br+CO_2\uparrow +AgBr$$

此反应可用来合成比羧酸少一个碳的卤代烃。

（四）α-H 的卤代反应

羧酸的 α-H 可在少量红磷、硫等催化剂存在下被溴或氯取代生成卤代酸。

$$RCH_2COOH \xrightarrow[加压，加热]{Br_2} R\overset{}{\underset{Br}{C}}HCOOH \xrightarrow[加压，加热]{Br_2} R\!\!-\!\!\overset{Br}{\underset{Br}{\overset{|}{\underset{|}{C}}}}\!\!-\!\!COOH$$

控制条件，反应可停留在一取代阶段。例如，

$$CH_3CH_2CH_2CH_2COOH+Br_2 \xrightarrow[70\%]{P,\ Br_2} CH_3CH_2CH_2\overset{}{\underset{Br}{\overset{}{C}}}HCOOH +HBr$$

$$80\%$$

α-卤代酸很活泼，常用来制备 α-羟基酸和 α-氨基酸。

（五）还原

羧酸很难被还原，只能用强还原剂 $LiAlH_4$ 才能将其还原为相应的伯醇。H_2/Ni、$NaBH_4$ 等都不能使羧酸还原。

四、羧酸的来源和制备

羧酸广泛存在于自然界，常见的羧酸几乎都有俗名。自然界的羧酸大都以酯的形式存在于油、脂、蜡中。油、脂、蜡水解后可以得到多种羧酸的混合物，其制法如下。

（一）氧化反应

1. 高级脂肪烃氧化

$$RCH_2CH_2R' \xrightarrow[\Delta]{O_2,\ MnO_2} RCOOH+R'COOH$$

2. 烯烃、炔烃的氧化断裂

$$\left.\begin{array}{c} RCH{=}CHR' \\[2mm] RC{\equiv}CR' \end{array}\right\} \begin{array}{c} \xrightarrow{KMnO_4/H^+} \\[2mm] \xrightarrow{1.O_3\ 2.H_2O} \end{array} RCOOH + R'COOH$$

3. 芳烃的侧链氧化

$$\underset{\text{（苯环）}}{\bigcirc}\!\!-\!\!\overset{R(H)}{\underset{R'(H)}{\overset{|}{\underset{|}{CH}}}} \xrightarrow[H^+\text{或}OH^-]{KMnO_4,\ \triangle} \underset{\text{（苯环）}}{\bigcirc}\!\!-\!\!COOH$$

4. 醇、醛的氧化

$$RCH_2OH \xrightarrow[\triangle]{KMnO_4/H^+} RCOOH$$

$$R\!\!-\!\!CH{=}CH\!\!-\!\!CHO \xrightarrow[2.\ H_3O^+]{1.\ Ag(NH_3)_2^+} R\!\!-\!\!CH{=}CH\!\!-\!\!COOH$$

5. 甲基酮的卤仿反应

$$R\!\!-\!\!\overset{O}{\overset{\|}{C}}\!\!-\!\!CH_3 \xrightarrow[2.\ H_3O^+]{1.\ I_2/NaOH} RCOOH + CHI_3\downarrow$$

(二) 羧化法

1. 插入 CO_2 法

格氏试剂与二氧化碳加成后，酸化水解得羧酸。

$$R\!\!-\!\!MgX + CO_2 \longrightarrow RCOOMgX \xrightarrow[H_2O]{H^+} RCOOH$$

注：1°、2°、3°RX 都可使用。

此法用于制备比原料多一个碳的羧酸，但乙烯式卤代烃难反应。

2. 插入 CO 法

烯烃在 $Ni(CO)_4$ 催化剂的存在下吸收 CO 和 H_2O 而生成羧酸。

$$RCH{=}CH_2 + CO + H_2O \xrightarrow{Ni(CO)_4} R\!\!-\!\!\overset{}{\underset{\underset{O}{\|}{\underset{C}{}}}{CH\!\!-\!\!CH_2}} \xrightarrow{H_2O} R\!\!-\!\!\underset{CH_3}{\overset{|}{CH}}\!\!-\!\!COOH$$

(三) 水解法

1. 腈的水解

$$RCN \xrightarrow[H_2O]{HCl} RCOOH$$

2. 油脂的水解

$$RCN \xrightarrow[\ H_2O\ ]{NaOH} RCOONa \xrightarrow{\ H^+\ } RCOOH$$

五、白酒中的主要酸及作用

有机酸是许多传统发酵食品的重要风味，如乳酸是发酵乳制品的重要风味化合物，乙酸是发酵食醋的重要风味物质。在酒类中，已经检测到的重要的挥发酸有乙酸、丙酸、丁酸、戊酸、己酸、庚酸、辛酸、壬酸、癸酸等，检测到的重要不挥发酸有乳酸、柠檬酸、苹果酸、酒石酸等。有机酸是白酒中的呈味物质，味绵柔尾长，但酸类物质含量高则压香，酸低香气好，酸高香气差。在白酒中酸的绝对含量仅次于酯类，约 140mg/mL，有机酸一般分为 3 类。

第一类：含量较多，在 10mg/mL 以上，有乙酸、己酸、乳酸、丁酸 4 种。

第二类：含量适中，0.1~0.4mg/mL，有甲酸、戊酸、棕榈酸、亚油酸、油酸、辛酸、异丁酸、丙酸、异戊酸、庚酸等。

第三类：含量极微，1mg/L 以下，有壬酸、癸酸、肉桂酸、肉豆蔻酸、十八酸等。

一般总酸含量低，酒体口味淡薄，总酯含量也相应不能太高，若太高酒体香气显得"头重脚轻"；总酸含量高也会使酒体口味变刺激、粗糙、不柔和、不圆润。另外，酒体口味持久时间的长短，很大程度上取决于有机酸，尤其是一些沸点较高的有机酸。

酸类的香气不如酯类浓郁，五碳以下的低级脂肪酸都具有刺激性气味，浓时酸味刺鼻，多数具有辣味，稀释后有爽快感，细腻感。五碳以上的酸刺激性逐渐减少，而香气逐渐增加。高沸点的有机酸多数具有独特的香味，如肉桂酸有似奶油香味，肉豆蔻酸、棕榈酸有柔和的果香，亚油酸有浓脂肪香、爽快感。

白酒中的各种有机酸，在发酵过程中虽是糖的不完全氧化物，但糖并不是形成有机酸的唯一原始物质，因为其他非糖化合物也能形成有机酸，值得注意的是许多微生物可以利用有机酸作为碳源而消耗。所以发酵中有机酸既要产生又要消耗，特别是不同种类有机酸之间不断转化。

（一）甲酸

甲酸又称蚁酸，在酒中含量极少。主要由发酵中间产物丙酮酸加一个水分子与醋酸共生。甲酸和戊酸是具有陈味的呈味物质，应有适当量。长链脂肪酸有明显的脂肪臭味和油味。

(二) 乙酸

乙酸又称醋酸，是一个重要的香气物质，是酒精发酵中不可避免的产物，在各种白酒中都有乙酸存在，是酒中挥发酸的组成，也是丁酸、己酸及其酯类的重要前体物质。简单的酸有着尖锐的酸味，随着碳链长度的增加，酸味下降。乙酸的生成途径主要有以下几种。

（1）在醋酸菌的代谢中，由乙醇氧化产生乙酸。

（2）发酵过程中，在酒精生成的同时，也伴随着乙酸和甘油的生成。

（3）糖经过发酵变成乙醛，乙醛经歧化作用，离子重排，就会变成乙酸。

酒精和乙酸是同时出现的，即开始有酒精就有乙酸的出现。当糖分发酵一半时，乙酸的含量最高，在发酵后期，酒精较多时，乙酸含量较少。一般来说，对酵母提供的条件越差，则产生乙酸越多。如果在发酵过程中带入了枯草杆菌，乙酸会大量增加。

(三) 乳酸

学名 α-羟基丙酸，该酸是一个没有香气的酸，是一个良好的酸味剂。进行乳酸发酵的主要微生物是细菌，其发酵类型有两种：即发酵产物中只有乳酸的同型乳酸发酵，以及发酵产物中除乳酸外，同时还有乙酸、乙醇、二氧化碳、氢气等的异型乳酸发酵。这些乳酸菌利用糖经糖酵解途径生成丙酮酸，丙酮酸在乳酸脱氢酶催化下还原而生成乳酸。

白酒是开放式发酵，在酿造过程中将不可避免地感染大量乳酸菌，再进入窖内发酵，赋予白酒独特的风味，其发酵属于混合型乳酸发酵。目前，白酒中普遍存在乳酸及其酯类过剩的现象，影响酒的质量。

(四) 丙酸

丙酸也称初油酸，呈现出明显的酸味。

(五) 丁酸

丁酸又名酪酸，有腐臭、黄油和奶酪香，是由丁酸菌或异乳酸菌发酵作用生成的。其生成途径有：丁酸菌将葡萄糖或含氮物质发酵变成丁酸；由乙酸及乙醇经丁酸菌作用，脱一分子水而成；由乳酸发酵生成丁酸，同时必须有乙酸，但有的菌不需要乙酸而直接从乳酸发酵生成乙酸，再由乙酸加氢而成为丁酸。

(六) 己酸

己酸菌使酒精和醋酸经过酪酸生成己酸，在不同香型白酒中的己酸含量相差很大，在浓香型白酒中是一种好的物质，对香型的形成贡献很大，对酒质的影响也很大，它具有窖泥臭气，醇、甜、净、爽较浓，并带有底窖香味。在酸类中排列第二位，仅次于乙酸。

（七）戊酸

在白酒中微量存在，但也是好的成分。带有汗气味，较陈，有甜、醇、净、浓爽的特征。

（八）月桂酸

在白酒中微量存在，具有月桂油气味，爽口微甜，放置后浑浊。

（九）挥发性饱和脂肪酸

庚酸、辛酸、壬酸和癸酸均有着特殊的气味，如山羊臭、奶酪香和脂肪臭，但是这些酸均有着极高的阈值，如在 12%（体积分数）酒精水溶液中，丁酸的阈值是 10000μg/L，己酸的阈值是 3000μg/L。长链的酸，像月桂酸，又称十二烷酸，实际上是没有气味的。十四酸，也称为肉豆蔻酸；十八酸，也称硬脂酸，这两个酸也是没有气味的。棕榈酸，也称十六烷酸，在中国白酒中有较高的含量，但这个酸也是没有气味的。在酒类产品中也发现了大量的支链酸，如 2-甲基丙酸，又称异丁酸，有轻微的酸气味、腐臭、汗臭和奶酪香。在稀溶液中，2-甲基丁酸和 3-甲基丁酸（又称异戊酸，翠雀酸）均有水果香。但浓度高时，却呈现腐臭和奶酪的香气。4-甲基戊酸，呈汗臭味和酸臭。这些酸均已经在中国白酒中检测到。4-甲基辛酸和 4-甲基壬酸既可以用来调酸，也可以用来调香。

在白酒中油酸、亚油酸、壬酸、癸酸等高级脂肪酸含量很少，构成呈味物质，它们是白酒稀释到 50% vol 以下后发生浑浊的重要物质，它们与酒精反应生成的油酸乙酯、亚油酸乙酯、棕榈酸乙酯，是白酒中的三大脂肪酸，其乙酯是白酒中不可缺少的，含量不高，是使白酒浑浊的主要物质，但它们使传统固态白酒产生自然感，是传统工艺白酒典型风格特征的微量成分之一。

（十）不挥发性脂肪酸

在饱和脂肪酸中，有一类是不挥发的酸，而这些酸主要是呈酸的味感，但没有香气，包括柠檬酸、琥珀酸、乳酸、苹果酸、酒石酸等。

柠檬酸是一个没有气味但却很有价值的酸味剂，它可以增加溶液的酸度，但并不改变溶液的气味。该化合物的密度是 1.65g/L，20℃时在水中的溶解度是 1330g/L，熔点 152~153℃。在 175℃时，该化合物分解生成二氧化碳和水。

室温时，柠檬酸是无色的粉末状晶体，或者以无水形式存在，或者含有一个结晶水。当加热到74℃时，含有一个结晶水的柠檬酸失水形成无水结晶的形式。该化合物是一个弱酸，也是一种天然的防腐剂、抗氧化剂。柠檬酸是生物化学中柠檬酸循环的一个重要的中间体，几乎存在于所有生物的新陈代谢中。柠檬酸广泛存在于各类水果和蔬菜中，但主要存在于柠檬中，占干重的8%。柠檬酸已经在啤酒中检测到，浓度6~322g/L，在比尔森啤酒中，柠檬酸浓度173~211mg/L，在白酒中还未检测到。

琥珀酸，室温下是一种无色无嗅的晶体，是一个双质子酸。琥珀酸具有独特的咸和苦味且不寻常。琥珀酸能够和醇形成二乙酯。在中国白酒中，已经检测到大量的琥珀酸二乙酯。

苹果酸，又名2-羟基丁二酸、2-羟基琥珀酸，具有尖酸味。熔点128~130℃，密度1.609g/L。该化合物是三羧酸循环的一个中间体，来源于延胡索酸，也可以由丙酮酸形成。顾名思义，该化合物大量存在于苹果中，是青苹果尖酸味的重要化合物。葡萄中也含有大量的苹果酸，但利用成熟葡萄酿造的葡萄酒中苹果酸含量较少。

酒石酸，又名2,3-二羟基丁二酸、2,3-二羟基琥珀酸，熔点168~170℃，20℃时，在水中的溶解度是1330g/L。该化合物是一种无色结晶，天然存在于许多植物中，特别是葡萄和罗望子中，也是葡萄酒中主要的酸之一。酒石酸与苹果酸约占葡萄汁中可滴定酸的90%。酒石酸可以作为酸味剂添加到食品中，也可以用作抗氧化剂。酒石酸最早是从酒石酸钾中分离出来的。天然存在的酒石酸具有手性。1832年，化学家Jean Baptiste Biot首次发现了酒石酸的旋光性。酒石酸的重要盐类有酒石酸氢钾、罗谢尔盐（即酒石酸钾钠）。在葡萄酒中，酒石酸氢钾是一种微小的结晶，有时自发地形成于瓶塞，它是无害的，可以通过冷稳定来预防。酒石酸在葡萄酒生产中起着重要的作用，它可以降低葡萄汁的酸度，抑制腐败细菌的生长；在发酵结束后，起着防腐剂的作用。在饮用时，呈现怡人的酸味。在现代酿酒生产上，人们将葡萄悬挂在葡萄树上，直到变成葡萄干，用这种葡萄酿酒可以减少葡萄酒中酒石酸的含量，使得葡萄酒口味更加圆润。

（十一）不饱和脂肪酸

一般不饱和脂肪酸比它们相应的饱和脂肪酸具有更强烈的尖酸气味。巴豆酸，又名反-2-丁烯酸，具有非常强烈的奶酪香。2-甲基-2-戊烯酸，又称为草莓酸，是一种无色晶体，具有草莓的酸味，呈现水果香，该酸微溶于水，溶于乙醇等有机溶剂。9-癸烯酸，有脂肪臭和煮过的肉香，已经在苹果酒等水果酒中检测到。反-2-己烯酸，具有脂肪臭和霉腐臭，已经在葡萄酒中检测到。在中国白酒中，有两个著名的不饱和脂肪酸——油酸和亚油酸，均是不呈味的酸，这两个不饱和酸和棕榈酸是中国白酒冷浑浊的主要原因。

（十二）氨基酸

氨基酸是含有氨基和羧基的一类酸，由蛋白质分解而成，具有舒适的香和味，似高温大曲（麦曲）的香味。氨基酸的衍生物是构成白酒陈曲香、气、味的重要物质，使白酒绵柔醇厚，香味淡雅、舒适。在好酒中精氨酸多，丙氨酸少，在差酒中则相反。它们的单体香味多呈鲜味，也有呈苦味和咸味的。

习 题

1. 归纳总结白酒中所含的主要羧酸及其简单的理化性质。
2. 比较下列物质的酸性强弱：
   乙酸、苯酚、碳酸、水、乙烷、乙醇
3. 鉴别三种化合物水溶液：乙醇、乙醛、乙酸。
4. 完成下列合成：
   （1）$CH_2{=}CH_2 \longrightarrow CH_3CH_2COOH$
   （2）正丁醇合成正戊酸
5. 列举羧酸的制取方法。

项目十 酯及白酒中的酯

知识引入如下所示。
下列为酸和醇的酯化反应。

$$CH_3COOH + HOCH_3 \underset{\triangle}{\overset{浓\ H_2SO_4}{\rightleftharpoons}} CH_3COOCH_3 + H_2O$$
乙酸甲酯

$$2CH_3\overset{O}{\overset{\|}{C}}{-}OH + \begin{matrix} HO{-}CH_2 \\ | \\ HO{-}CH_2 \end{matrix} \underset{\triangle}{\overset{浓\ H_2SO_4}{\rightleftharpoons}} \begin{matrix} CH_2{-}O{-}\overset{O}{\overset{\|}{C}}{-}CH_3 \\ | \\ CH_2{-}O{-}\underset{O}{\underset{\|}{C}}{-}CH_3 \end{matrix} + 2H_2O$$
足量   二乙酸乙二酯

$$\begin{matrix} COOH \\ | \\ COOH \end{matrix} + 2CH_3CH_2OH \underset{\triangle}{\overset{浓\ H_2SO_4}{\rightleftharpoons}} \begin{matrix} COOC_2H_5 \\ | \\ COOC_2H_5 \end{matrix} + 2H_2O$$
乙二酸   乙二酸二乙酯

$$\begin{array}{c}
\overset{O}{\underset{\parallel}{C}}-OH \\
\underset{\parallel}{\underset{O}{C}}-OH
\end{array}
+
\begin{array}{c}
HO-CH_2 \\
HO-CH_2
\end{array}
\xrightarrow[\triangle]{\text{浓 }H_2SO_4}
\begin{array}{c}
O \\
\overset{\parallel}{C}=C \quad CH_2 \\
\underset{\parallel}{\underset{O}{C}}=C \quad CH_2
\end{array}
+2H_2O$$

环乙二酸乙二酯

一、酯的概念、命名和通式

1. 概念

羧酸分子中羧基上的羟基被其他原子或原子团取代得到的产物称为羧酸衍生物。

酯是一种羧酸衍生物，其分子由酰基 $\overset{O}{\underset{\parallel}{RC}}-$ 和烃氧基 RO—或酸跟醇起反应脱水后生成的一类化合物。

如，乙醇和硝酸反应：

$$CH_3CH_2OH+HONO_2 \longrightarrow CH_3CH_2ONO_2+H_2O$$

硝酸乙酯

2. 酯的命名——"某酸某酯"

$CH_3COOCH_2CH_3$	乙酸乙酯
$HCOOCH_2CH_3$	甲酸乙酯
$CH_3CH_2O-NO_2$	硝酸乙酯

3. 酯的通式

饱和一元羧酸和饱和一元醇生成的酯。

（1）一般通式　$RCOOR'$。

（2）组成通式　$C_nH_{2n}O_2$。

4. 同分异构

相同碳原子数的羧酸和酯互为同分异构，用 $C_nH_{2n}O_2$ 表示。$C_4H_8O_2$ 同分异构体如下所示。

$CH_3CH_2CH_2COOH$	丁酸（正丁酸）
$CH_3\underset{\underset{CH_3}{\vert}}{C}HCOOH$	异丁酸
$HCOOCH_2CH_2CH_3$	甲酸-1-丙酯（甲酸正丙酯）
$HCOO\underset{\underset{CH_3}{\vert}}{C}HCH_3$	甲酸-2-丙酯（甲酸异丙酯）
$CH_3COOC_2H_5$	乙酸乙酯
$CH_3CH_2COOCH_3$	丙酸甲酯

二、酯的物理性质

酯常为液体，低级酯具有芳香气味，存在于花、果中。例如，香蕉中含乙酸异戊酯，苹果中含戊酸乙酯，菠萝中含丁酸丁酯等。

酯的相对密度比水小，在水中的溶解度很小，溶于有机溶剂，也是优良的有机溶剂。

三、酯的化学性质

1. 酯的水解、醇解和氨解

（1）水解　酯的水解没有催化剂存在时反应很慢，一般是在酸或碱催化下进行。

$$R-\overset{O}{\overset{\|}{C}}-OR' + H_2O \xrightarrow{\begin{subarray}{c} H^+ \\ \overline{\quad\Delta\quad} \\ NaOH \\ \overline{\quad\Delta\quad} \end{subarray}} \begin{array}{l} R-\overset{O}{\overset{\|}{C}}-OH + R'OH \quad \text{酯化的逆反应} \\ R-\overset{O}{\overset{\|}{C}}-ONa + R'OH \quad \text{皂化反应} \end{array}$$

（2）醇解（酯交换反应）　酯的醇解比较困难，要在酸或碱催化下加热进行。

$$\underset{\text{酯}}{R-\overset{O}{\overset{\|}{C}}-OR'} + \underset{\text{醇}}{R''OH} \underset{\Delta}{\overset{H^+ \text{或} OH^-}{\rightleftharpoons}} \underset{\text{新的酯}}{R-\overset{O}{\overset{\|}{C}}-OR''} + \underset{\text{新的醇}}{R'OH}$$

因为酯的醇解生成另一种酯和醇，这种反应称为酯交换反应。此反应在有机合成中可用于从低级醇酯制取高级醇酯（反应后蒸出低级醇）。

（3）氨解

$$R-\overset{O}{\overset{\|}{C}}-OR' + NH_3 \longrightarrow R-\overset{O}{\overset{\|}{C}}-NH_2 + R'OH$$

酯能与羟氨反应生成羟肟酸。

$$RCOOC_2H_5 + NH_2OH \cdot HCl \longrightarrow \underset{\text{羟肟酸}}{RCONHOH} + C_2H_5OH$$

羟肟酸与三氯化铁作用生成红色含铁的络合物。这是鉴定酯的一种很好的方法。酰卤、酸酐也呈正性反应。

$$3RCONHOH + FeCl_3 \longrightarrow \left[\begin{array}{c} O \\ \| \\ R-C \\ | \\ N-O \\ | \\ H \end{array} \right]_3 Fe + 3HCl$$

羟肟酸　　　　　　　　　　　红色含铁络合物

2. 与格氏试剂反应

酯与格氏试剂反应生成酮，由于格氏试剂对酮的反应比酯还快，反应很难停留在酮的阶段，故产物是第三醇。

$$R-\overset{O}{\overset{\|}{C}}-OC_2H_5 \xrightarrow{R'MgX} R-\overset{O-MgX}{\underset{R'}{\overset{|}{\underset{|}{C}}}}-OC_2H_5 \longrightarrow \overset{R}{\underset{R'}{C}}=O \xrightarrow{R'MgX} \xrightarrow{H_2O} R-\overset{R'}{\underset{R'}{\overset{|}{\underset{|}{C}}}}-OH$$

具有位阻的酯可以停留在酮的阶段。例如，

$$(CH_3)_3CCOOCH_3 \xrightarrow{C_3H_7MgCl} (CH_3)_3C\overset{O}{\overset{\|}{C}}CH_3$$

3. 还原

酯比羧酸易还原，可用多种方法（催化氢化、$LiAlH_4$、$Na+C_2H_5OH$ 等还原剂）还原，还原产物为两分子醇。

酯在金属（一般为钠）和非质子溶剂中发生醇酮缩合，生成酮醇。

$$C_3H_7-\overset{O}{\overset{\|}{C}}-O-C_2H_5 \xrightarrow{Na} C_3H_7-\overset{O^-}{\overset{|}{\underset{|}{C}}}-OC_2H_5 \longrightarrow \begin{array}{c} C_3H_7-\overset{O^-}{\overset{|}{C}}-OC_2H_5 \\ | \\ C_3H_7-\underset{O^-}{\overset{|}{C}}-OC_2H_5 \end{array} \longrightarrow$$

$$\begin{array}{c} C_3H_7-C=O \\ | \\ C_3H_7-C=O \end{array} \xrightarrow{Na} \begin{array}{c} C_3H_7-C-O^- \\ \| \\ C_3H_7-C-O^- \end{array} \xrightarrow{H^+} \begin{array}{c} C_3H_7-C=O \\ | \\ C_3H_7-C-OH \\ | \\ H \end{array}$$

这是用二元酸酯合成大环化合物很好的方法。

$$(CH_2)_8 \overset{COOCH_3}{\underset{COOCH_3}{\big\langle}} \xrightarrow[\text{二甲苯}]{Na} \xrightarrow{HAc} (CH_2)_8 \overset{C=O}{\underset{C-OH}{\big\langle}}$$

4. 酯缩合反应

有 α-H 的酯在强碱（一般是用乙醇钠）的作用下与另一分子酯发生缩合反应，失去一分子醇，生成 β-羰基酯的反应称为酯缩合反应，又称为克莱森

（Claisen）缩合。例如，

$$CH_3COC_2H_5 + CH_3COC_2H_5 \xrightarrow{C_2H_5ONa} CH_3-\overset{O}{\overset{\|}{C}}-CH_2-\overset{O}{\overset{\|}{C}}-OC_2H_5 + C_2H_5OH$$

乙酰乙酸乙酯

$$2CH_3CH_2\overset{O}{\overset{\|}{C}}-OC_2H_5 \xrightarrow{C_2H_5ONa} CH_3CH_2\overset{O}{\overset{\|}{C}}-\underset{\underset{CH_3}{|}}{CH}-COOC_2H_5 + C_2H_5OH$$

两种不同的有 α-H 的酯的酯缩合反应产物复杂，无实用价值。

无 α-H 的酯与有 α-H 的酯的酯缩合反应产物纯净，有合成价值。例如，

$$H-\overset{O}{\overset{\|}{C}}-OC_2H_5 + CH_3CH_2COOC_2H_5 \xrightarrow{C_2H_5ONa} H-\overset{O}{\overset{\|}{C}}-\underset{\underset{CH_3}{|}}{CH}COOC_2H_5$$

$$C_6H_5CH_2COOC_2H_5 + \begin{matrix}\overset{O}{\overset{\|}{C}}-OC_2H_5 \\ \overset{\|}{\underset{O}{C}}-OC_2H_5\end{matrix} \xrightarrow{C_2H_5ONa} \begin{matrix}\overset{O}{\overset{\|}{C}}-\overset{C_6H_5}{\underset{}{CH}}COOC_2H_5 \\ \overset{\|}{\underset{O}{C}}-OC_2H_5\end{matrix}$$

酮可与酯进行缩合得到 β-羰基酮。

$$H_3C-\overset{O}{\overset{\|}{C}}-OC_2H_5 + H_3C-\overset{O}{\overset{\|}{C}}-CH_3 \xrightarrow{C_2H_5ONa} H_3C-\overset{O}{\overset{\|}{C}}-CH_2-\overset{O}{\overset{\|}{C}}-CH_3 + C_2H_5OH$$

5. 分子内酯缩合——狄克曼（Dieckmann）反应

己二酸和庚二酸酯在强碱的作用下发生分子内酯缩合，生成环酮衍生物的反应称为狄克曼（Dieckmann）反应。

例如，

缩合产物经酸性水解生成 β-羰基酸, β-羰基酸受热易脱羧, 最后产物是环酮。

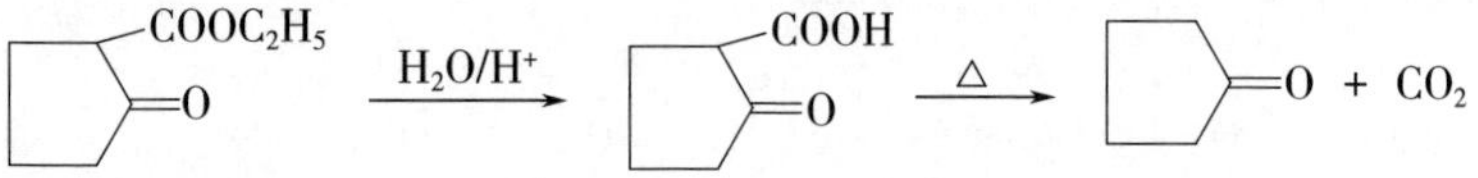

狄克曼 （Dieckmann） 反应是合成五元和六元碳环的重要方法。

四、白酒中主要的酯类

酯类化合物可能是饮料酒中最重要的风味化合物。TNO-CIVO（食品分析研究所）列出了啤酒中的 94 种酯类。在我国白酒中, 酯类的含量更高, 种类更多。所有的白酒中, 均含有较高浓度的乳酸乙酯, 含量达到了 g/L 级。而浓香型白酒的主体香是己酸乙酯。也有研究认为, 清香型白酒的主体香是乙酸乙酯和乳酸乙酯。因此, 酯类化合物在酒类风味中占有十分重要的地位。

1. 饱和酯类

乙酯类是一大类重要的酯类化合物, 主要包括从乙酸乙酯到长链的如月桂酸乙酯（十二酸乙酯）这一类的酯。这类酯主要呈现水果香和花香, 并随它们挥发性的下降, 香味强度也在下降。

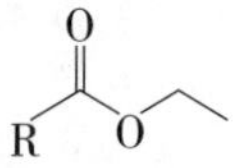

乙酯类

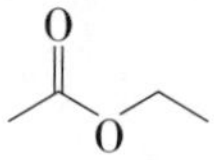

乙酸乙酯

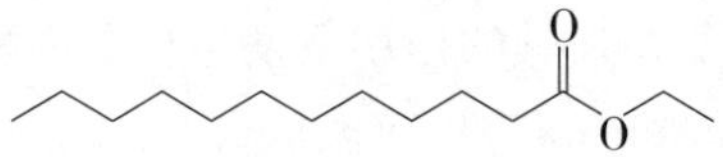

月桂酸乙酯

在酒类中, 最重要的、含量最高的是乙酯类化合物, 这类化合物大部分都呈现水果香、花香, 赋予酒怡人的香气, 如 2-甲基丙酸乙酯（异丁酸乙酯）、2-甲基丁酸乙酯、3-甲基丁酸乙酯（异戊酸乙酯）、乙酸乙酯、丁酸乙酯、己酸乙酯、辛酸乙酯、癸酸乙酯等。酯类大部分来源于发酵过程中醇与酸的酯化反应。蒸馏过程中, 也有部分酯产生, 而在贮存过程中, 主要是支链酯的酯化反应和高浓度直链酯的水解反应。在水果酒中, 一部分酯来源于水果原料。乙酯类化合物在中国白酒, 特别是浓香型白酒中含量很高。乙酸乙酯在葡萄酒中浓度为 22.5~63.5mg/L, 在啤酒中的浓度为 8~32mg/L, 在 10%（体积分数）酒精水溶液中的阈值是 7.5mg/L, 在啤酒中的阈值是 21~30mg/L。丁酸乙酯在葡萄酒中的浓度是 0.01~1.8mg/L，在 10%（体积分数）酒精水溶液中的阈值是 0.02mg/L。己酸乙酯在葡萄酒中的浓度是 0.03~3.4mg/L，在啤酒中的浓度为 0 05~0.3mg/L，在 10%（体积分数）酒精水溶液中的阈值是 0.05mg/L，在啤酒中的阈值是 0.17~0.21mg/L。辛酸乙酯在葡萄酒中的浓度是 0.05~3.8mg/L，在啤酒中的浓度 0.04~0.53mg/L，在 10%（体积分数）酒精水溶液中的阈值是 0.02mg/L，在啤酒中的阈值是 0.3~0.9mg/L。癸酸乙酯在葡萄酒中的浓度是 0~2.1mg/L，在合成葡萄酒中的阈值是 0.2mg/L。乙酸异戊酯在葡萄酒中含量为 0.1~3.4mg/L，在啤酒中的浓度为 0.3~3.8mg/L，在 10%（体积分数）酒精水溶液中的阈值是 0.03mg/L，在啤酒中的阈值是 0.6~1.2mg/L。乙酸异丁酯在葡萄酒中的浓度是 0.01~1.6mg/L，在啤酒中的阈值是 1.6mg/L。乙酸己酯在葡萄酒中的浓度为 0~4.8mg/L，在葡萄酒中的阈值是 0.7mg/L。2-甲基丁酸乙酯在水中的阈值是 0.1μg/L，在模型溶液（1.5g 柠檬酸和 10.5g 蔗糖溶解于 1L 自来水中）中的嗅觉与味觉阈值均为 0.25μg/L，在无嗅苹果汁中的嗅觉和味觉阈值均为 0.85μg/L，在无嗅橘子汁中的嗅觉与味觉阈值均为 0.30μg/L，在商业橘子汁中的嗅觉阈值是 3.0μg/L，味觉阈值为 4.0μg/L。浓香型大曲酒是以己酸乙酯为主要香气成分的酒，该类酒中己酸乙酯的含量通常在 1.5~2.5g/L，个别酒甚至达到 3.0g/L。丁酸乙酯在浓香型白酒中的含量一般是己酸乙酯的 1/10，即约 0.2g/L。过高的丁酸乙酯含量，会给酒带来不愉快的气味。2-甲基丁酸乙酯是一个手性的酯，其 S 型呈苹果香，具有更低的阈值，约 0.006μg/L。

在酒类中，一些二乙酯类化合物是重要的风味化合物。如在梨酒中，顺-2-反-4-癸二烯酸乙酯呈梨子的风味，该化合物主要存在于梨子中，其阈值为 300μg/L。在中国白酒中，存在大量的丁二酸二乙酯，即琥珀酸乙酯。该化合物呈现水果香、甜香、西瓜香。琥珀酸乙酯具有较高的阈值，在酒精水溶液中的阈值为 $(2~125)×10^4$μg/L，在啤酒中的阈值是 1200μg/L。

顺-2-反-4-癸二烯酸乙酯   丁二酸二乙酯

有两个乙酯类化合物，它们不呈现香气，但在酒类中十分重要。一个是 2-羟基丙酸乙酯，即乳酸乙酯，另一个是十六酸乙酯，即棕榈酸乙酯。乳酸乙酯有着较高的阈值，在中国白酒特别是浓香型白酒中的含量也很高。通常乳酸乙酯在浓香型白酒中的含量与己酸乙酯相当，即在 1.5~3.0g/L。在有些浓香型白酒中，乳酸乙酯以低于己酸乙酯为好，但有些正好相反。棕榈酸乙酯阈值大于 2000μg/L，但该化合物是引起低度白酒浑浊的重要化合物，即该化合物在高浓度酒精中是溶解的，当酒精度小于 40%（体积分数）时，浑浊析出。

2-羟基丙酸乙酯　　　　　　　　　十六酸乙酯

第二类重要的酯是乙酸酯类化合物，这类酯在香精香料工业中经常被作为溶剂使用，也呈现水果香气。异戊酯类包括乙酸-2-甲基丁酯和乙酸-3-甲基丁酯（乙酸异戊酯）。前一个酯有着类似桃子的香气，而后一个酯是典型的香蕉香。通常情况下，支链的酯比同碳数的直链酯具有更强烈的香气。在酒类产品中，除了以上两个乙酸酯类化合物外，重要的乙酸酯类化合物还有乙酸-2-甲基丙酯（乙酸异丁酯）、乙酸己酯等。这些酯类呈现水果香和花香，与乙酯类一样，它们赋予酒怡人的香气。常见酯类的基本性质见表 10-1。

乙酸酯类　　　　　　乙酸-2-甲基丁酯　　　　　乙酸-3-甲基丁酯

表 10-1　常见酯类基本性质

名称	FFMA 号	外观	香气	沸点 /℃	相对密度 (d_4^{20})	水或有机溶剂溶解情况	折射率 (n_4^{20})
甲酸乙酯	2434	无色液体	似菠萝香	53.5~54.5	0.717	微溶于水，溶于乙醇等有机溶剂	1.359~1.363
甲酸丁酯	2196	无色液体	草莓香	106~107	0.897~0.898	微溶于水，溶于乙醇等有机溶剂	1.389~1.390
甲酸异戊酯	2069	无色液体	似李子香	123~124	0.878~0.885	微溶于水，溶于乙醇等有机溶剂	1.396~1.400
甲酸乙酯	2570	无色液体	似苹果香	176~177	0.878~0.879	溶于水，溶于乙醇等有机溶剂	1.407~1.408
乙酸甲酯	2676	无色液体	水果香	56	0.941~0.946	溶于水，溶于乙醇等有机溶剂	1.361~1.363
乙酸乙酯	2414	无色液体	果香、酒香	75~76	0.900~0.904	溶于水（10%，质量分数），溶于乙醇等有机溶剂	1.372~1.370

续表

名称	FFMA 号	外观	香气	沸点 /℃	相对密度 (d_4^{20})	水或有机溶剂溶解情况	折射率 (n_4^{20})
乙酸异丙酯	2926	无色液体	似苹果香	88~89	1.869~1.872	微溶于水，溶于乙醇等有机溶剂	1.377~1.378
乙酸异丁酯	2175	无色液体	水果香、花香	116~117	0.862~0.871	微溶于水，溶于乙醇等有机溶剂	1.389~1.392
乙酸异戊酯	2055	无色液体	香蕉香	142~143	0.867	几乎不溶于水，溶于乙醇等有机溶剂	1.400~1.404
乙酸己酯	2565	无色液体	似生梨气味	169~171	0.868~0.872	不溶于水，溶于乙醇等有机溶剂	1.409~1.411
丙酸乙酯	2458	无色液体	果香、朗姆酒香	99	0.886~0.889	微溶于水，溶于乙醇等有机溶剂	1.383~1.385
丁酸甲酯	2693	无色液体	似苹果和菠萝香	102~103	0.898~0.899	微溶于水，溶于乙醇等有机溶剂	1.387~1.390
丁酸己酯	2427	无色液体	有菠萝和玫瑰香气	121~122	0.870~0.877	微溶于水，溶于乙醇等有机溶剂	1.391~1.394
丁酸丁酯	2186	无色油状液体	似梨子和菠萝香气	163~165	0.867~0.871	微溶于水，溶于乙醇等有机溶剂	1.405~1.407
丁酸戊酯	2059	无色油状液体	甜脂香气	185~186	0.859~0.864	不溶于水，溶于乙醇等有机溶剂	1.409~1.414
丁酸己酯	2568	无色液体	果香和酒香	208	0.855~0.857	不溶于水，溶于乙醇等有机溶剂	—
异丁酸乙酯	2936	无色液体	似苹果香	112~113	0.862~0.868	微溶于水，溶于乙醇等有机溶剂	1.385~1.391
异丁酸丁酯	2188	无色液体	似菠萝香	155~156	0.859~0.864	不溶于水，溶于乙醇等有机溶剂	1.401~1.404
戊酸乙酯	2462	无色液体	似苹果香	144~145	0.874~0.876	微溶于水，溶于乙醇等有机溶剂	1.398~1.400
异戊酸、异戊酯	2065	无色至浅黄色液体	熟苹果香	192~193	0.852~0.855	不溶于水，溶于乙醇等有机溶剂	1.411~1.415
己酸甲酯	2708	无色液体	似苹果香	151~152	0.884~0.886	不溶于水，溶于乙醇等有机溶剂	1.404~1.406

续表

名称	FFMA 号	外观	香气	沸点 /℃	相对密度 (d_4^{20})	水或有机溶剂溶解情况	折射率 (n_4^{20})
己酸乙酯	2439	无色液体	似菠萝、香蕉香	166~168	0.867~0.871	不溶于水，溶于乙醇等有机溶剂	1.406~1.409
庚酸乙酯	2437	无色至浅黄色液体	水果香	192	0.872~0.875	不溶于水，溶于乙醇等有机溶剂	1.411~1.415
辛酸乙酯	2449	无色液体	似菠萝香	207~209	0.865~0.869	不溶于水，溶于乙醇等有机溶剂	1.417~1.419
壬酸乙酯	2447	无色液体	似玫瑰香	222~227	0.864~0.867	不溶于水，溶于乙醇等有机溶剂	1.421~1.423
癸酸乙酯	2726	无色液体	似葡萄香	241~243	0.863~0.868	不溶于水，溶于乙醇等有机溶剂	1.424~1.427
乳酸乙酯	2440	无色液体	水果香	154	1.030~1.031	几乎不溶于水，溶于乙醇等有机溶剂	1.142~1.143

注：＊FEMA 为美国香料和香精制造者协会（Flavor & Extract Manufacturer Association）。

2. 不饱和酯类

不饱和的酯比相应的饱和酯有更强烈的香气。反-2-丁烯酸乙酯，又称巴豆酸乙酯，有强烈的似朗姆酒的气味。反-2-壬烯酸甲酯有着强烈的清香和花香。多不饱和酯——癸-反，顺-2，4-二烯酸乙酯具有清香、苹果香、水果香、梨香、热带水果香和威廉姆梨子或巴梨的香气，也被称为梨酯，是梨子的特征风味物质。

反-2-丁烯酸乙酯　　　　　　　　　　　反-2-壬烯酸甲酯

癸-反，顺-2，4-二烯酸乙酯

己酸乙酯：代表为浓香型白酒。

乙酸乙酯：代表为清香型白酒。

乳酸乙酯：清香型白酒中最高。

丁酸乙酯：在各香型中的含量比上述三种酒中都少。

习　题

1. 有机物 A 的分子式为 $C_3H_6O_2$，将它与 NaOH 共热蒸馏，得到含 B 的蒸馏物。将 B 与浓硫酸混合共热，控制温度，可以得到一种能使溴水褪色并可作为果实催熟剂的无色气体 C。B 在有 Cu 做催化剂时加热氧化成 D，D 与新制氢氧化铜悬浊液加热煮沸，有红色沉淀和 E 生成。写出 A、B、C、D、E 的分子式。

2. 化合物 A、B 的分子式都是 $C_4H_6O_2$，都有令人愉快的香味，不溶于碳酸钠和氢氧化钠的水溶液，可使溴水褪色，和氢氧化钠水溶液共热则发生反应，A 的产物为乙酸钠和乙醛，B 的产物为甲醇和一个羧酸的钠盐，将后者用酸中和后，蒸馏所得的有机物仍可使溴水褪色。试推测 A、B 的构造式。

项目十一　高级醇

一、概述

醇类是酒中含量较高的一类化合物。最常见的、简单的醇类是乙醇，该化合物是酒类的主要成分，但体积分数低于 50% 的酒主要成分是水。如中国白酒的乙醇含量在 28%~70%，葡萄酒的乙醇含量在 10%~20%。总体来讲，发酵酒的乙醇含量较低，而蒸馏酒的乙醇含量较高。正常情况下，人们并不把乙醇看作是呈香化合物，更多是将它作为呈味化合物看待。

甲醇为无色液体，易燃，微量存在于酒类中，但该醇是毒性较强的化合物。甲醇蒸气与眼睛接触可引起失明，饮用亦可致盲。酒中的甲醇主要来源于原料中果胶的降解。

酒精发酵，除生成乙醇外，还有甲醇和丙醇及以上的高级醇类，大多是氨基酸或者糖类降解的产物。通常包括异戊醇、异丁醇、正丙醇（浓香型白酒还包含有较多量的正丁醇，少量的己醇等）、异丙醇、叔丁醇、正戊醇、仲戊醇（即 2-戊醇）、叔戊醇、正己醇、异己醇、庚醇、正辛醇、仲辛醇、异辛醇、丁二醇、2,3-丁-二醇、丙三醇（甘油）、甘露醇（即己六醇）、赤藓醇、阿拉伯醇、环己六醇、十一醇、十二醇（月桂醇）、肉桂醇、糠醇、壬醇、癸醇、苯己醇等。酒类中重要的醇是异戊醇（也称 3-甲基丁醇），该醇是杂醇油或高级醇的主要成分。杂醇油的主要成分是 2-甲基丁醇和 3-甲基丁醇，占杂醇油总量的 40%~70%，用蒸馏的方式不能分开这两个化合物。2-甲基丁醇和 3-甲基丁醇主要呈奶酪香和腐败臭。2-甲基丁醇也称活性戊醇，呈醇香、香蕉、药和溶剂气味，在啤酒中的阈值是 65mg/L。3-甲基丁醇在 10%（体积分数）酒精水溶液中的阈值是 30mg/L，在啤酒中的阈值是 70mg/L。该醇是意大利格拉巴白兰地（Grappa，一种用酒渣酿制的白兰地）的主要香气成分。该醇在葡萄酒中的含量为 6~490mg/L。不饱和脂肪醇中的3-甲基-2-丁烯-1-醇有中草药、水果香和清香，这个醇已在白酒中发现。在不饱和醇中，有一个醇比较特别，即烯丙醇，是易溶于水的无色液体，闪点 21℃。在低浓度时，具有乙酸的香气，而高浓度时，具有芥子样的催泪性气味。烯丙醇是一个有毒的、催泪的化合物，在使用时应该非常小心。该化合物曾经在中国白酒中检测到，推测是大曲或酒醅发酵过程中感染了细菌所造成的。

3-甲基-2-丁烯-1-醇　　　　　　　　烯丙醇

　　通常所说的高级醇是异丁醇和异戊醇，在水溶液中呈油状物，所以又称为杂醇油。黄酒中高级醇以异戊醇和异丁醇为主，其次是苯乙醇、正丙醇。

　　蒸馏酒中高级醇的含量和发酵状态密切相关，在液态发酵、半液态发酵及四种小曲白酒中的含量均大于固态发酵法，往往在香气成分中的含量占绝对首位，见表 11-1。例如美国威士忌中高级醇 111mg/100mL、总酯 167mg/100mL 和总酸 59mg/L。

表 11-1　几种酒的高级醇的含量

产品名称	高级醇含量/（mg/100mL）
朗姆酒	65~240
白兰地	100~200
威士忌	50~150
日本烧酒（乙类）	30~170
中国固态发酵法白酒（小曲酒除外）	50~180
中国半液态发酵法白酒（小曲酒除外）	160~250
中国固态发酵法小曲白酒	250 以上
中国液态发酵法小曲白酒	250 以上

　　高级醇在国外蒸馏酒香气成分中占有很重要的地位。因此，国外酒的研究发现高级醇成分间的比例可以区别酒的类别。如异戊醇（包括活性戊醇）与

异丁醇含量比即 A/B 比值有特征性差异。一般地讲，威士忌为 1~2，日本烧酒为 2~4，白兰地为 3~6。同时，酒的产地不同，其 A/B 比值也不相同，见表 11-2。

表 11-2 不同产地威士忌 A/B 值对比

产品名称	A/B 值	产品名称	A/B 值
苏格兰产威士忌	1.2	加拿大产威士忌	3.7
爱尔兰产威士忌	1.6	日本产威士忌	2.5
美国产威士忌	3.7		

苏格兰、爱尔兰和日本的制酒方法相似，美国与加拿大的制酒方法相似，它们在感官上也分属同一系统。日本烧酒中正丙醇、异丁醇、异戊醇 3 者含量比大体上为 1：2：3。目前认为对于烧酒的香型，比三者绝对含量更为重要的是异戊醇/正丙醇、异戊醇/异丁醇及异丁醇/正丙醇的比例问题，即 A/P、A/B、B/P。

二、高级醇的优缺点

1. 缺点

杂醇油是一类高沸点的混合物，呈淡黄色至棕褐色的透明液体，具有特殊的强烈的刺激性臭气味，白酒中如果杂醇油含量过高（超过国家规定的卫生标准），对人体有毒害作用，它对人体的中毒和麻醉作用比乙醇强，使人感觉头痛。其毒性随分子质量增大而加剧。杂醇油在人体内的氧化速度比乙醇慢，在人体内停留时间长。杂醇油含量过高，不仅对人体有害，而且还给酒的风味带来邪杂味。杂醇油是中国白酒苦味或涩味的主要来源之一。一般认为正丁醇苦小，正丙醇苦较重（我们感觉正丙醇苦小），异丁醇苦极重，异戊醇微带甜苦和涩味，酪醇苦味重而持久（白酒中含量为二万分之一时，尝评就会有苦味产生）。杂醇油也是造成我国白酒（当白酒中杂醇油含量较多或降低白酒酒精度时）出现白色浑浊的原因之一。多数杂醇油似酒精气味。由于杂醇油有以上这些害处，所以杂醇油在白酒中的含量不能过高。

2. 优点

杂醇油在白酒中绝不是单纯的有害成分，只有杂醇油含量超量时（以现行国家标准为限），才会对人体和酒的风味带来伤害。杂醇油是白酒中的重要组成成分之一，其种类多，总量也较大，如果白酒中根本没有或十分缺少杂醇油的话，酒味将变得十分单调淡薄。各种高级醇都有各自的香气和口味，是构成我国白酒的主要香味成分之一，是醇甜（更高的境界是绵甜）和助香剂的主要物质来源，杂醇油是酯类物质和酸类物质的桥梁（酸、醇酯化反应生成酯）。

经实验证明在纯酒精溶液中加入少量的高级醇，可产生一定的清香味，说明高级醇的含量必须适当，名白酒中一般在 40~100mg/L。酸、醇、酯的配比应恰到好处，液态发酵白酒的醇酯比高，即醇高、酸低、酯低，杂醇油的气味就显露出来，让人感到不舒适。相反，一些名优白酒，例如"三花酒"（米香型）高级醇含量较高，但各种香味成分配比协调，仍有令人愉悦的快感，通常质量较高的白酒醇酯比应小于1，浓香型白酒在 1：6，通常酒的高级醇：酯：酸=1.5：2：1 较为适宜，此外，酒中异丁醇和异戊醇的比例适宜在 1：（2~2.5），酒体异味也明显减少。酱香型白酒含醇量较高，种类较多，正丙醇比其他类型酒多。浓香型白酒中的正丁醇、仲丁醇含量不多，本身气味较淡，在浓香型白酒中能协调酒味，它们与乙醇和丁酸乙酯含量，常成为观察己酸发酵及其酯化的特性。清香型白酒中主要是异戊醇和异丁醇、米香型白酒和豉香（玉冰烧）型白酒除含有较多的杂醇油外，还含有较多的 β-苯乙醇，呈蜜香玫瑰味，是米香型白酒的重要风味特征。茅台酒中 β-苯乙醇含量比泸州特曲高，比汾酒高三倍，在某些威士忌酒中 β-苯乙醇的含量亦很高。多元醇在白酒中呈甜味，白酒中可能有 2，3-丁二醇、丙三醇、环己六醇、阿拉伯糖醇、甘露醇等，其中甘露醇（己六醇）甜味最大，丙三醇有缓冲柔和香气的作用，酒中其他的丁四醇、戊五醇、己六醇、2，3-丁二醇都可起缓冲作用，给白酒增加绵甜、回味和醇厚感。

在白酒中的各种香味成分，既有各自的香味特征，又存在着相互复合、平衡和缓冲的作用。许多不同含量的单个香味成分物质，可以组成谐调、丰满、舒适的酒体，说明它们之间在香和味的关系方面是非常复杂和微妙的。白酒是一个复杂的体系，如何认识、探知、掌握和应用这一复杂体系内存在的基本规律，是我国酿酒界长期和基本的任务之一，深入认识这样一个复杂体系内存在的联系和规律，对推动白酒工业的技术进步和向高层次或更高层次的发展有着十分重要的实际意义和理论意义。在白酒中各种成分的分离、结构鉴定和含量分析即使日臻完善的情况下，要把这众多成分之间的相互作用、相互影响及其对酒的香和味的贡献弄清楚，是一个极端艰难的研究项目，甚至不可能办到，越是企图用某种精确的说法来证明某一个或几个成分的作用机制和对酒质量与风格的具体影响，这种说法就越不准确、越不具体，与实际状况的偏离度就越大，当你精确证明了某一具体物质对酒质量和风格的影响的同时，就把其他成分及某一具体物质所处的复杂环境因素放到了最不精确、最不具体、最偏离实际的状态之中。反之，当确切地说清楚了环境因素时，那么具体物质在其中所引起的作用又被放到了不确切的位置上。白酒中的各种香味成分是构成白酒典型性的物质基础，这些成分的含量达到一定数量或者它们行为的综合反映，并有相当强度时将有可能使酒产生典型风格，原因在于这些物质的集合及其综合行为受一个具体环境的影响和制约，在一种环境条件下可能表现出来，而在另一种环境条件下表现不出来。所以，我们在认知白酒这一复杂体系时，不能有失偏颇。

三、杂醇油的回收

杂醇油是发酵法生产酒精的副产物，有很多人认为杂醇油是中国白酒芳香成分之一，是不同酒种的差异因素之一。但应该注意到，杂醇油含量过高，对人体有较大的毒害作用，可以使人神经系统充血，产生头痛，其对人体的麻醉力比乙醇强，在人体内氧化速度比乙醇慢，在体内停留时间也比较长。且杂醇油含量过高会使酒味不正，是酒苦味的主要来源之一，因此在生产中需将其回收。

1. 酒精生产过程中的杂醇油

杂醇油是以淀粉或糖蜜为原料生产酒精的副产物之一，是发酵原料中蛋白质分解及菌体蛋白二次水解的产物，是含有多种醇类混合液的统称。杂醇油的生成量与发酵原料和工艺相关，一般生成量约占酒精产量的 0.2%~0.7%。杂醇油是一种淡黄色油状液体，有特殊臭味和毒性。它的主要成分是异戊醇、异丁醇、正丙醇、乙醇、水及少量沸点大于135℃的醛、醇、酯、酸、不饱和萜烯类化合物等，多至 22 种复杂成分，另外，还含有 10%~20% 的光学戊醇、吡啶、生物碱等。

2. 杂醇油的综合利用

以杂醇油为原料可以深加工开发出数十种附加值高的精细化工产品，这些产品在塑料、涂料、饲料、化工、食品、医药等行业中都有着广泛的应用和良好的发展前景。

（1）杂醇油的脱水与除杂

①杂醇油脱水：由于杂醇油中多含低碳醇类，它们均可与水形成共沸物而导致杂醇油一般含有 12%~30% 的水分，而水分又是影响提取物纯度的重要因素。作为原料，一般要求杂醇油的含水量在 15% 以下，异戊醇含量在 45% 以上，因此，杂醇油在使用之前均应进行脱水处理。

常用的脱水方法有：a. 恒沸脱水法。利用 $C_2~C_5$ 醇与水形成恒沸物这一特性，可以将杂醇油中少量水带出，得到较纯的异戊醇、乙醇产品，而异丁醇–异丙醇恒沸物中含水较多，再加入共沸剂二次恒沸将水脱除。b. 生石灰脱水法。按杂醇油：生石灰质量比=10∶7加入脱水罐中，充分搅拌，用滤布过滤，也可以达到较好的脱水效果。c. 盐析脱水法。水分子与醇之间容易形成氢键，在其中加入强电解质，依靠离子的电场力与水形成水化离子，破坏水醇间的氢键，相对降低水在醇中的溶解度，脱去杂醇油中的部分水。处理方法是：在杂醇油中加入 20% ~ 30% 的 80℃ 饱和食盐水，搅拌 0.5 ~ 2h，静置 5 ~ 6h 分层，吸取上层杂醇油即可，下层食盐水可循环使用。该法与恒沸脱水相比大大降低了脱水成本。d. 吸附脱水技术。具有均匀微孔的吸附剂，根据有效孔径，可用来筛分大小不同的流体分子。在处理相对湿度低的压缩气体或处理干燥不完全的气体时，分子筛的吸附率远高于其他的吸附剂。

这 4 种脱水方法综合考虑脱水效果、收率、成本以及物料处理量等因素，以饱和食盐水盐析脱水法最为经济适用。

②杂醇油除杂精制：粗杂醇油中所含的非醇杂质醛和不饱和萜烯化合物易被氧化剂破坏，选用碱性高锰酸钾，既可使醛氧化成酸溶于碱而除去，又可氧化萜烯的不饱和双键。对于吡啶等有机碱，用硫酸处理，几乎可将有机碱全部除净，残酸用氧化钙中和。例如用 5% 纯碱液洗涤，接着用饱和高锰酸钾水溶液氧化处理，直至紫色不褪色为止，强烈搅拌 60min，静置 8h 后，除去沉淀物和废碱水溶液，再用 1% 硫酸处理有机碱，用氧化钙中和残酸，分离沉淀和水溶液。经过化学除杂精制，异丁醇、异戊醇含量略有增高。精馏后收率、质量、色泽、气味都得到了改善。另外，也可用廉价的氧化钙作精制剂。精制后的杂醇油酸值普遍降低，色泽变为无色透明。这对下游产品质量改善非常有利，因此化学精制工序是十分必要的一环。

（2）异戊醇的提取及深加工

①异戊醇的提取：异戊醇（3-甲基-1-丁醇）作为食用香精，主要用于配制苹果、香蕉型等香精，在有机合成、医药、选矿等行业中也有应用。用异戊醇还可合成乙酸戊酯、丁酸异戊酯、植酸异戊酯、亚硝酸异戊醇、诺氟沙星原药等产品，这些产品都有广阔的应用领域。目前，国内异戊醇的年生产能力仅 30kt 左右，而年需求量约为 200kt，供需缺口较大，是一种值得大力发展的杂醇油深加工产品。

它可以通过普通精馏法将低级醇类与水以共沸物的形式馏出，得到含量在 98% 以上的异戊醇，收率可达 75% 以上。其工艺条件为：釜温 135 ~ 150℃；塔顶温度 85 ~ 90℃；塔温 128.5 ~ 132℃；回流比 2.5。由精馏法分离得到的异戊醇可作为成品出售，也可作为原料进一步深加工生产其他精细化工产品。

②从异戊醇中分离光学戊醇：糖蜜酒精蒸馏提取的杂醇油中光学戊醇含量在 10% 以上，淀粉酒精蒸馏提取的杂醇油含光学戊醇 7% 左右。光学戊醇与异戊醇是同分异构体，用普通精馏从杂醇油中提取二者的混合物达到 95% 是比较容易的，但光学戊醇的浓度最多为 20% ~ 30%，其余是非光学异戊醇。要将它们分别提高至 95% 以上是相当困难的，因为二者的沸点差只有 2.8℃。目前

光学戊醇产品在国内属空白，从国外进口纯度为 95% 的光学戊醇每千克在 1000 元以上，99% 的光学戊醇在 3000 元以上，属于高附加值的精细化工产品。

目前国内外分离光学戊醇和异戊醇的方法有以下几种。

普通精馏：此方法相对容易实现，但所需精馏塔很高，需理论塔板约 100 块，而收率很低，仅为 10.8%，精馏时间也很长，一个周期需要 8.5d。

萃取精馏：德国用 2，3-二氯丙醇和 2，3-二溴丙醇溶剂进行萃取精馏，有一定效果，但萃取剂价格贵，有毒性，且不耐高温。

气相色谱柱分离法：该方法分离效果好，但此法不易工业化，处理量少，收率低。

化学分离法：将光学戊醇和异戊醇制成酸式硫酸酯的钡盐，利用其钡盐的溶解度的不同将它们分离。

特殊精密精馏：此为清华大学在原有普通精馏的基础上进行改进而建立起来的一种分离方法。他们研究回流比、气化量、塔顶温度和料液浓度对分离的影响，试验结论得出最佳回流比为 20，最佳加热温度为 170～180℃，低浓度时选用 100/20 的回流比，高浓度时使用变回流比，全回流分批精馏操作。与普通精馏相比，收率由 10.8% 提高为 30%，产品纯度高达 97.9%。四川大学和四川米易糖厂也开展了这方面的研究工作，取得了较好的分离效果，并已经申请国家专利保护。

③乙酸异戊酯的制备：乙酸异戊酯是重要的有机化工原料，它是无色具香蕉味的液体，沸点为 142℃，可广泛用作食用香料、涂料与人造纤维、塑料和人造革的溶剂以及有机合成的溶剂。乙酸异戊酯的制备可采用 H_2SO_4 或杂多酸作催化剂，将异戊醇与醋酸进行酯化反应而得。乙酸异戊醇产品收率均可达 90% 以上。比较两种催化剂反应工艺，又以杂多酸作催化剂的方法较好，它具有反应时间短、催化剂用量少和对设备腐蚀小的优点，是目前使用较多的方法。以杂多酸作催化剂生产乙酸异戊酯的工艺条件为：原料配比为 1：1.2；杂多酸催化剂用量为 0.5%；反应温度 140℃；反应时间 2h。

④乳酸异戊酯的制备：乳酸异戊酯是生产重要的医学工程材料——聚丙交酯的原料。聚丙交酯是一种可完全降解的塑料，它极有可能成为 21 世纪大规模生产和使用的塑料合成材料。

在带分水器的分馏柱中填入催化剂，连接到反应釜上。将乳酸加入反应釜，控制反应温度并滴加异戊醇，回流至分水器中水层量恒定为止。然后改用减压精馏方式精馏并收集产品，可得到含量大于 99%、产率大于 80% 的乳酸异戊酯产品。其工艺条件为：物料配比是乳酸：异戊醇 = 1.5：2（摩尔比）；反应温度 80～100℃；真空度为 0.09MPa；催化剂是 $FeCl_3 \cdot 6H_2O$，催化剂用量为 0.015mol。

⑤ 异戊醛及异戊酸的制备：异戊醛是合成香料、食品工业、制药工业以及制造异戊酸的重要原料，而异戊酸也是制药及香料工业的重要原料。它们均可通过在液相中用 H_2SO_4、重铬酸、二氧化锰及催化氧化的方法对异戊醇进行氧化而得。其中有些氧化方法已经实现了规模化生产。

（3）低碳醇类的提取及深加工　杂醇油提取异戊醇后副产物是乙醇、丙醇、丁醇等低级混合醇类，它们占杂醇油总量的 1/5～1/3，由于恒沸的原因很难再以精馏的方法加以分离。它们可以直接用作油漆的溶剂和稀释剂及制造燃料油，但使用价值较低。也可以分别采用如下方法深加工利用。

①醋酸混合酯的制备：醋酸混合酯是涂料工业中重要的溶剂和稀释剂，其价值是混合醇类的 2 倍以上。它可通过将杂醇油精馏提取异戊醇副产物的前馏分与醋酸反应而制得。其工艺流程如下所示。

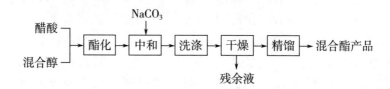

将混合醇与冰醋酸按（1.2～1.4）：1（质量分数）配料，再加入占总质量 1%～3% 的浓 H_2SO_4 作催化剂进行全回流反应。反应时产生的水由分水器不断排除，酯与醇回流到反应釜中。控制釜温 100～130℃，塔温 110～120℃，直至馏出液无水为止。冷却至 45℃，加入 10% 的 Na_2CO_3 溶液中和至中性，静置分层，除去下层水相；以纯水洗涤两次，除去水相。加入占醇量 5% 的无水氧化钙干燥溶液，过滤，加热精馏，可得到含量大于 97% 的醋酸混合酯。

②系列乙酸酯的制备：若将醋酸混合粗酯溶液在精馏时于不同的温度段进行切割收集，可得到含量大于 97% 的乙酸乙酯、乙酸丙酯及乙酸丁酯。它们分别可用作涂料、人造革、塑料的溶剂以及配制果香香料等。

综上所述，杂醇油是一种优质的精细化工原料，对它进行深加工利用，不仅可以消除其对环境的污染，而且可以变废为宝，获得高附加值的精细化工产品，最大程度地提高资源的利用率。

习　题

试归纳白酒中所含高级醇及其性质，以及对白酒酒质的影响。

实训七　乙酸乙酯的制备

【教学目标】

1. 学习乙酸乙酯的制备，了解酯化反应的原理。

2. 掌握蒸馏、液态有机物的洗涤和干燥等基本操作。

【教学时数】

4 课时。

【教学实践条件】

普化室。

【教师任课条件】

熟悉酿酒化学课程，具有一定的教学经验，具有讲师以上职称。

【项目经费】

根据班级人数而定。

【教学内容】

1. 实验原理

乙酸乙酯是由乙酸和乙醇在少量浓硫酸催化下制得的。

主反应：

$$CH_3-\overset{O}{\underset{OH}{C}} + CH_3CH_2OH \underset{120\sim125℃}{\overset{浓\ H_2SO_4}{\rightleftharpoons}} CH_3-\overset{O}{\underset{OC_2H_5}{C}} + H_2O$$

副反应：

$$2CH_3CH_2OH \underset{140\sim150℃}{\overset{浓\ H_2SO_4}{\longrightarrow}} CH_3CH_2OCH_2CH_3 + H_2O$$

2. 实验仪器及材料

仪器：圆底烧瓶、蒸馏头、冷凝管、温度计、量筒、酒精灯、石棉网、玻棒、乳胶管、沸石、铁架台 、烧杯。

材料：冰醋酸、95%乙醇、浓硫酸、碳酸钠、氯化钠、氯化钙、无水碳酸钾。

3. 实验步骤

（1）乙酸乙酯的粗制　在三口烧瓶中放入95%乙醇12mL，在振摇下慢慢加入浓硫酸12mL，使其混合均匀，并加几粒沸石，按图11-1的装置装配仪器。注意，温度计的水银球必须浸到液面下，但不能触及瓶底，离瓶底0.5~1cm。

在滴液漏斗中加入 12mL 95%乙醇和 12mL 冰醋酸，混合均匀。用酒精灯加热烧瓶，当反应液温度升到 110℃ 左右时，开始滴入乙醇和冰醋酸的混合液，控制滴入速度和馏出速度大致相等。加料约需 1h，并维持反应液温度在

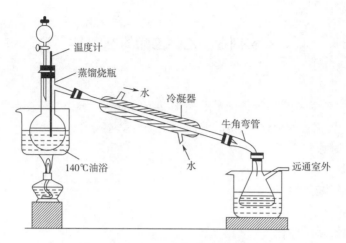

图 11-1 制备乙酸乙酯的装置

125℃左右，滴加完毕后，继续加热数分钟，直到温度升高到 130℃ 时不再有液体馏出为止。

（2）乙酸乙酯的精制 将 10mL 饱和碳酸钠溶液分几次缓慢地加入馏出液中，并不断地摇动烧瓶（为什么?），直到无二氧化碳气体逸出为止。然后将混合液倒入分液漏斗中，静置，放出下层水。用石蕊试纸检验酯层。如酯层仍显酸性，再用少量饱和碳酸钠溶液洗涤，直到酯层不显酸性为止。在分液漏斗中用等体积的饱和食盐水洗涤（提问：为什么?），放出下层废液。再用等体积的饱和氯化钙溶液洗涤两次，放出下层废液。从分液漏斗上口将乙酸乙酯倒入干燥的小锥形瓶内，加入无水碳酸钾干燥，并放置 30min。在此期间要间歇振荡锥形瓶。

通过普通玻璃漏斗（漏斗中折放滤纸）把干燥的粗乙酸乙酯滤入 60mL 蒸馏烧瓶中。加入沸石，水浴上加热蒸馏，收集了 74~80℃ 的馏分。

产量：14.5~16.5g。

纯乙酸乙酯是具有果香的无色液体，沸点 77.2℃，相对密度 0.901。

4. 注意事项

（1）乙酸乙酯与水形成沸点为 70.4℃ 的二元恒沸混合物（含水 8.1%，体积分数）；乙酸乙酯、乙醇与水形成沸点为 70.2℃ 的三元恒沸混合物（含乙醇 8.4%，水 9%，体积分数）。如果在蒸馏前不把乙酸乙酯中的乙醇和水除尽，就会有较多的前馏分。

（2）滴加速度太快，反应温度迅速下降，同时会使乙醇和乙酸来不及作用而被蒸出，影响产量。

（3）温度太高，副产物乙醚的含量增加。

（4）经过洗涤的产品中含有碳酸钠，必须分净，否则下一步用饱和氯化钙溶液洗涤时，产生絮状碳酸钙沉淀，造成分离困难。

【课外作业】

（1）酯化反应过程中，硫酸起什么作用？

（2）蒸出的粗乙酸乙酯中主要有哪些杂质？

（3）能否用浓的氢氧化钠溶液代替饱和碳酸钠溶液来洗涤蒸馏液？

（4）用氯化钙溶液洗涤，能除去什么？为什么先要用饱和食盐水洗涤？是否可以用水来代替？

【实践教学项目考核】

考核项目见表 11-3。

表 11-3　考核项目及考核标准

序号	考核项目	满分	考核标准	考核情况	得分
1	基础知识	8	掌握各种仪器的识别，5 分；掌握仪器和玻璃器皿的清洗方法，3 分		
2	沸点的测定	18	掌握 b 形管的使用方法，5 分；掌握毛细管的使用，5 分；掌握沸点的测定方法，3 分；掌握样品的填充，5 分		
3	医用氯化钠的制备	5	掌握医用氯化钠的制备方法，5 分		
4	重结晶提纯法	15	掌握重结晶的操作流程，4 分；掌握重结晶溶剂的选择，1 分；掌握脱色的方法，2 分；掌握抽滤机的使用方法，4 分；掌握滤纸的折叠方法，2 分；掌握结晶的析出方法，2 分		
5	蒸馏及分馏技术	20	掌握蒸馏的原理，3 分；掌握蒸馏装置的选择，3 分；掌握蒸馏装置的安装和拆卸，8 分；掌握蒸馏装置的清洗，1 分；掌握低沸物、高沸物和馏出液的概念，3 分；掌握冷凝管的使用，2 分		
6	萃取技术	12	掌握萃取的原理，2 分；掌握液体萃取分液漏斗的使用方法，5 分；掌握固体萃取的方法，3 分；掌握溶解度的概念，2 分		
7	无水乙醇的制备	7	掌握无水乙醇的制备方法，4 分；掌握温度的控制，3 分		
8	乙酸乙酯的制备	15	掌握乙酸乙酯制备的原理，3 分；掌握乙酸乙酯的制备的方法，8 分；掌握酯化反应的特点，4 分		
	总分	100	考核成绩		

模块四　白酒中的有毒有害物质

在白酒酿造原料和白酒酿造过程中，都会引入一些有害物质，这些有害物质对人体有极大的损害，必须降低其含量。白酒中的有害物质主要包括甲醇、杂醇油、氰化物、铅、锰等。

项目十二　白酒中的有毒有害物质

一、内源性有毒有害物质

内源性有毒有害物质是指在白酒发酵、蒸馏和贮存过程中自然产生的，是在传统工艺操作下不可避免产生的一类物质，这类物质不是人为添加，也不是污染产生的。

（一）甲醇

甲醇（Methanol，CH_3OH）是结构最为简单的饱和一元醇，相对分子质量为32.04，沸点为64.7℃，相对密度0.791，因在干馏木材中首次发现，故又称"木醇"或"木精"，是易挥发麻醉性较强的无色液体，与水相溶。它能无限地溶于酒精和水中，甲醇有类似酒精的气味，比酒精好上口，不如酒精刺激性大。

1. 甲醇的危害

甲醇是白酒国家卫生标准中要求严格控制的重要指标之一。甲醇虽然并未被列入国际癌症研究机构（International Agency for Research on Cancer，IARC）清单中，但甲醇在体内氧化缓慢，仅为乙醇的 1/7，排泄也慢，有明显的蓄积作用。

甲醇主要在肝内代谢，经醇脱氢酶作用氧化成甲醛，进而氧化成甲酸。甲醇吸收至体内后，可迅速分布在肌体各组织内，其中以脑脊液、血、胆汁和尿中的含量最高，眼房水和玻璃体中的含量也较高，骨髓和脂肪组织中最低。未被氧化的甲醇经呼吸道和肾脏排出体外，部分经胃肠道缓慢排出。甲醇主要作用于神经系统，具有明显的麻醉作用，可引起脑水肿。对视神经和视网膜有特殊的选择作用，易引起视神经萎缩，导致双目失明。甲醇蒸气对呼吸道黏膜有强烈的刺激作用。

甲醇的毒性与其代谢产物甲醛和甲酸的蓄积有关。甲酸的毒性比甲醇大 6 倍，甲醛的毒性比甲醇大 30 倍，这就是为什么极少量的甲醇也能引起中毒的原因。因此，甲醇的毒性很大，饮用 5~10mL 可引起严重中毒，10mL 以上就能使人失明，30mL 就会引起死亡。

（1）潜伏期　急性甲醇中毒通常发生在酒后 14~47h 或者 0.5h 至 2~5d，也有人报道发生在 8~36h，通常平均潜伏期为 16h。

（2）症状　甲醇中毒通常不会令喝酒者酩酊大醉，因此不能将"醉酒"视为甲醇中毒的临床症状。为了区分甲醇中毒，医生将中毒的临床表现分为三个级别：头晕、头痛、失眠、腹痛、胸闷、咽干、乏力、恶心、呕吐和视力减退等，为轻度中毒；眼球疼痛、视物模糊、失明等，为中度中毒；头昏、剧烈头痛、意识模糊、恶心、双目失明，且伴有癫痫样抽搐和昏迷，最后因呼吸衰竭而死亡，为重度中毒。

（3）眼部的改变　视力障碍通常出现在摄入酒后的 1h 或数天内，其主要的临床表现为视物模糊、闪光感、眼前黑影等，严重者可能出现视力下降或完全失明。

①视野改变：由于甲醇中毒导致患者视野改变，引起患者视野中心出现致密的暗点或周边视野向心缩小。通常周边视野向心缩小不会出现在中毒早期，一般常见于晚期。除此之外，还有生理盲点扩大和纤维束状缺损等症状。

②眼底改变：由于甲醇中毒导致患者眼底改变，引起患者的视网膜乳头边界模糊、眼球轻度潮红、视网膜动脉痉挛或变小、视网膜静脉因充血扩张充盈、视网膜水肿。患者的眼底出现充血，充血时间一般为 1~7d。在视网膜乳头充血 6~24h 后，可以在患者眼底的视盘边缘及其邻近处见到因充血引起的白色条纹状水肿改变，沿视网膜血管颞的黄斑区形成弓形水肿图像。少数病例可见眼肌麻痹，因而出现复视、上睑下垂等。

2. 甲醇在国家标准中的要求

在白酒生产中，甲醇多来源于含果胶质较多的原料酿制的白酒，因为原料中的果胶质含量过高，就会在发酵过程中产生较多的甲醇。例如薯干、柿、枣等，它们中含有很多的果胶、木质素、半纤维等物质，经水解及发酵后能分解甲烷基而产生甲醇。原国家标准（GB 2757—1981《蒸馏酒及配制酒卫生标准》）规定以谷类为原料者甲醇不得超过 0.04g/100mL（以 60% vol 酒精计），以薯干及代用品为原料者甲醇不得超过 0.12g/100mL。现在 GB 2757—2012《食品安全国家标准 蒸馏酒及其配制酒》规定，以谷类为原料者甲醇不得超过 0.6g/L（以 100% vol 酒精计），其他原料甲醇不得超过 2g/L。通常情况下，我国白酒中甲醇都是低于国家标准要求的。

3. 白酒中甲醇的含量控制

（1）酿酒生产工艺过程中控制甲醇含量　在酿造生产工艺过程中采用科学的方法，就可以尽量去除甲醇。首先，选择优质的原辅料。对于酿酒而言，原料的选定非常重要，酿酒人员应选用果胶质低或未发生变质的原料。发酵时要减少黑曲霉用量，最好不用黑曲霉作糖化剂（黑曲霉中果胶酶活性较高），生产原料发酵时所采用的霉菌与甲醇的生成有密切关系。控制蒸煮压力不要过高，在酿造生产工艺过程中应采用低压蒸煮，减缓蒸酒速度，增加排气量。若使用间歇蒸煮，应放掉乏汽，以便于醪液中甲醇的排出。若使用固态酿酒蒸馏法，则在蒸馏过程中，使用"截头去尾"的方法，以降低白酒中甲醇含量。在酿造生产工艺过程中应设置两座蒸馏塔，选择蒸煮能力较好的蒸馏塔进行酿制。初次蒸煮出来的"头酒"甲醇含量偏高，应选用为工业酒精。在酒精–水溶液中，甲醇的精馏系数随酒精含量的增高而增大。因此，酿制人员可以使用提高回流比或增加塔板数的方法提高酒精度，其主要原理是利用高浓度酒易分离的特点，将甲醇从酒精中分离出来。

（2）建立白酒饮用安全卫生体系　建立健全市场体系，制订和完善市场准入制度。管理部门加强对卫生安全的监督、抽查、检测等，各级酒类行业协会发挥带头作用，建立严格的行业管理机制和行业自律机制。对于贴牌生产的企业，应加强管理力度，防止其成为制假工厂。运用现代化信息技术建立白酒安全饮用信用档案，对白酒的卫生、安全、质量等情况进行全方面跟踪监测，并定期向社会公示，逐步形成优胜劣汰的市场机制，将那些没有质量安全保证的中小作坊淘汰出市场。

（二）醛类

醛类化合物是白酒中含量非常丰富的一大类化合物，也是白酒中重要的呈香化合物。酒中的醛类是分子大小相应的醇的氧化物，也是白酒发酵过程中产生的。低沸点的醛类有甲醛、乙醛等，高沸点的醛类有糠醛、丁醛、戊醛、己醛等。对口腔及食道黏膜会产生刺激作用，这就是人们饮酒时常说的"刺喉"的主要原因，但并非每种醛都是有毒的。已经发现的有害的醛类主要包括甲醛、乙醛、缩水甘油醛、巴豆醛、糠醛、丙烯醛。

其中，甲醛、乙醛等醛类物质本身对人体健康具有潜在危害，如甲醛是公认的变态反应原，具有"三致"毒性（致癌、致畸、致突变），名列我国有毒化学品优先控制名单第二位。丙二醛虽未进入国际癌症研究机构（IARC）的清单，但已经有试验证明具有一定的致癌作用。缩水甘油醛和丙二醛尚未在蒸馏酒中检测到，但其他醛全部在蒸馏酒中检测到。不同国家对不同饮料酒中的醛类限量要求差别较大，如韩国规定烧酒（Soju）、白兰地、威士忌、普通蒸馏酒中的醛类限量为700mg/L；俄罗斯对伏特加中的醛类限量要求为3.2mg/L；欧盟规定农业来源的乙醇中醛类的最大含量不得超过5mg/L（100%乙醇）；墨西哥龙舌兰酒中醛类限量为400mg/L（100%乙醇）；我国酒类标准体系中并未对醛类有明确限量要求，仅对优级伏特加规定限量为4mg/L，特级食用酒精中醛类含量应小于1mg/L。白酒中总醛含量，一般不得大于2g/L。高质量白酒中总醛的含量，一般为50mg/100mL左右。这个含量在适量饮酒时，既不会对人体产生损害，又保证了酒的质量和风格。本书主要针对甲醛、乙醛、糠醛进行详细的阐述。

1. 甲醛

甲醛，化学式HCHO或CH_2O，相对分子质量30.03，又称蚁醛。无色，对人眼、鼻等有刺激作用。气体相对密度1.067（空气=1），液体密度0.815g/cm^3（-20℃），熔点-92℃，沸点-19.5℃。易溶于水和乙醇。在室温时极易挥发，随着温度的上升挥发速度加快。水溶液的浓度最高可达55%，通常是40%，称为甲醛水，俗称福尔马林（Formalin），是有刺激气味的无色液体。

2006年，甲醛被国际癌症研究机构（IARC）确认为I类致癌物。2009年，IARC报道甲醛与白血病和鼻咽癌有关。美国环境保护局（US Environment Protection Agency，US EPA）规定了甲醛的每日可接受摄取量（Acceptable Daily Intake，ADI）为0.2mg/kg。国际化学品安全规划（International Programme on Chemical Safety，IPCS）建议产品中甲醛的允许浓度（Tolerable Concentration，TC）为2.6mg/L。有研究表明，白酒固态蒸馏过程中甲醛呈现先下降后上升再下降的趋势，白酒液态二次蒸馏过程中甲醛浓度变化与固态蒸馏类似，且这两种蒸馏方式的后期都生成了大量甲醛。白酒生产年份越早，原酒中甲醛浓度越高，原因是白酒原酒在贮存过程中甲醇被非酶氧化生成甲醛，造成甲醛浓度升高。我国成品白酒中甲醛平均浓度（0.89mg/L）高于其他国家蒸馏酒中甲醛的浓度

（0.7mg/L）。目前，我国在啤酒国家标准（GB 2758—2012《食品安全标准发酵酒及其配制酒》）中要求甲醛含量≤2.0mg/L，农业推荐标准（NY/T 273—2012《绿色食品啤酒》）中要求甲醛含量≤0.9mg/L，尚未制订蒸馏酒中甲醛的限量标准。

甲醛对健康危害主要有以下几个方面。

（1）刺激作用　甲醛的主要危害表现为对皮肤黏膜的刺激作用，甲醛是原浆毒物质，能与蛋白质结合，高浓度吸入时出现呼吸道严重的刺激和水肿、眼刺激、头痛。

（2）致敏作用　皮肤直接接触甲醛可引起过敏性皮炎、色斑、坏死，吸入高浓度甲醛时可诱发支气管哮喘。

（3）致突变作用　高浓度甲醛还是一种基因毒性物质。实验动物在实验室中高浓度吸入的情况下，可引起鼻咽肿瘤。

（4）突出表现　头痛、头晕、乏力、恶心、呕吐、胸闷、眼痛、嗓子痛、胃纳差、心悸、失眠、体重减轻、记忆力减退以及植物神经紊乱等。孕妇长期吸入可能导致胎儿畸形，甚至死亡；男子长期吸入可导致男子精子畸形、死亡等。

甲醛的主要危害表现为对皮肤黏膜的刺激作用。甲醛在室内浓度达到 0.1mg/L 时，就会有异味，人就有不适感；浓度达到 0.5mg/L 时，刺激眼睛并流泪；浓度达到 0.6mg/L 时，可引起咽喉不适或疼痛；浓度再高可引起恶心、呕吐、眼红、眼痒、声音嘶哑、喷嚏、胸闷、气喘、肺气肿、皮炎等。当浓度达到 30mg/L 时，可当即导致死亡。新装修的房间甲醛含量较高，是众多疾病的主要诱因。

2. 啤酒中甲醛的来源及控制措施

（1）啤酒中甲醛的来源

①来源于原料（主要是麦芽）及所使用的水：啤酒生产中主要原料是麦芽，甲醛是大麦浸麦过程中常用的一种添加剂，加量为 $700g/m^3$ 水。甲醛的添加：一是可以杀灭麦皮表面的微生物，具有良好的防腐作用；二是可以降低麦汁中花色苷的含量，提高啤酒的非生物稳定性；三是可以抵制麦芽根芽的生长，降低制麦损失。因此，在制麦过程中使用甲醛，但甲醛会残留一部分在麦芽中，带到啤酒中。啤酒生产所使用的水，若在处理过程中使用甲醛进行管道杀菌，也会残留一部分在水里，从而带到啤酒中。世界卫生组织规定饮用水甲醛含量不能超过 0.9mg/L。

②来源于啤酒生产过程中制备麦汁时添加甲醛的残留：啤酒生产过程中在糖化时添加甲醛，添加量一般为 200~1000mL/t，甲醛的添加一是可以去除麦芽谷皮、胚芽中所含的多酚物质，减少多酚物质与蛋白质聚合产生浑浊、沉

淀；二是可增加啤酒的非生物稳定性，延长啤酒的保质期，并能降低啤酒的色度，改善啤酒的口感。若添加量不当会残留到成品啤酒中。

③来源于啤酒发酵过程中酵母的代谢产物：甲醛是微生物的代谢产物。啤酒生产的发酵过程中酵母产生一系列的代谢产物，其中也有微量的甲醛存在于啤酒中。

④来源于啤酒发酵过程中污染微生物的代谢产物：若在发酵过程中，卫生管理不好，发酵过程受微生物污染，污染微生物会产生一系列包括甲醛的副产物，从而使啤酒中的甲醛含量增加。

⑤来源于罐体、管道杀菌中使用的甲醛：甲醛能凝固微生物体内的蛋白质，使有害微生物失去活性，因此可作为杀菌剂，我国啤酒企业一般采用2%浓度的甲醛溶液用于罐体、管道的消毒、杀菌，消毒、杀菌后若没有彻底清洗干净，甲醛会带到啤酒中。

（2）啤酒生产过程中甲醛残留量的控制　要控制啤酒中甲醛残留量，保证啤酒的非生物稳定性，除了从原料选择、使用的酿造水、酵母菌种的选择、卫生管理工作等方面控制，还可通过如下几方面控制，以降低啤酒中甲醛的残留量。

①调整糖化工艺如使用新型快速反应的复合酶，缩短糖化过程的时间，减少多酚物质的形成，保证啤酒的非生物稳定性。

②在糖化过程中采用无毒的麦汁澄清剂，能去除麦汁中的总多酚，使麦汁澄清。但不同的麦汁澄清剂，去除麦汁中的总多酚效果不同，在使用麦汁澄清剂前应试验，选择适合生产工艺、效果较好的麦汁澄清剂。

③酿造过程中使用单宁、过滤时配合 PVPP（交联聚维酮，分子具有酰胺键可吸附多酚分子上的氢氧基从而形成氢键，因此可提高酒体的非生物稳定性，常用作啤酒、果酒、饮料酒的稳定剂，延长其货架寿命达 300d，并改善其透明度、色泽和味道）；或几种添加剂搭配使用，都可有效地去除啤酒中的多酚，降低啤酒中甲醛的残留量。

3. 白酒中甲醛的来源及控制措施

（1）白酒中甲醛的来源　白酒中的甲醛主要来源于两个方面：一是发酵过程中产生；另一个是甲醇会在非酶氧化作用下生成甲醛。对于白酒中甲醛含量的检测方法目前研究比较多，但是对于白酒中甲醛的产生机制及来源途径研究相对比较少。

有研究发现，法国白兰地中的甲醇浓度会随着贮存时间的增加而减少，甲醇会在非酶氧化作用下生成甲醛。

（2）白酒中甲醛的控制方法　白酒中甲醛控制的研究目前报道并不多，大多研究人员从白酒传统的生产途径上对甲醛的产生进行控制，例如由于甲醛沸点低、易挥发、具有醇溶性，所以在蒸馏开始时浓度高。总体甲醛的馏出规律为：酒尾＞酒头＞酒身。因此，传统白酒摘酒过程中的"掐头去尾"工艺能有效控制白酒中甲醛的浓度；有研究表明食品中的一些营养物质，如 N-乙酰半胱氨酸、茶多酚、维生素 E、维生素 C、白藜芦醇、硫氧还蛋白、褪黑素等可抑制甲醛毒性，这对白酒中甲醛成分的危害控制也有一定的启示作用。

4. 乙醛

乙醛（Acetaldehyde，CH_3CHO）为无色易流动液体，有刺激性气味，熔点-121℃，沸点 20.8℃，易溶于水和乙醇，易燃，易挥发，蒸气与空气能形成爆炸性混合物，有基因毒性和致癌性，广泛存在于啤酒、葡萄酒、白酒、水果蒸馏酒、龙舌兰酒、伏特加、威士忌和白兰地等酒精饮料中，具有辛辣、醚样气味，稀释后具有果香、咖啡香、酒香、清香。乙醛浓度低时有水果香，浓度高会产生辛辣的刺激性气味。

乙缩醛（Acetal），分子式 $C_6H_{14}O_2$，$CH_3CH(OCH_2CH_3)_2$，无色易挥发液体，有芳香气味。主要用作溶剂、酒类添加剂以及用于有机合成和化妆品、香料的制造。具有一定刺激性，人体吸入、口服或经皮肤吸收，对肌体会产生一定的危害。在酒中，乙缩醛通常是由乙醛在酸性条件下与乙醇反应生成的，也称为结合态的乙醛。

乙醛与乙缩醛在白酒中比例关系及其含量，在一定程度上可以衡量白酒质量好坏及老熟是否完全。关于醛的研究较多集中于游离态的醛，而结合态醛类能在体内代谢为游离态的醛，因此研究乙醛应该同时检测乙缩醛的含量。

1999 年，乙醛被国际癌症研究署（IARC）确认为 2B 类致癌物，即可能对人类致癌。近年来，欧洲食品安全局（European Food Safety Authority，EFSA）提出使用暴露边界（Margin of Exposure，MOE）进行有害化合物的暴露风险评估，乙醛毒性仅次于甲醛，相当于乙醇的 83 倍。2009 年乙醛被列为 I 类致癌物，即对人类致癌证据充分。截至 2020 年，我国尚未制订蒸馏酒中乙醛的限量标准。

（1）乙醛的危害

$$H_3C-CH_2-OH \xrightarrow[\substack{\text{乙醇脱氢酶} \\ (ADH)}]{} H_3C-C\underset{H}{\overset{O}{\|}} \xrightarrow[\substack{\text{乙醛脱氢酶} \\ (ALDH)}]{} H_3C-C\underset{OH}{\overset{O}{\|}} \longrightarrow 乙酰辅酶 A$$

乙醇　乙醛　乙酸　　脂肪酸合成　三羧酸循环

NAD^+　$NHDH^+ +H^+$　　NAD^+　$NHDH^+ +H^+$

乙醇在人体内的分解及代谢主要靠两种酶：一种是乙醇脱氢酶，另一种是乙醛脱氢酶。在乙醇的代谢过程中乙醇脱氢酶（Alcohol Dehydro Genase，

ADH）起着至关重要的作用，它主要分布在肝脏中。乙醇通过血液流到肝脏后，首先被 ADH 氧化为乙醛，而乙醛脱氢酶则能把乙醛转化为乙酸，最终分解为二氧化碳和水。在肝脏中乙醇还能被 CYP2E1 酶分解代谢。乙醇代谢的速率主要取决于人体内的酶含量，其具有较大的个体差异，并与遗传有关。人体内若是具备这两种酶，就能较快地分解酒精，中枢神经就较少受到酒精的作用，因而即使饮用一定量的酒后，也若无其事。在人体中，都存在乙醇脱氢酶，而且其在大部分人体内的含量基本是相等的，但缺少乙醛脱氢酶的人就比较多。这种乙醛脱氢酶的缺乏，使酒精不能被完全分解为水和二氧化碳，而是以乙醛继续留在体内。人们所说的酒精代谢应该是被完全分解后的状态，由于很多人缺少乙醛脱氢酶，而且拥有乙醛脱氢酶的量也是有差别的，所以严格地说酒精在人体中的代谢速度是无法用一个准确数值来描述的，因人而异。

　　人在饮酒后，乙醇很快通过胃和小肠的毛细血管进入血液。一般情况下，饮酒者血液中乙醇的浓度（Blood Alcohol Concentration，BAC）在 30~45min 内达到最大值，随后逐渐降低。当 BAC 超过 1000mg/L 时，将可能引起明显的乙醇中毒。摄入体内的乙醇除少量未被代谢而通过呼吸和尿液直接排出外，大部分乙醇需被氧化分解。人喝酒后面部潮红，是因为皮下暂时性血管扩张所致，这些人体内有高效的乙醇脱氢酶，能迅速将血液中的酒精转化成乙醛，而乙醛具有让毛细血管扩张的功能，会引起脸色泛红甚至身上皮肤潮红等现象，也就是我们平时所说的"上脸"。

　　乙醛是酒精中毒的罪魁祸首，它刺激人体肥大细胞，伤及肝脏、心脑血管及脑神经系统。乙醛的致命剂量是 5g，一般每 100mL 优质白酒中的乙醛含量不超过 20mg。每个人酒量大小的差异在于其体内酶的差异，如果体内的酶不足以分解乙醛，将会使乙醛聚集，而亚洲人群中普遍存在突变型的乙醛脱氢酶Ⅱ，此酶突变后活性缺失，导致乙醛在肝脏内大量累积，使人在喝酒后会有面红耳赤、头晕头痛、脸色发青等醉酒症状。当乙醛达到一定量时，将会危及生命。人体摄入酒精后，酒精会随血液进入肝脏并大部分分解为乙醛。乙醛是极其有害的酒精代谢产物，它是酒精对人体器官及其功能损害的直接原因，乙醛的毒性主要表现在对肝脏细胞的损伤及对大脑神经的刺激。因此不加保护而长期酗酒会导致脂肪肝、酒精性肝炎，最后导致酒精性肝硬化及脑神经的损伤。

　　（2）乙醛的来源及控制措施　白酒中醛类物质主要是乙醛、乙缩醛，约占酒中总醛含量的 98%，它们与羧酸共同形成了白酒的协调成分。在不影响白酒质量的前提下，尽可能减少二者醛含量。有研究表明，不同香型原酒中乙醛的平均含量顺序为：酱香型＞老白干香型＞芝麻香型＞浓香型＞凤香型＞特香型＞清香型＞豉香型；不同香型成品酒乙醛的平均含量顺序为：芝麻香型＞酱香型＞凤香型＞浓香型＞老白干香型＞特香型＞清香型＞豉香型。白酒蒸馏过程中，蒸馏开始时，乙醛浓度达到 500mg/L，随着蒸馏时间的延长，乙醛浓度下降，到蒸馏结束，乙醛浓度约为 60mg/L。

与国外蒸馏酒相比，我国白酒乙醛含量偏高，平均浓度（173.24mg/L）高于其他国家蒸馏酒中乙醛的浓度（≤86mg/L），见表 12-1。

表 12-1　蒸馏酒中乙醛和乙缩醛含量　　　　单位：mg/L

酒品种	乙醛		乙缩醛	
	平均含量	范围	平均含量	范围
巴西糖蜜酒	—	—	112±39.1	0.5~200
蒸馏酒（白兰地、伏特加等）	—	—	120±63.3	3.91~232
威士忌	62.10±38.6	25.0~102.0	—	—
酱香型白酒	135.96±2.02	134.53~137.38	202.92±5.42	199.09~206.75
浓香型白酒-G	295.44±76.66	210.96~377.92	135.11±9.39	125.35~147.75
浓香型白酒-J	123.80±95.80	60.39~281.63	478.17±465.19	181.44~1287.60
清香型白酒	269.41±98.08	173.13~357.23	476.57±173.06	199.03±720.15
芝麻香型白酒	252.00±22.06	236.40~267.60	881.43±575.42	474.54~1288.31
药香型白酒	89.81±43.19	51.28~205.30	282.23±84.94	183.83~466.80

①白酒中乙醛的产生途径主要有 3 种。

a. 在发酵过程中由乙醇氧化而成。

b. 白酒发酵过程中糖代谢途径的中间产物丙酮酸经脱羧后也会形成乙醛。

c. 白酒蒸馏过程中，乙缩醛是通过乙醇和乙醛缩合反应产生的，乙缩醛水解也会生成乙醛。

②控制措施

a. 乙醛脱氢酶是白酒酿造过程中降低乙醛产量的关键酶。

b. 白酒贮存过程中，乙缩醛含量增加幅度较明显，同时乙醛含量逐渐减少，最终乙醛和乙缩醛的含量会达到一个动态平衡。采用短期露天贮存基酒，使用物理催陈等方式加速白酒陈化，可降低新酒中的乙醛含量，明显降低新酒味。适当延长贮存时间或适当提高温度，都可降低乙醛含量。

c. 在白酒蒸馏过程中，醛类物质主要分布在酒的前段。醛的沸点低，易挥发，蒸馏过程中控制馏酒温度。

d. 有研究表明，粮糟入窖酸度越大，乙醛含量越大；大曲用量过多也会使乙醛含量增加，因此严格控制粮糟入窖酸度、大曲用量等；适量增加干酵母用量可以降低乙醛含量。

5. 糠醛

糠醛，又称 2-呋喃甲醛，其学名为 α-呋喃甲醛，分子式 $C_5H_4O_2$、C_4H_3OCHO，是呋喃 2 位上的氢原子被醛基取代的衍生物。它最初从米糠与稀酸共热制得，所以称为糠醛。糠醛是由戊聚糖在酸的作用下水解生成戊糖，再由戊糖脱水环化而成。世界卫生组织国际癌症研究机构公布的致癌物，糠醛在Ⅲ类致癌物清单中。糠醛对肌体也有毒害，使用谷皮、玉米芯及麸糠作辅料时，蒸馏出的白酒中糠醛及其他醛类含量皆较高。

醛类物质是白酒香味中的重要呈香物质，适量的醛类物质有助于白酒的放香，因此不能单一降低其在白酒中的含量。

白酒中糠醛的来源及控制措施，如下所示。

白酒中糠醛的产生途径据称有两种：一是戊糖被微生物发酵而产生；二是戊糖在高温条件下脱水而得。

前一种途径其机理目前尚不清楚，在目前工艺条件下，糠醛主要是通过第二种途径产生。酿酒过程中的发酵和蒸馏恰好给上述多缩戊糖酸性水解及高温脱水环化而成糠醛的化学反应提供了有利条件，因为在入窖发酵产生酒精的同时，因化学反应和产酸细菌的作用也产生多种有机酸，主要有乙酸、乳酸、丁酸、己酸等，这样的酸性环境及长时间高温发酵与蒸馏，使上述多缩戊糖或戊糖转化为糠醛的化学反应得以顺利发生，因而产生糠醛。因此，在传统的生产工艺条件下，白酒中必然含有一定量的糠醛，并且其含量随着生产工艺、生产条件及品种的不同而不同，如原辅料、填充料的种类和用量、发酵温度、发酵时间及蒸馏过程等均影响白酒中糠醛的含量。

白酒中糠醛的含量与白酒香型之间存在一定的关系，即酱香型＞浓香型＞清香型，并且与发酵时间的长短及发酵温度的高低呈正相关。

酱香型白酒的糠醛含量远远高于浓香型白酒，而浓香型白酒又远高于清香型白酒。这种现象或规律的产生，除原辅料的因素外，是与生产过程中发酵时间及发酵温度密切相关的。造成不同香型白酒中糠醛含量有如此大的差异的主要原因是因为不同香型白酒的发酵周期长短相差悬殊，发酵温度高低不同。如茅台酒是酱香型酒的典型代表，生产过程中两次投料，8 次发酵，每次发酵 1 个月，其生产周期最少 10 个月以上，而且该酒酿制方法特殊，"高温制曲，高温堆积，高温发酵，高温馏酒，长期贮存"，因此称为"四高一长"，这也是酱香酒的酿制特点。由于其发酵时间长，发酵温度高，为糠醛的产生提供了较好的条件，因此酱香型白酒中糠醛含量特别高，这也使糠醛成为酱香型白酒的一个标志组分。而浓香型大曲酒发酵周期一般为 40~50d，也有 60d，或 70~90d。如洋河大曲 45d，普通洋河大曲 15d，泸州大曲、剑南春约 61d，五粮液则为 70~90d，并且其发酵温度也低于酱香型白酒，不利于糠醛的生成，因此，其糠醛含量远低于酱香型白酒。山西汾酒是清香型的代表，其发酵周期极短，只有 21~28d，用大麦和豌豆制曲，并且采取低温发酵，"原料清蒸，辅料清蒸，清糟发酵，清蒸馏酒"的"一清到底"的工艺，无论在用料还是在发酵时间及发酵温度方面，都不利于糠醛的产生，因此其糠醛含量在这 3 种香型白酒中最低。而酱浓兼香型白酒以湖南酒鬼酒为代表，其糠醛含量一般介于酱香型和浓香型白酒。

白酒生产中为了降低醛类含量，应少用谷糠、稻壳，或对辅料预先进行清蒸处理。在蒸酒时，严格控制馏酒温度，进行掐头去尾，以降低酒中总醛的含量。

（三）氨基甲酸乙酯

氨基甲酸乙酯（Ethylcarbamate，简称 EC）又名尿烷，分子式 $NH_2COOC_2H_5$，是氨基甲酸的乙醇酯。EC 是由于食物在发酵过程中含氮化合物不完全代谢而产生的一种水溶性致癌物质，是食品发酵和贮藏过程中天然产生的污染物，食品添加剂法规委员会（CCFA）研究指出酒精饮料是膳食摄入氨基甲酸乙酯的主要来源，其次为谷物类和豆类发酵食品。研究发现 EC 是导致啮齿类动物肺癌、淋巴癌、肝癌和皮肤癌等疾病的多位点致癌物，并且乙醇促进氨基甲酸乙酯的致癌性。1987 年国际癌症研究机构（IARC）将 EC 归为 2B 类致癌物，2007 年该机构对其致癌性重新评估后将氨基甲酸乙酯改为 2A 类致癌物。国内外均有报道在酒精饮料中检测出较高含量的氨基甲酸乙酯，引起了各国对酒精饮料中氨基甲酸乙酯含量的重视。早在 1985 年，加拿大规定了各种酒精饮料中氨基甲酸乙酯的限量标准，随后各国相继制订了相关限定标准，见表 12-2。截至 2020 年我国尚未出台有关 EC 的限量标准，主要以加拿大 EC 限量作为参照。目前，EC 污染被认为是食品中继黄曲霉毒素之后的又一重要问题。

表 12-2　各国饮料酒中氨基甲酸乙酯限量标准　　　　　单位：μg/L

国家	葡萄酒	加强酒	蒸馏酒	清酒	水果白兰地
加拿大	30	100	150	200	400
日本	30	100	150	100	400
法国	Nr	Nr	150	Nr	1000

续表

国家	葡萄酒	加强酒	蒸馏酒	清酒	水果白兰地
瑞士	Nr	Nr	150	Nr	1000
捷克	30	100	150	200	400
巴西	Nr	Nr	150	Nr	Nr

注：Nr 表示当前（2020 年）尚没有法律规定。

1. 氨基甲酸乙酯的来源

（1）氰化物与乙醇反应　氰化物与乙醇的反应是蒸馏酒中 EC 的主要合成途径。该途径首先在威士忌生产过程中予以揭示，氰化物是与中国白酒同属世界六大蒸馏酒的威士忌、白兰地等酒中公认的前体物质。世界上有 2000 多种植物含有氰化苷，在酶或加热的条件下氰化苷分解为氰化物。

①蒸馏酒中的氰化物一部分来自酿酒原料中的生氰糖苷：这些生氰糖苷被原料粉碎时释放出的 β-葡萄糖苷酶水解或者高温酸解后生成稳定性较差的氰醇与 D-葡萄糖，而氰醇在碱性条件或在 60℃ 条件下加热后，随即分解为氰化物。高粱作为白酒生产中的主要酿酒原料，其中含有的生氰糖苷是蜀黍氰苷。有研究表明，浓香型白酒酿造过程中所使用的糯高粱，其蜀黍氰苷含量最低，为（4.52±0.05）mg/kg，其余品种中蜀黍氰苷的含量均在（5.68±0.03）mg/kg 以上，且粳高粱中蜀黍氰苷的平均含量普遍高于糯高粱。

②尿素受热分解是白酒中氰化物的另一部分来源：氰化物的沸点很低，在白酒酿造过程中，氰化物通过蒸馏挥发成蒸气，并在高温条件下与乙醇作用生成 EC。

在白酒的蒸馏过程中，EC 的含量呈现先缓慢上升，然后下降，最后又上升的趋势。前期 EC 含量的上升主要是蒸汽将少部分糟醅中经发酵产生的 EC 带入酒体所致，而后期 EC 含量的上升则是氰化物等前体物质与乙醇反应所导致的。故白酒中的 EC 主要在蒸馏过程中产生。

（2）尿素与乙醇反应　氨甲酰化合物是发酵酒中主要的 EC 前体物质，其中最主要的底物是尿素。酒糟中的尿素分别来自于酿酒原料及酵母菌在发酵过程中精氨酸的代谢。除去受热分解为氰化物的少部分尿素外，大部分尿素在酸性条件下与乙醇反应生成 EC，高温会加剧该反应进程。

反应方程式：　$NH_2CONH_2 + C_2H_5OH \longrightarrow NH_2COOC_2H_5 + NH_3$

有研究表明，蒸馏酒在发酵过程中 EC 的合成途径与发酵酒类似，即主要是尿素与乙醇反应生成 EC。有研究针对糟醅在发酵过程中尿素浓度与 EC 合成量进行研究，结果显示，发酵过程中 EC 的变化与尿素浓度变化基本一致，还对朗姆酒发酵过程中 EC 含量变化进行检测研究，结果表明，在发酵过程中

EC 含量呈现上升趋势，而酵母菌的代谢是 EC 含量上升的主要原因。发酵温度、pH 等条件也会影响 EC 的合成。有研究表明，发酵温度每升高 10℃，EC 的生成速度会增加 1 倍。但由于氨基甲酸乙酯的沸点为 182~184℃，蒸馏温度很难达到其沸点，故发酵过程中少有液态的 EC 蒸发到馏分中。

此外，原酒在贮存初期 EC 含量迅速增加，最大增量占原酒中 EC 总量的近 40%，尿素与瓜氨酸是贮存过程中导致 EC 生成的主要前体物质。

（3）瓜氨酸与乙醇反应　瓜氨酸对 EC 的形成也能够起到一定作用。在发酵后期，乳酸菌对糟醅中剩余的精氨酸进行发酵降解生成瓜氨酸，瓜氨酸与乙醇反应生成 EC。反应方程式如下：

$$H_2NCONH(CH_2)_3CH(NH_2)COOH + C_2H_5OH \longrightarrow$$
$$H_2NCO_2C_2H_5 + H_2N(CH_2)_3CHNH_2COOH$$

在蒸馏酒的生产过程中，由此反应产生的 EC 含量所占比例最低。但是有研究证明，浓香型白酒主要的酿酒原料高粱中，瓜氨酸的含量较高，为 82.5mg/kg，几乎是其余所测定酿酒原料（大米、糯米、玉米、小麦）的 2 倍。故在浓香型白酒的酿造中，瓜氨酸与乙醇反应生成 EC 的途径是不可忽视的。

2. 白酒中氨基甲酸乙酯的控制措施

目前我国白酒中 EC 有较高的检出率，因此建立适宜的控制措施，降低白酒中 EC 的污染是十分必要的。在蒸馏酒生产过程中，蒸馏、发酵、贮存过程都可以导致 EC 的产生，故从以上 3 个途径分别讨论 EC 的抑制措施。

（1）蒸馏过程中 EC 的控制措施　在蒸馏酒的生产中，蒸馏过程氰化物与乙醇的反应是 EC 生成的主要途径，故控制蒸馏过程中 EC 的形成对于降低原酒中 EC 的含量非常重要。

①蒸馏设备的改进：铜离子在蒸馏过程中对于 EC 的生成有一定的催化作用。过去的生产中，经常使用铜制容器作为蒸馏设备，导致蒸馏过程中一部分铜离子作为催化剂，加速 EC 的生成。同时，酒类中残存的铜离子会导致环境问题及食品安全问题的发生。

而随着人们对于 EC 的认识逐渐加深，现代工艺多采用不锈钢容器进行蒸馏，有效地降低了 EC 的生成量。此外有研究表明，向容器内加入阳离子交换树脂或不溶性螯合物，使之与铜离子反应，也可以降低 EC 的生成量。

②蒸馏工艺及摘酒过程的控制：在蒸馏过程中，不同的蒸馏方式、蒸馏温度、蒸馏速度等都会影响 EC 的生成。通过使用低温及提高回流率等蒸馏方法，实现了 EC 含量的降低。另外，采用壶式、常压及减压蒸馏方式对浓香型原酒进行二次蒸馏，发现通过二次蒸馏对原酒中的 EC 均可达到较好的去除效果。且经过慢火壶式蒸馏后，EC 的相对去除率最高，为 92.76%。

目前，大量研究表明，一般情况下 EC 在酒头和酒尾中含量较多，故在现代工艺中，常采用"掐头去尾"的方式降低 EC 的含量。巴西甘蔗酒蒸馏过程中的 EC 大多存在于酒头与酒尾中，中间部分酒样中的 EC 含量较低。但是，对于固态发酵的白酒而言，不同发酵层次的糟醅在蒸馏过程中 EC 含量的变化不同。有研究表明，对小窖芝麻香型酒不同发酵层次酒醅的馏分中 EC 含量的变化进行了测定分析，结果表明，不同发酵层次酒醅的馏分中不仅 EC 含量不同，而且在蒸馏过程中的变化趋势也各异。

因此，对不同蒸馏酒蒸馏工艺及摘酒过程的控制，对于降低 EC 含量有着重要的作用。

（2）发酵过程中 EC 的控制　发酵过程是蒸馏酒，特别是白酒酿造中的重要环节，乙醇与很多香味物质都在此过程产生。虽然对于蒸馏酒而言，发酵过程中产生的部分 EC 都会随着蒸馏过程而去除，但对于发酵过程中 EC 的控制问题，也是不能忽视的。

此外，发酵过程中的温度、pH 等因素对于 EC 的生成也有着显著的影响。EC 的生成量随着发酵温度、pH 的升高不断上升。可见，对于发酵条件的控制，对降低原酒中的 EC 含量是非常有益的。

（3）贮存过程中 EC 的控制　贮存过程就是白酒的老熟过程。经过贮存后，白酒的口味会更加醇和、柔顺，香气风味也会进一步得到改善。此过程中发生的化学反应基本上都是自发进行的，并没有微生物以及其他外界因素的干预。

有研究表明，对于不同香型白酒在贮存过程中 EC 的 3 种前体物质（氰化物、尿素、氨基酸）进行监测，结果表明，在贮存过程中不同香型白酒的 3 种前体物质含量差异较大，即 EC 生成的途径有所不同，故对于不同香型白酒在贮存过程中 EC 的控制并不完全相同。而且贮存时间、环境都会影响白酒中 EC 的含量。目前的研究表明，在白酒的贮存过程中，减少贮存时间，低温、避光可能会减缓 EC 的生成。但在白酒贮存过程中控制 EC 的确切方法还需进一步研究探索。

（4）其他途径对于 EC 的控制

①酿酒原料的预处理：酿酒原料中往往带有促进 EC 生成的前体物质，若能够通过有效的方式进行原料处理，便可降低酿酒过程中 EC 的含量。通过对大米的精制与多次清洗，可以有效降低原料中的尿素含量。机械作用、热作用对于农作物中生氰糖苷的脱除也有一定的效果，但目前主要集中于对亚麻籽及木薯中生氰糖苷的脱除研究，而对于白酒酿造所使用的主要原料高粱中蜀黍糖苷的脱除并没有成熟的研究。

与此同时，原料处理所带来的营养价值降低及对发酵过程的影响问题还有待进一步探讨。

②添加脲酶：脲酶具有分解尿素的作用，在生产中常通过加入脲酶控制成品酒中氨基甲酸乙酯的含量，目前利用食品级脲酶有效降低了黄酒中的尿素含量。

近年来，已有研究者基于脲酶在发酵酒中的应用，将脲酶应用于中国白酒的氨基甲酸乙酯控制中。有研究发现，采用产脲酶菌株或其粗酶与酒醅混合，可以降低其在发酵过程中尿素的含量，从而控制 EC 的生成量。但白酒与黄酒等发酵酒类的发酵方式、发酵体系都存在较大差异，故对于脲酶在白酒中的应用还有待研究。

③选育发酵性能强而产尿素能力差的酵母菌，从而在不影响发酵性能的同时，降低白酒中 EC 的含量。

④在不影响酿酒原料营养价值的基础上，合理施用尿素氮肥或采用精制、多次清洗的方式，可避免原料表面过量的尿素残留，降低外源尿素的迁入。

目前，国内外对于发酵酒中氨基甲酸乙酯的产生途径及控制措施的研究较为全面。但对于蒸馏酒，特别是对中国白酒中氨基甲酸乙酯的合成途径及控制措施还有待深入探索。

3. 葡萄酒中氨基甲酸乙酯的控制措施

葡萄酒中氨基甲酸乙酯的控制措施主要集中在 3 方面。

（1）降低葡萄生长和葡萄酒生产中会增加精氨酸含量的操作。

（2）控制生产过程，尤其是酒精和苹果酸-乳酸发酵阶段。

（3）控制葡萄酒的成熟和陈酿阶段。

（4）另外，当酒中尿素含量过高时适量添加脲酶可以有效清除尿素。

（四）生物胺

生物胺（Biogenic Amines，BAs）是一类具有生物活性的含氮低分子质量有机化合物的总称。可看作是氨分子中 1~3 个氢原子被烷基或芳香基取代后而生成的物质，是脂肪族、酯环族或杂环族的低分子质量有机碱，常存在于动植物体内、发酵食品、饮料酒中。

按生物胺的结构可将其分为 3 部分：腐胺（Putrescine）、尸胺（Cadaverine）、精胺（Spermine）、亚精胺（Spermidine）等脂肪族胺；酪胺（Tyramine）、苯乙胺（Phenylethylamine）等芳香族胺；组胺（Histamine）、色胺（Tryptamine）等杂环胺，结构式见图 12-1。

按组成成分的不同，又可将生物胺分为单胺和多胺这两类。前者主要包括组胺、酪胺、尸胺、腐胺、色胺、苯乙胺等，后者包括精胺和亚精胺，生成路径见图 12-2。

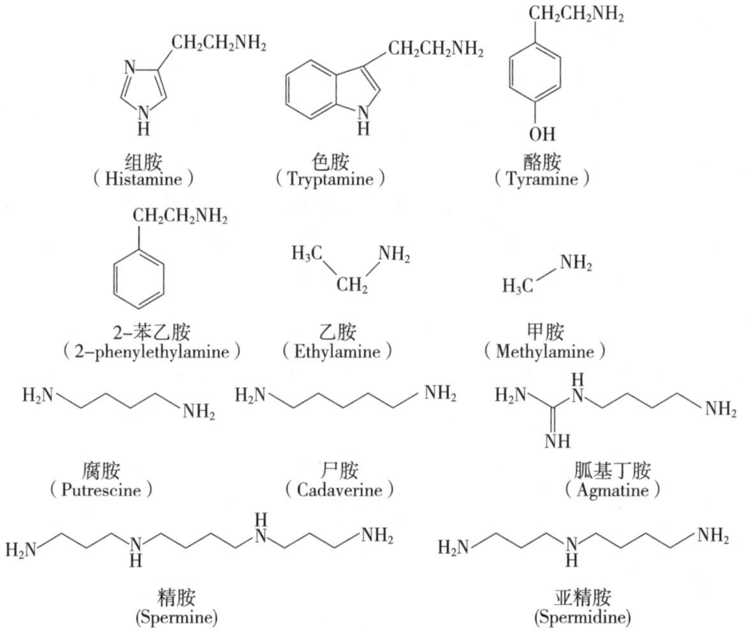

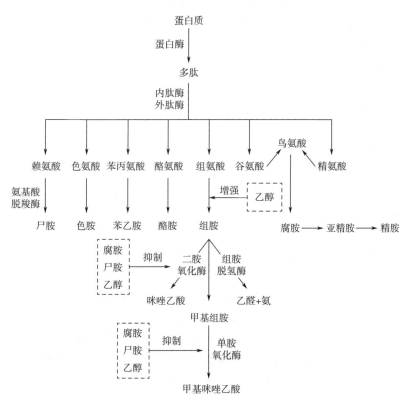

图 12-1　几种生物胺的化学结构

图 12-2　生物胺的形成及组胺的分解

1. 生物胺的危害

生物胺（BAs）是合成激素、生物碱、核苷酸、蛋白质和芳香族类等化合物的前体物质。适量摄入生物胺能促进生长、增强代谢活力、增强免疫力和清除自由基等。

适量的生物胺有利于人体的健康，但是过量的生物胺会使人体中毒，导致严重的后果，会引起头疼、血压变化、呼吸紊乱、心悸、呕吐等严重反应。组胺是生物胺中毒性最大的，过量的组胺会导致头疼、消化障碍及血压异常，甚至会引起神经性毒性。酪胺的毒性次之，过量也会引起头痛和高血压等反应。尸胺和腐胺的自身毒性较小，但是能抑制组胺和酪胺相关代谢酶的活性，而增加组胺和酪胺的数量，从而增强人体的不适症状。另外，腐胺、尸胺、精胺和亚精胺能够与亚硝酸盐反应产生致癌物质亚硝基胺。由于酒精对单胺氧化酶的活性有一定的抑制作用，在很大程度上减弱肌体对 BAs 的转化作用，因此若酒精饮料中含有大量的 BAs 时，将会对人体产生极大的危害。

2. 酒中生物胺的来源

酒类产品中，积累的生物胺主要是组胺、酪胺、腐胺和尸胺，其次是苯乙胺、亚精胺、精胺和色胺。生物胺的含量因酒的种类和产地不同而有差异，但都是在发酵的不同阶段由不同微生物（主要是乳酸菌）分泌的氨基酸脱羧酶作用于氨基酸的产物。

（1）啤酒 啤酒中的生物胺与原料种类、麦汁糖化工序、酿造工艺及生产过程中受微生物污染的程度密切相关。

啤酒中生物胺的来源有以下 3 类。

①原料：如麦芽中的腐胺、精胺和亚精胺等和酒花中的酪胺、苯乙胺等。

②麦汁糖化过程中产生的酪胺、尸胺等。

③发酵过程中产生的酪胺、色胺等。当发酵过程中污染了乳酸菌，将导致发酵异常，并伴随组胺的产生。

由于啤酒中的组胺一般由乳酸菌（主要是乳酸杆菌）产生，其含量与原料种类、糖化工序和酿造工艺没有明显联系，因此，啤酒中组胺的含量可作为判定啤酒发酵是否受到外界微生物污染的依据。

（2）黄酒 黄酒发酵是糖化、酵母发酵与乳酸杆菌发酵同时进行的三边发酵。发酵酒醪中的乳酸杆菌主要是从外界环境的微生物菌群和发酵用米带入，而且在酒醪发酵过程中，65%的杂菌是乳酸杆菌。发酵过程中，曲霉分泌的蛋白酶和羧肽酶作用于蒸煮后原料米中的蛋白质，产生的氨基酸或寡肽为生物胺的形成提供了丰富的前体，加上乳酸杆菌生长旺盛，将会造成生物胺的大量生成。

（3）葡萄酒　葡萄酒是用新鲜的葡萄或葡萄汁经发酵酿成的酒精饮料。在葡萄酒中，有多种氨基酸能够被乳酸菌分泌的氨基酸脱羧酶脱羧，生成组胺、酪胺、腐胺、尸胺及苯乙胺等，前3种是葡萄酒中最主要的生物胺。有研究发现，葡萄产地、品种、发酵催化剂、酒（含沉淀物）的窖藏都会影响酒中生物胺的含量。葡萄本身就含有组胺和酪胺，还有一些挥发性胺和多胺。

发酵过程中，原料葡萄不可避免带入或污染环境中的微生物，微生物将周围的氨基酸脱羧形成生物胺。有研究表明，酒精发酵后葡萄酒中生物胺含量很低，因为在此过程中，乳酸菌刚开始生长繁殖，合成生物胺的活动较缓慢。而在苹果酸-乳酸发酵后生物胺浓度呈现增长趋势，且红葡萄酒中生物胺含量比白葡萄酒高。此外，酵母自溶的过程中为乳酸菌合成生物胺提供氨基酸或肽类物质，也会导致酒中生物胺含量上升。

（4）白酒　白酒中BAs产生的主要来源为两个方面。

①产BAs的微生物作用：乳酸菌既能代谢产生白酒风味成分乳酸乙酯，也是BAs的潜在制造者。

由于白酒的固态制曲和固态发酵是全开放的，空气、生产车间和设备上的微生物进入曲坯，参与了白酒固态发酵，微生物分泌的氨基酸脱羧酶作用于发酵过程中的氨基酸，必然会造成白酒中生物胺的积累。在污染的微生物中，乳酸菌所占比例最大。乳酸菌对白酒的口味和品质有很大的影响。乳酸菌利用酒曲中糖类发酵产生的乳酸，是形成白酒风味物质乳酸乙酯的前体。然而乳酸和乳酸乙酯含量过高会使得白酒口味酸涩，且酸性环境更有利于生物胺的生成，影响酒的品质。

②酿酒原料中蛋白类物质（如酪蛋白）的影响：由于参与白酒酿造的微生物种类复杂，对于能分泌蛋白酶或肽酶的生产菌株或污染的外源菌株均可利用酿酒原料降解产生丰富的氨基酸，结合自身分泌的氨基酸脱羧酶，导致白酒BAs的积累。

有研究表明，浓香型白酒中生物胺含量最高，清香型白酒次之，酱香型白酒最低。一般而言，白酒中生物胺总量不超过1mg/L，详细情况见表12-3，表12-4。

表12-3　成品白酒中5种生物胺的含量　　　　　　　　　　单位：μg/L

生物胺	酱香型	浓香型	清香型
	范围	范围	范围
甲胺	14.96~75.12	q.l~44.13	q.l.~47.66
乙胺	q.l.~58.58	q.l.~35.56	13.38~43.38
吡咯烷	66.69~130.53	351.75~1418.88	290.96±518.14

续表

生物胺	酱香型	浓香型	清香型
	范围	范围	范围
腐胺	9.16~25.91	22.66~91.83	23.73~65.20
尸胺	q.l.~244.23	q.l.~203.35	q.l.
总量	220.13~395.20	526.47~1561.74	405.73~584.88

注：q.l.表示小于检测限。

表12-4   不同馏分酒中生物胺的含量   单位：μg/L

馏分	酒精度/%vol	甲胺	乙胺	吡咯烷	腐胺	尸胺	总量
酒头	74	15.14±0.51	25.22±0.75	450.67±13.50	20.18±1.04	q.l.	511.21
中段酒	67	20.36±0.72	28.14±1.01	720.91±23.76	45.97±1.68	q.l.	815.38
尾酒	52	q.l.	13.09±0.43	703.28±25.01	47.66±1.53	q.l.	570.41

注：q.l.表示小于检测限。

3. 各国食品与饮料酒生物胺限量要求

目前虽然制订食品中的生物胺标准十分困难，但部分国家已经尝试根据不同食品的特性给出生物胺的限量标准。美国规定水产品中组胺含量应在50mg/kg；欧盟规定食品中组胺含量不得超过100mg/kg，酪胺含量应在100~800mg/kg（不同国家或地区在不同区间，但欧盟总体为以上范围）；我国规定鲐鱼中组胺含量不得超过1000mg/kg，其他海产鱼类中不超过300mg/kg。

由于乙醇会加强生物胺的毒性，因此生物胺在酒类中的限量标准要严于普通食品。首次研究饮料酒中生物胺是在1985年，当时应用色谱技术对葡萄酒中慢性有毒物质进行研究，检测到组胺。目前为止，葡萄酒、啤酒、黄酒中生物胺研究较多，检测到的生物胺种类达到几十种，常见的有组胺（来源于组氨酸）、酪胺（来源于酪氨酸）、腐胺（来源于鸟氨酸）、尸胺（来源于赖氨酸）、精胺和亚精胺（来源于组氨酸和腐胺）、胍丁胺、乙醇胺、甲胺、乙胺、异丙胺、正丙胺、异丁胺、正丁胺、异戊胺、正戊胺等。最新研究结果表明，我国啤酒中生物胺总量10.51mg/L，葡萄酒中组胺的最高含量可达10.51mg/L，总生物胺含量 6.34~39.05mg/L；而我国传统酒类黄酒中生物胺的平均含量高达 115mg/L，黄酒中组胺的含量 5.02~78.50mg/L，这远高于生物胺（组胺）在葡萄酒中的含量。

目前已有多个国家对葡萄酒中毒性最大的组胺进行限量：澳大利亚和瑞士规定葡萄酒中的组胺含量不得高于 10mg/L，法国规定不得高于 8mg/L，比利时为 5~6mg/L，荷兰规定不得高于 3.5mg/L，而德国更加严格，规定不得高于 2mg/L。我国尚未出台有关白酒中 BAs 的限量标准，目前国际上以欧洲国家规定的葡萄酒标准作为参考。有研究表明，在白酒中检测出 BAs，总量在 1~2.5mg/L，未超过欧洲国家规定的葡萄酒标准。FDA 等机构对食品中生物胺含量的限制见表 12-5。

表 12-5　食品与酒精饮料中生物胺限制种类及限量

生物胺	鱼类/（mg/kg）	食品/（mg/kg）	酒精饮料/（mg/L）
组胺	50[a]	100	2
酪胺	NA	100~800	NA
尸胺	10	NA	NA
腐胺	0.5	NA	NA
色胺	NA	NA	NA
精胺	NA	NA	NA
亚精胺	NA	NA	NA
β-苯乙胺	NA	30	NA
总生物胺	NA	1000	NA

注：a 为美国食品药物管理局条例；b 为欧共体与美国食品管理局条例；NA 为无报道。

我国目前还没有制订明确的发酵类食品及酒类产品中生物胺的限制标准与法规，但是已开始重视发酵食品（尤其是酒类）的质量安全。2011 年国务院办公厅和食品安全委员会办公室先后印发了《关于印发 2011 年食品安全重点工作的通知》（国办发【2011】12 号）和《关于进一步加强酒类质量安全工作的通知》（食安办【2011】23 号）两个文件，对白酒、葡萄酒、黄酒等生产加工过程产生的生物胺的风险检测和评估提出了要求。

4. 生物胺的控制措施

生物胺作为存在于白酒中的一种有害物质，严重影响白酒产业的发展。由于生物胺不易挥发且具有热稳定性，因此，在蒸馏工序中无法减少生物胺，导致成品酒中生物胺含量较高，应采取有效措施将其去除。

生物胺控制方法主要包括以下 3 点。

（1）在不降低产品质量的基础上，尽量选用蛋白质含量低的谷物作为酿酒原料，以达到通过减少底物中氨基酸的含量，从而降低 BAs 积累的效果。

（2）选择既无氨基酸脱羧酶活性又可产生细菌素等抑制剂的乳酸菌株代替原生产菌株，从源头减少 BAs 的积累。

（3）添加胺氧化酶和胺脱氢酶等降解酶，降解已存在的 BAs。有研究表明，酒类产品中 12% 的乙醇与 BAs 产生协同效应，便可直接或间接抑制 91% 的胺氧化酶活性。是否可利用胺氧化酶来降低酒中 BAs 仍需研究。

（五）N-亚硝基二甲胺

N-亚硝基二甲胺，也称为 N-二甲基亚硝胺，分子式为 $C_2H_6N_2O$ 或 $(CH_3)_2NNO$，沸点：153℃，密度：1.01g/mL，浅黄色油状液体，属高毒类。

N-亚硝基二甲胺是 2A 致癌物。1978 年首次在德国啤酒中检测到，啤酒中含量小于 0.5μg/L。蒸馏酒中已见威士忌检测到的报道，44 种苏格兰威士忌含量为 0~2ng/L，平均值 1ng/L，苏格兰威士忌生产用麦芽中含量为 0~86ng/L。未见其他蒸馏酒检测到该物质的报道。原国家标准（GB 2758—1981 发酵酒卫生标准）啤酒中 N-亚硝基二甲胺<3μg/L，现国家标准未标注。

（六）呋喃

呋喃（Furan，C_4H_4O），是最简单的含氧五元杂环化合物。它存在于松木焦油中，为无色液体，沸点为 32℃，具有类似氯仿的气味，难溶于水，易溶于有机溶剂。它的蒸气遇有被盐酸浸湿过的松木片时，即呈现绿色，称为松木反应，可用来鉴定呋喃的存在。它有麻醉和弱刺激作用，极度易燃。吸入后可引起头痛、头晕、恶心、呼吸衰竭。呋喃环具芳环性质，可发生卤化、硝化、磺化等亲电取代反应，主要用于有机合成或用作溶剂。

呋喃是 2B 类致癌物，主要存在于麦芽加热过程中，并在啤酒中检测到，蒸馏酒中尚未见报道。

（七）氯丙醇类

氯丙醇是丙三醇上的羟基被氯取代所产生的一类化合物，包括单氯丙二醇，3-氯-1,2-丙二醇（简称 3-氯丙醇，3-MCPD），2-氯-1,3-丙二醇（2-MCPD）和双氯丙醇，1,3-二氯-2-丙醇（1,3-DCP），2,3-二氯-1-丙醇（2,3-DCP）。在氯丙醇系列化合物中，污染食品的主要成分是 3-MCPD，次要成分是 1,3-DCP，二者的含量比是 20∶1。3-MCPD 为无色透明的液体，可溶于水、乙醇、乙醚，相对密度 1. 132，沸点 160~162℃。

氯丙醇类（Chloropropanols）主要存在于麦芽加热过程中，已在啤酒中检测出，蒸馏酒中尚未见报道。用盐酸水解蛋白质原料，若原料（如豆粕）中留存脂肪和油脂，则其中的甘油三酯就会水解成丙三醇，并且和盐酸反应，由氯离子对丙三醇的亲核攻击而合成 3-氯-1,2-丙二醇（3-MCPD）和 1,3-二氯-2-丙醇（DC2P）。

（八）丙烯酰胺

丙烯酰胺（Acrylamide，C_5H_5NO）是一种白色晶体化学物质，是生产聚丙烯酰胺的原料，沸点 125℃，密度 1. 322g/cm³。聚丙烯酰胺主要用于水的净化处理、纸浆的加工及管道的内涂层等。丙烯酰胺主要在高碳水化合物、低蛋白质的植物性食物加热（120℃以上）烹调过程中形成，140~180℃为生成的最佳温度，而在食品加工前检测不到丙烯酰胺。在加工温度较低，如用水煮时，丙烯酰胺的水平相当低。水含量也是影响其形成的重要因素，特别是焙烤、油炸食品最后阶段，水分减少、表面温度升高后，丙烯酰胺形成量会更高，但咖啡除外，在焙烤后期反而下降。丙烯酰胺的主要前体物质为游离天冬氨酸（土豆和谷类中的代表性氨基酸）与还原糖，二者发生美拉德反应生成丙烯酰胺。食品中形成的丙烯酰胺比较稳定，但咖啡除外，随着贮存时间延长，丙烯酰胺含量会降低。

有研究表明，人体可通过消化道、呼吸道、皮肤黏膜等多种途径接触丙烯酰胺，饮水是其中的一条重要接触途径。2002 年 4 月瑞典国家食品管理局和斯德哥尔摩大学研究人员率先报道，在一些油炸和烧烤的淀粉类食品，如炸薯条、炸土豆片等中检出丙烯酰胺，而且含量超过饮水中允许最大限量的 500多倍。

丙烯酰胺是 2A 类致癌物，主要存在于麦芽加热过程，有时可以在啤酒中检测到，蒸馏酒中未见报道。

（九）氰化物

氰化物特指带有氰基（CN）的化合物，凡能在加热或与酸作用后或在空气与组织中释放出氰化氢或氰离子的都具有与氰化氢同样的剧毒作用。以木薯和木薯类原料酿造的酒，因含有氰苷类，在生产过程中会水解成氰酸，大部分氰酸在蒸馏过程中会挥发，但也有少量残留在酒中，形成氰化物。根据 GB 2757—2012 规定：以谷类为原料酿制的蒸馏酒及其配制酒中氰化物（以 HCN计）不得超过 8.0mg/L（指标按 100%酒精度折算）。

1. 危害

氰化物进入人体后会析出氰根离子，进而可以与线粒体上的细胞色素氧化酶上的三价铁结合，阻止氧化铁还原，妨碍细胞的正常呼吸，造成细胞组织缺氧。而组织细胞无法利用氧来继续生产 ATP，以维持肌体的正常活动，导致肌体陷入内窒息状态。随着血液循环，氰离子在体内扩散，所有的脏器开始缺乏 ATP 而停止呼吸代谢，所以氰化物中毒之后是十分危险的。一次性口服氰化物的致死量约为 100mg。

2. 控制措施

少用或不用木薯和木薯类原料酿造酒。含有氰苷类的作物尽量不用作酿酒原料或者对酿酒原料先进行清蒸再晒干，并在清蒸过程中多排气，使氰化物溶出或者挥发。一般情况下浓香型白酒的氰化物的含量都很低。

（十）苯

苯（Benzene，C_6H_6）是最简单的芳烃，在常温下是甜味、可燃、有致癌毒性的无色透明液体，并带有强烈的芳香气味。它难溶于水，易溶于有机溶剂，本身也可作为有机溶剂。由于苯的挥发性大，暴露于空气中很容易扩散。人和动物吸入或皮肤接触大量苯进入体内，会引起急性和慢性苯中毒。有研究报告表明，引起苯中毒的部分原因是由于在体内苯生成了苯酚。长期吸入苯会侵害人的神经系统，急性中毒会产生神经痉挛甚至昏迷、死亡。在白血病患者中，有很大一部分有苯及其有机制品接触历史。

苯属于 I 类致癌物，是碳酸饮料碳酸化过程的产物，已经在啤酒中检测到，但在蒸馏酒中未见报道。

二、外源性有毒有害物质

（一）邻苯二甲酸酯类塑化剂

塑化剂又称增塑剂，应用最广的是邻苯二甲酸酯类化合物（Phthalate Acid Esters，PAEs），广泛用于塑料工业中。由于邻苯二甲酸酯类增塑剂并没有真正聚合到塑料的高分子碳链上，因此，随着塑料制品的使用，作为主要增塑剂的邻苯二甲酸酯类物质会溶出。

2011 年 5 月 23 日，中国台湾"卫生部门"通报，中国台湾最大食品添加剂供应商昱伸香料有限公司在食品添加剂"起云剂"中非法添加可致癌的塑化剂邻苯二甲酸二（2 - 乙基己基）酯（DEHP）。2012 年 11 月 19 日，在中国大陆又曝出了酒鬼酒中检测出了邻苯二甲酸二（2 - 乙基）己酯、邻苯二甲酸二异丁酯和邻苯二甲酸二丁酯 3 种塑化剂成分。白酒行业的"塑化剂"

事件更是引起了消费者的极大恐慌及关注。我国卫生部已将 PAEs 列入第六批
"食品中可能违法添加的非食用物质"名单，并规定食品和食品添加剂中邻苯
二甲酸二丁酯（d-n-butyl phthalate，DBP）、DEHP 和邻苯二甲酸二异壬酯
（Diisononyl Phthalate，DINP）的最大残留量分别为 0.3、1.5 和 9.0mg/kg。
近年来，与塑料接触的油、肉、水、酒中均检测出了 PAEs。关于白酒中
PAEs 的来源，有研究显示与塑料容器及塑料管道的接触会引起 PAEs 向白
酒中迁移，白酒酿造过程中产生极微量的塑化剂，在不接触塑料制品的前提
下白酒酿造过程中的塑化剂主要来源于原料，因此在生产白酒时一定要严把
原料关。

1. 危害

邻苯二甲酸酯类塑化剂被归类为疑似环境激素，其生物毒性主要属雌激素
与抗雄激素活性，会造成内分泌失调，阻碍生物体生殖机能，包括生殖率降
低、流产、天生缺陷、异常的精子数、睾丸损害，还会引发恶性肿瘤。塑化剂
DEHP 的作用类似于人工激素，会危害男性生殖能力并促使女性性早熟，并且
可能通过胎盘脂质及锌代谢影响胚胎发育，导致胚胎生长缓慢。由于幼儿正处
于内分泌系统和生殖系统发育期，DEHP 对幼儿带来的潜在危害会更大。可能
会造成小孩性别错乱，包括生殖器变短小、性征不明显。

2. 白酒中塑化剂的来源

（1）白酒中塑化剂的来源　　白酒中的塑化剂主要源于白酒生产、加工、
贮藏等与塑料接触的环节，从而造成了塑化剂的迁移所致，例如塑料接酒桶、
塑料输酒管、酒泵进出乳胶管、封酒缸塑料布、成品酒塑料内盖、成品酒塑料
袋包装、成品酒塑料瓶包装、成品酒塑料桶包装等。由于塑化剂属于酯类化合
物，其极性中等，易溶于有机溶剂，而白酒中乙醇浓度大，白酒就成了塑化剂
的溶剂，就会造成塑料中的这些塑化剂层层溶解到了白酒中。由于邻苯二甲酸
酯类在乙醇中的迁移率与时间有关，因此塑料袋、瓶装的成品酒，随着时间的
推移，产品中的塑化剂含量会逐渐增高。高档白酒一般存储时间较长，所以更
容易发生塑化剂的迁移。

（2）目前可造成白酒塑化剂污染的迁移途径主要包括酿酒原料、生产或
加工环节中迁移，以及塑料包装材料这 3 个方面。

①酿酒原料的迁移：研究表明全球每年都会有大量的 PAEs 塑化剂通过各
种途径渗透到环境中，是环境中广泛存在的一种污染物。有研究者通过对我国
不同地区的空气、土壤以及地表水中 PAEs 塑化剂含量的调查，发现不同地区
的环境受塑化剂污染的程度是不同的。污染严重的地区恰恰集中于我国酿酒作
物的主要种植地。各种酿酒原料从被污染的地域环境中吸收塑化剂的可能性增
大。除此之外，为了提高原料的产量，在生长繁殖过程中会使用塑料膜，一旦

酿酒原料吸收了环境中的塑化剂或被含有塑化剂的材料污染，塑化剂难免会随着后期的酿造、蒸馏等环节进入白酒中，造成白酒中 PAEs 塑化剂的污染。在不接触塑料制品的前提下，酿酒原料是白酒塑化剂污染的主要来源。建立酿酒原料中塑化剂的前处理与检测方法，力求从源头解决白酒中 PAEs 塑化剂的污染显得尤为重要。目前关于酿酒原料中塑化剂含量的检测以及风险评估的相关报道较少。

②酿酒过程的迁移：白酒在酿造过程中往往会与一些管道设备（由塑料、橡胶材料制成）、容器（高分子材料）等接触。其所含的 PAEs 塑化剂极易与白酒中的乙醇互溶后悄无声息地迁移到白酒中。通过对白酒酿造过程的追踪与检测，发现白酒中的塑化剂可能来源于塑料盛酒桶、塑料运酒管、酒泵进出乳胶管、封酒缸塑料膜等。有研究者通过对白酒中塑化剂产生的时空关系分析，发现塑化剂产生的主要根源取决于塑料盛酒器和塑料输酒管道。当利用塑料管道输送白酒时，DBP 的溶出率高达 0.43mg/kg，远超过中华人民共和国卫生部原限量的 0.3mg/kg；在使用塑料盛酒器时，DBP 的含量为 0.48mg/kg，超过中华人民共和国卫生部原限量 0.18mg/kg。实行"以钢代塑"，避免白酒酿造过程中塑料制品的使用，成为各白酒企业不容忽视的问题。

③酒样包装的迁移：经多角度分析白酒中"塑化剂"事件，得出包装材料可能是白酒含有塑化剂的原因之一。例如在包装中，若使用塑料瓶盖、内塞，则在后期贮存、流通环节都可能因接触而导致塑化剂溶出。同时包装材质的不同（PE、PVC、PP 等），也会导致 PAEs 的检出率存在差异。有研究者采用 GB/T 21928—2008《食品塑料包装材料中邻苯二甲酸酯的测定》测定方法，对直接接触白酒的不同材质、用途的 395 个样品中的 16 种 PAEs 塑化剂含量及分布情况进行研究，结果表明 PAEs 塑化剂含量在各种材质中的分布差异很大，橡胶中待测物的检出率最高；而 PP、PET、PS 等塑化剂的检出率低。此外，为了降低成本，提高收益，一些小型酒厂通常采用 4L 以上的简易塑料酒桶包装成品酒，因此在流通环节抽检出塑化剂是不足为奇的。

3. 白酒中塑化剂的控制措施

由于塑料制品在白酒的生产工艺中普遍使用，使得白酒中塑化剂超标非常普遍，如何应对白酒中塑化剂超标的现象，这需要监管部门、企业共同努力，因此提出以下几点建议：

（1）加强监管，规范企业的生产　各级监管部门应当加大对白酒生产企业的宣传、教育，使之认识到白酒中塑化剂产生的原因及后果，帮助其改变原有的生产模式，在白酒的发酵、生产、灌装、贮运等环节尽量减少与塑料接触的机会，在生产过程中推荐使用食品级不锈钢管道，在贮存环节，尽量使用陶瓷或不锈钢制品，从源头上杜绝塑化剂的迁移。

（2）相关部门制订更加完善的标准体系、相关法律和法规　由于经济条件和发展状况的限制，邻苯二甲酸酯类增塑剂在塑料行业中仍被大量使用，但我国食品用塑料包装制品的标准严重滞后。另外，由于目前使用的塑化剂检测标准为 GB/T 21911—2008《食品中邻苯二甲酸酯的测定》，该标准针对白酒这种特殊基体，存在提取效率不高，不适用于白酒中塑化剂检测的现状。由此可见，相关部门应尽快解决相关标准法规滞后的问题，完善标准法规，对现有标准中的不足进行改进，给检测数据提供更有力的技术依据和法律依据。

（3）推动塑料行业的变革，研发无毒塑化剂替代品　经过饮料塑化剂事件和白酒塑化剂事件，如何研发新型无毒、安全的塑化剂已经摆在了塑料行业的面前。目前，国外正在大力推广无毒或可生物降解的环保型增塑剂，而国内由于现有环保无毒增塑剂的生产成本高、产量低、效益不高、市场推广力度不够等问题，造成了新型塑化剂的使用范围不广。目前，已经开发出的增塑品种中对环境友好的有对苯二甲酸酯、苯多酸多酯、二元酸酯、聚酯、植物油基和环氧植物油、柠檬酸酯等系列产品。通过塑化剂事件，国内相关部门和企业应加大研究和推广力度，推进环保型塑料产品的替代进程，应该加快淘汰一些有毒增塑剂和开发新型无毒环保型的增塑剂替代品。

（二）重金属

白酒中除了含有丰富的有机成分外，还含有一些无机成分，在这些无机成分中，金属离子占有重要地位。对于这些金属离子的研究，将有助于提高白酒的品质。白酒中的这些金属离子主要有钙、镁、铁、锰、铅等，这些金属大多以离子状态存在于酒中。这些金属离子中有一些对酒的品质起到有益的作用，例如 Ca^{2+} 能促进曲中酶的产生与溶出，Ca^{2+} 能使 α -淀粉酶不易破坏。有研究表明在金属离子对白酒中酸和酯的变化规律影响研究中指出，适量的金属离子能够加快白酒老熟。但大部分金属离子对白酒品质及饮酒者的身体健康有很大的破坏作用，例如铜离子、锌离子过量时，具有收敛性苦味；铅离子、锰离子、锌离子、汞离子等更是会对人体健康带来威胁。白酒中重金属的污染主要是指铬、汞、铅等重金属。

1. 危害

重金属在人体内会产生积累效应，一旦通过白酒被过量摄入后，便会给人体健康带来风险。例如铅是一种毒性很强的重金属，0.04g 即可引起急性中毒，20g 可以致死。铅通过酒引起急性中毒是比较少的，主要是慢性积蓄中毒。如每人每日摄入 10mg 铅，短时间就能出现中毒，目前规定每 24h 内，进入人体的最高铅含量为 0.2～0.25mg。当摄入铅过量时，不仅会引起心律失常、肾功能受损等疾病，而且会对人体的中枢神经系统造成危害。可出现头痛、头昏、记忆力减退、睡眠不好、手的握力减弱、贫血、腹胀、便秘等。在GB 2762—2012《食品中污染物限量》中对白酒中铅的含量规定了更低的限量值（0.5mg/kg）。

2. 白酒中重金属的来源

白酒中重金属主要来源于以下3个方面。

（1）酿酒原料谷物在生产过程中，由于土壤等环境因素导致其含有一定数量的重金属。食品安全国家标准GB 2762—2012《食品中污染物限量》中已对多种重金属进行限量，如稻谷中镉的限量值为0.2mg/kg。

（2）在酿酒过程中水源的利用也会将重金属带入白酒中，造成白酒中重金属的污染。

（3）白酒的贮存设备、蒸馏设备很多都是不锈钢的，通过这些设备、管道等也会引入重金属。目前，大规模酒企普遍采取了"以钢代塑"的手段以削减PAEs塑化剂的含量，然而在更换为不锈钢管道和容器的同时，不可避免地造成某些不锈钢制品中重金属等有害元素迁移到酒体中。

3. 白酒重金属的控制措施

对于白酒中重金属控制措施的研究报道较少，目前着重于预防与降解两方面。预防途径主要包括：尽量使用不含铅、锰等的材料酿酒以及作为贮酒设备；对酿酒原料及加浆水的质量严格把关，杜绝外来的重金属进入酒体；对于已被重金属污染的白酒，可利用相关吸附手段进行处理。

（1）严格控制蒸酒用甑桶、甑盖、冷凝器和冷凝选材，杜绝酒体与外来金属离子的接触，避免带入酒中。例如，白酒含的铅主要是由蒸馏器、冷凝导管、贮酒容器中的铅经溶蚀而来。以上器具的含铅量越高且酒的酸度越高，则器具的铅溶蚀越大。为了降低白酒的含铅量，要尽量使用不含铅的金属来盛酒或制作器具设备。同时要加强生产管理，避免产酸菌的污染，因为酒的酸度越高，铅的溶蚀作用愈大。例如，换掉老式含铅管道，杜绝管道容器等导致的铅污染。

（2）由原料带入的金属离子大多经蒸馏后均会残留于糟醅中，能很好控制其进入酒体。对于金属离子的控制及降低方法，有很多的研究报道，主要包括化学法、物理化学法和生物化学法。在这些方法中生物化学法优点较多，吸附率高、投资成本低、不产生二次污染、选择性高等。例如，对于含铅量过高的白酒，可利用生石膏或麸皮进行脱铅处理，使酒中的铅盐$[Pb(CH_3COO)_2]$凝集而共同析出。在白酒中加入0.2%的生石膏或麸皮，搅拌均匀，静置1h后再用多层绒布过滤，能除去酒中的铅，但这样处理会使酒的风味受到影响，需再进行调味。

（3）其他方法。酿酒用水经过净化处理后再使用；严格控制粮食原料的铅含量（使用无污染的酿酒原料）；严格控制包装材料的铅含量；北方以煤作为燃料的酿酒厂尽量集中供热，以减少燃煤中烟所导致的铅污染。

（三）农药残留

谷类和薯类在生长过程中，由于过多施用农药，经吸收后，会残留在果实或块根中。在制酒时，这些有毒物质会进入酒体，特别是有机氯和有机磷农药，更应注意。按卫生部规定，每千克粮食，六六六不得超过 0.3mg，滴滴涕不得超过 0.2mg。

1. 危害

由于农药的稳定性强，降解率低，同时具有致癌致畸等毒性，一旦其经食物链途径进入人体中，会对人的健康造成潜在威胁。首先引起兴奋，随后抑制。急性中毒：多发生于口服，一般可分为兴奋、催眠、麻醉、窒息四阶段。患者进入第三或第四阶段，出现意识丧失、瞳孔扩大、呼吸不规律、休克、心力循环衰竭及呼吸停止。慢性影响：在生产中长期接触高浓度本品可引起鼻、眼、黏膜刺激症状，以及头痛、头晕、疲乏、易激动、震颤、恶心等。长期酗酒可引起多发性神经病、慢性胃炎、脂肪肝、肝硬化、心肌损害及器质性精神病等。皮肤长期接触可引起干燥、脱屑、皲裂和皮炎。

目前我国国家标准中虽未对白酒中的农药残留进行限量，但对酿酒原料已有严格的规定。在 GB 2763—2014《食品中最大农药残留限量》标准中，明确规定 387 种农药 3650 项最大残留限量值，其中涉及谷物共 229 种农药，并限定了多种农药在稻谷（58 种）、小麦（123 种）、玉米（94 种）、大米（31 种）、高粱（42 种）、豌豆（41 种）、大麦（59 种）等酿酒原料中的最大残留量。

2. 白酒中农药残留的来源

高粱、玉米等谷物作为传统白酒的酿造原料，在种植过程中极易因土壤、水源等环境污染及农药的超量使用或不规范操作，而造成自身的农药残留。农药在乙醇中的溶解度很大，如果酿酒原料中有农药残留，那么使用含有农药残留的粮食原料或水进行白酒生产时，农药残留就会通过蒸馏过程引入白酒中，使白酒造成农药残留污染。

3. 白酒中农药残留的控制措施

随着农残污染情况的加重，白酒安全将会受到潜在威胁，严格控制酿造原料的农残量成为减少和杜绝白酒农残的关键。可通过筛选酿酒原料品质，综合运用物理、生物等治虫措施，减少农药的使用量。通过实行白酒酿酒原料的标准化种植等手段，降低白酒中农残污染问题。在对原料中农残进行实时监测的同时应积极采取有效的控制措施，白酒生产企业可通过划定区域、定点收购、规定品种等方式打造原料生产基地来保证其可控性，并应大力推广有机认证等无公害农产品认证，从源头杜绝农药残留。

（四）甜味剂

甜味剂作为食品添加剂广泛用于食品工业中，但同时部分甜味剂存在安全性问题，如阿斯巴甜含有的苯丙氨酸成分可危及苯丙酮酸尿患者的大脑健康，美国等多个国家和地区则禁止在食品中添加甜蜜素。我国在食品安全国家标准GB 2760—2014《食品添加剂使用标准》中规定可用于食品加工的甜味剂共有21种，但只有此标准中表 A.2 列出的纽甜等 6 种甜味剂因其适用于各类食品而可用于白酒生产中。然而白酒产品标准对固态法白酒和十大香型白酒的定义中明确说明"未添加非白酒发酵产生的呈香呈味物质"，因此按传统固态法白酒标准生产的白酒产品中不得含有甜味剂，液态法和固液法白酒则可根据需要适量添加纽甜等 6 种甜味剂，但需注意其产品标签应标明执行标准为液态法白酒或固液法白酒国家标准。

白酒生产主要以谷物为原料，甜味剂具有非挥发的性质，如果白酒企业严格按照白酒的正常生产工艺进行操作，白酒中引入的甜味剂的含量是远远低于定量限的。因此白酒中甜味剂均是无意识引入或人为添加，当发现违规添加时应逐级溯源，对基酒和调味酒等半成品酒进行追查，以实现对白酒中甜味剂的监测和控制。因此，白酒中的甜味剂超标应属非法添加。

（五）真菌毒素

1. 危害

真菌毒素是真菌在生长繁殖过程中产生的次生有毒代谢产物，摄入动物体内可损害肝脏、肾脏和神经组织等，部分真菌毒素具有致癌、致畸、致突变作用。真菌毒素主要是在生长、加工和贮运等环节污染大米、小麦等谷物，当用真菌毒素超标的谷物作为酿酒原料时，将对白酒产品造成安全隐患。白酒安全标准中引用食品安全国家标准 GB 2761—2017《食品中真菌毒素限量》对其真菌毒素的相关指标进行限定，其中仅规定以苹果、山楂为原料制成的酒类中展青霉素的限量值为 $50\mu g/kg$，另外还详细规定了酿酒原料谷物中黄曲霉素 B_1、脱氧雪腐镰刀菌烯醇、赭曲毒素 A、玉米赤霉烯酮 4 种真菌毒素的限量指标。

2. 白酒中真菌毒素的来源及控制措施

白酒中真菌毒素主要由原料带入，因此必须从源头采取控制措施。在谷物入厂前应对其进行严格的真菌毒素检验，杜绝有毒有害谷物的同时也可防止对仓库中其他原料的污染；谷物的贮藏环境应保持干燥和低温，防止凝结，避免害虫进入，考虑到农药残留问题，不宜采用杀真菌剂和杀虫剂，可选用合适的生物技术防控真菌微生物，在此阶段应对其进行实时污染监控。谷物在粉碎后应及时使用，勿堆积过久，另外润料和预蒸均对真菌毒素具有一定的清除作用。

习　题

1. 白酒中的有害物质有哪些？
2. 白酒中内源性的有害物质有哪些？在白酒中如何控制？
3. 白酒中外源性的有害物质有哪些？在白酒中如何控制？

模块五　白酒酿造原料

知识目标

　　白酒由粮食酿造而成。不管是单一粮食酒还是杂粮酒，其主要成分均为淀粉，即糖类。同时，粮食中所含脂类、蛋白质对酒的营养也有很大的影响。因此，白酒酿造原料对白酒品质有着极大的影响。本模块介绍糖类、脂类、蛋白质基本知识及其在白酒酿造中的作用。

项目十三　糖类

一、糖的概论

　　碳水化合物又称糖，它是自然界存在最丰富的一类有机化合物。例如，葡萄糖、蔗糖、淀粉、纤维素等都是碳水化合物。

（一）糖类的存在与来源

　　糖类广泛存在于生物界，特别是植物界。糖类物质按干重计占植物的85%～90%，占细菌的10%～30%，在动物中小于2%。动物体内糖的含量虽然不多，但是其生命活动所需能量的主要来源。

　　糖类物质是地球上数量最多的有机化合物。地球的生物量干重的50%以上是由葡萄糖的聚合物构成的。地球上糖类物质的根本来源是绿色植物细胞进行的光合作用。

（二）糖类的生物学作用

　　糖类是细胞中非常重要的一类有机化合物。糖类的生物学作用概括起来主要有以下几个方面。

1. 作为生物体的结构成分

植物的根、茎、叶含有大量的纤维素、半纤维素和果胶物质等，这些物质构成植物细胞壁的主要成分。属于杂多糖的肽聚糖是细菌细胞壁的结构多糖。昆虫和甲壳类的外骨骼也是一种糖类物质，称为壳多糖。

2. 作为生物体内的主要能源物质

糖在生物体内（或细胞内）通过生物氧化释放出能量，供生命活动的需要。生物体内作为能源贮存的糖类有淀粉、糖原等。

3. 在生物体内转变为其他物质

有些糖是重要的中间代谢物，糖类物质通过这些中间代谢物为合成其他生物分子如氨基酸、核酸、脂肪酸等提供碳骨架。

4. 作为细胞识别的信息分子

糖蛋白是一类在生物体内分布极广的复合糖。它们的糖链可能起着信息分子的作用，早在血型物质的研究中就有了一定的认识。随着分离分析技术和分子生物学的发展，近 10 多年来对糖蛋白和糖脂中的糖链结构和功能有了更深的了解。发现细胞识别包括黏着、接触抑制和归巢行为，免疫保护（抗原与抗体）、代谢调控（激素与受体）、受精机制、形态发生发育、癌变、衰老、器官移植等，都与糖蛋白的糖链有关，并因此出现了一门新的学科，称为糖生物学（Glycobiology）。

（三）糖类的元素组成和化学本质

大多数糖类物质只由碳、氢、氧 3 种元素组成，其实验式为 $(CH_2O)_n$ 或 $C_n(H_2O)_m$，其中氢和氧的原子数比例是 2:1，和水分子中 H 和 O 之比一致，因此过去曾误认为这类物质是碳（Carbon）的水合物（Hydrate），碳水化合物（Carbohydrate）也因此而得名。但后来发现有些糖，如鼠李糖（$C_6H_{12}O_5$）和脱氧核糖（$C_5H_{10}O_4$）等，它们的分子中氢氧原子数之比并非 2:1，而一些非糖物质，如甲醛（CH_2O）、乙酸（$C_2H_4O_2$）和乳酸（$C_3H_6O_3$）等，它们的分子中氢氧原子数之比却都是 2:1，所以"碳水化合物"这一名称并不恰当。因此 1927 年国际化学名词重审委员会曾建议用"糖族（Glucide）"一词代替"碳水化合物"，但由于此名称沿用已久，至今外文中仍广泛使用。英文中 Carbohydrate 是糖类物质的总称。中文期刊和书籍中"糖类"和"碳水化合物"两词通用，但前者为多。

糖从化学角度来看，它们是多羟基的醛或多羟基的酮。以葡萄糖和果糖为例，它们的结构式如下。

$$
\begin{array}{cc}
\text{CHO} & \text{CH}_2\text{OH} \\
\text{H—C—OH} & \text{C}=\text{O} \\
\text{HO—C—H} & \text{HO—C—H} \\
\text{H—C—OH} & \text{H—C—OH} \\
\text{H—C—OH} & \text{H—C—OH} \\
\text{CH}_2\text{OH} & \text{CH}_2\text{OH} \\
\text{D-葡萄糖} & \text{D-果糖}
\end{array}
$$

葡萄糖含 6 个碳原子、5 个羟基和 1 个醛基，称为己醛糖；果糖含 6 个碳原子、5 个羟基和 1 个酮基，称为己酮糖。淀粉和纤维素也属于糖类，它们是由多个葡萄糖分子缩合而成的聚合物。此外，像 N-乙酰葡萄糖胺，果糖-1,6-二磷酸这样一些糖的衍生物也归入糖类。因此从其化学本质给糖类下一个定义：糖类是多羟醛、多羟酮或其衍生物，或水解时能产生这些化合物的物质。

（四）糖的分类

1. 单糖

单糖是碳水化合物的基本单位，是不能再被水解的多羟基醛或多羟基酮。单糖又按羟基的类型不同分为醛糖和酮糖。如，核糖、阿拉伯糖、半乳糖、葡萄糖等属于醛糖；果糖属于酮糖。

单糖可根据分子中含醛基还是酮基分为醛糖和酮糖，实验式常写为 $(CH_2O)_n$。自然界中最小的单糖 $n=3$，最大的一般 $n=7$。依据分子中所含的碳原子数目（3~7）分别称为三碳糖或称为丙糖（Triose）、四碳糖或丁糖（Tetrose）、五碳糖或戊糖（Pentose），六碳糖或己糖和七碳糖或庚糖。有时碳原子数目和含羰基的类型结合起来命名，例如己醛糖、庚酮糖等。

2. 低聚糖

低聚糖又称为寡糖，是由 2~10 个单糖分子脱水缩合而成的糖，完全水解后得到相应分子数的单糖。因此，凡能被水解成少数（2~10 个）单糖分子的糖称为寡糖。根据水解后生成单糖分子的数目，又可分为二糖（双糖）、三糖、四糖等，其中以双糖的分布最广，双糖或称二糖，水解时生成 2 分子单糖，如麦芽糖、蔗糖等。三糖，水解时产生 3 分子单糖，如棉籽糖。

3. 多糖

多糖是由很多个单糖分子失水缩合而成的高分子化合物，其单糖单体少则几十个，多则成千上万个，水解后可以生成多个单糖分子。如果多糖是由相同的单糖组成的称为均多糖（或同聚多糖），比如淀粉、纤维素；若多糖是由不相同的单糖缩聚而成的称为混合多糖（或杂多糖），比如果胶、半纤维素等。

根据水解产生的单糖种类，多糖分为以下几种。

（1）同多糖　水解时产生一种单糖或单糖衍生物，如糖原、淀粉、壳多糖等。

（2）杂多糖　水解时产生一种以上单糖或单糖衍生物，如透明质酸、半纤维素等。

4. 复合糖

糖类与蛋白质、脂质等生物分子形成的共价结合物如糖蛋白、蛋白聚糖和糖脂等，总称复合糖或糖复合物。

二、糖的旋光异构

1. 异构现象

同分异构（异构），是指存在两个或多个具有相同数目和种类的原子，因此具有相同相对分子质量的化合物的现象。同分异构有相同的组成，故具有相同的分子式。同分异构主要有两种类型：一是结构异构，这是由于分子中原子连接的次序不同造成的，包括碳架异构体、位置异构体和功能异构体。原子连接在一起的次序称为化合物的构造，用结构式表示。二是立体异构，立体异构体具有相同的结构式，但原子在空间的分布不同。原子在空间的相对分布或排列称为分子的构型。区分立体异构体之间的差别须用立体模型、透视式或投影式。

立体异构又可分为几何异构和旋光异构或光学异构。几何异构也称顺反异构，这是由于分子中双键或环的存在或其他原因限制原子间的自由旋转引起的。旋光异构是由于分子存在手性原子造成的，最常见的是分子内存在不对称碳原子。几何异构体是这样的一组立体异构体，它们当中不存在不可叠合的镜像对，因而不具旋光性（除非异构体同时符合旋光异构体的手性要求）。旋光异构体是一组至少存在一对不可叠合的镜像体的立体异构体，一般糖都有旋光性（除非异构体出现对称元素而失去手性）。

由于单键可自由旋转以及键角有一定的柔性，一种具有相同结构和构型的分子在空间里可采取多种形态，分子所采取的特定形态称为构象。组成、构造、构型和构象四个术语有明确的不同含义，不应混用。

2. 旋光性

当光波通过尼科尔棱镜时，由于棱镜的结构只允许沿某一平面振动的光波通过，其他光波都被阻断，这种光称为平面偏振光。当这种光通过旋光物质的溶液时，则光的偏振面会向右（顺时针方向或正向，符号+）旋转或向左（逆时针方向或负向，符号-）旋转。使偏振面向右旋的称为右旋光物质，如（+）-甘油醛，左旋的称为左旋光物质，如（-）-甘油醛。

旋光物质使平面偏振光的偏振面发生旋转的能力称为旋光性光学活性或旋

光度。在一定条件下旋光度 α 与待测液的质量浓度（ρ）和偏振光通过待测液的路径长度（l）的乘积成正比。

$$\alpha_\lambda^T = [\alpha]_\lambda^T \rho l \qquad 或 [\alpha]_\lambda^T = \alpha_\lambda^T / \rho l$$

式中　　$[\alpha]$——比例常数，称比旋或旋光率，即单位浓度和单位长度下的旋光度，比旋是旋光物质的特征物理常数

　　　　T——测定时的温度，℃

　　　　λ——所用光波波长，一般用钠光（$\lambda = 589nm$），此时可写作 $[\alpha]_D^T$

　　　　l——样品管长度，dm（1dm＝10cm）

　　　　ρ——每毫升溶液中所含旋光物质克数，g/mL

比旋数值前面加+号或–号，以指明旋光方向。某一物质的 $[\alpha]$ 值，甚至旋光方向，与测定时的温度、波长、溶剂种类、溶质浓度以及 pH 等有关。因此测定比旋时，必须标明这些因素。

3. 不对称碳原子

不对称碳原子是指其与四个不同的原子或原子团共价连接，因而失去对称性的四面体碳，也称手性碳原子、不对称中心或手性中心，常用 C^* 来表示。

有机化合物的旋光性与分子内部的结构有关，根据对称性原理，凡是分子中存在对称面、对称中心或四重交替对称轴这些对称元素之一的，都可以和它的镜像重合，没有上述三种元素的不能与它的镜像重合。分子这种不能与自己的镜像重合的关系，犹如人的左右手关系，因此称这种分子具有手性或称它为手性分子。手性分子都具有旋光性。

4. 构型

构型是指具有一定构造的分子中原子在空间的排列状况，或称为立体结构。对于旋光异构体来说，是指不对称碳原子的四个取代基在空间的相对取向。这种取向形成两种而且只有两种可能的四面体形式，即两种构型。下面以含一个手性碳原子的甘油醛为例，说明构型概念。甘油醛分子中的 C2 是一个手性碳原子，因此甘油醛可以有两种构型。它们的立体模型和透视式如图 13-1 所示。

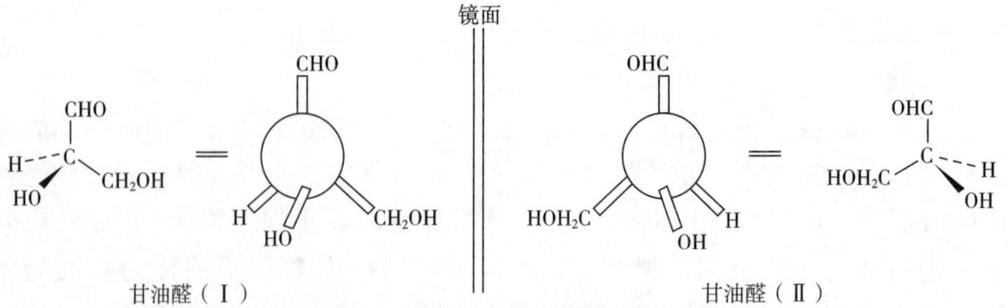

（中间为立体模型，两侧为透视式）

图 13-1　甘油醛的构型

　　从图 13-1 可以看出一个不对称碳原子的取代基团在空间里的两种取向是物体与镜像的关系，并且两者不能重叠，可见甘油醛（Ⅰ）和甘油醛（Ⅱ）是两种旋光异构体，它们也被称为对映体。两个对映体除了具有程度相等而方向相反的旋光性，以及具有不同的生物活性以外，它们其他物理和化学性质完全相同。

　　有机化合物的两个对映体，一个为右旋分子，一个为左旋分子。以甘油醛为例：甘油醛（Ⅰ）的构型为右旋分子，称为 D 型，标为 D（+）-甘油醛，简写为 D-甘油醛；而甘油醛（Ⅱ）的构型为左旋分子，称为 L 型，标为 L（−）-甘油醛，简写为 L-甘油醛。

　　对于只含有三个碳原子的单糖（甘油醛），只具有一个手性碳原子，在空间只有两种构型，D 型和 L 型。而对于三个碳以上的糖，由于存在不止一个手性碳原子，在规定其构型时，以距离醛基或酮基最远的不对称碳原子（或靠近伯醇基的不对称碳原子）为准，羟基在右的为 D 型，羟基在左的为 L 型。

　　在糖分子结构中，凡含有 1 个手性碳原子的，就有 2 个旋光异构体；分子中含有 2 个手性碳原子的，可产生 2^2（4）个旋光异构体；含有 3 个不对称碳原子的可产生 2^3（8）个旋光异构体。因此，凡分子中含有 n 个不对称（手性）碳原子的糖分子，就会产生 2^n 个旋光异构体。

　　Fischer 投影式，这种投影式是德国化学家 E. Fischer 于 1891 年首次提出来的。投影式可看成立体模型或透视结构在纸面上的投影，这是为了方便书写和比较，特别是对于含有多个手性碳原子的糖化合物。D（+）-甘油醛的透视式和投影式见图 13-2。

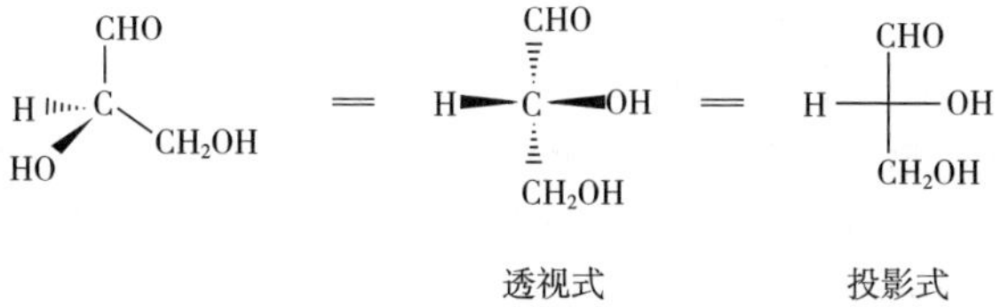

图 13-2　D（+）-甘油醛的立体结构

　　透视式中手性碳原子和实线键处于纸面内，虚线键伸向纸面背后，楔形键凸出纸面。投影式中两直线的交叉点有一个碳原子，水平方向的键伸向纸面前方，垂直方向的键伸向纸面后方。书写投影式时，通常规定碳链处于垂直方向，羰基写在链的上端，羟甲基写在下端，氢原子和羟基位于链的两侧。这样的投影式在纸面内可以转动 180° 而不改变原来的构型，但不允许旋转 90° 或 270°（如果未特别指出），更不能垂直纸面翻转。图 13-3 为 D（+）-葡萄糖的投影式和透视式。

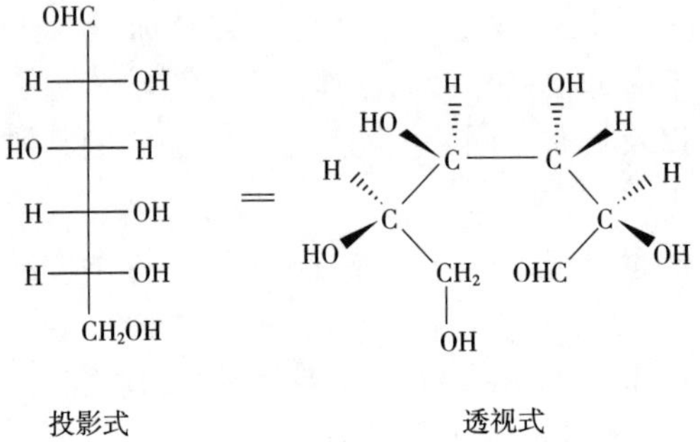

投影式   透视式

图 13-3 D（＋）-葡萄糖的投影式和透视式

三、单糖的结构

（一）定义及分类

具有 1 个自由醛基或酮基，以及有两个以上羟基的糖类物质称为单糖。含有醛基的单糖称为醛糖，含有酮基的单糖称为酮糖。

根据所含碳原子的数目，单糖又可以分为三碳糖（或丙糖）、四碳糖（或丁糖）、五碳糖（或戊糖）等，自然界中最重要的单糖是戊糖和己糖。最简单的单糖是三碳糖，有两个：甘油醛和二羟基丙酮。

（二）单糖的开链结构

单糖的直链状构型写法以 Fischer 式最具代表性，单糖可使平面偏振光的偏振面发生旋转的性质称为旋光性。除了二羟基丙酮外，所有的单糖都含有一个或更多的手性碳原子，均有其旋光异构体。不同的糖旋光性有差异，同一种糖的不同构型旋光性也有差异。分子中碳原子数 ≥3 的单糖因含手性碳原子，所以有 D 及 L 两种构型，如图 13-4 所示。凡单糖分子中与羰基相距最远的手性碳原子上的—OH 空间排布与 D-甘油醛中的手性碳原子相同，这些糖都属于 D 型。相反与羰基相距最远的手性碳原子的构型与 L-甘油醛中的手性碳原子相同，则这些糖都属于 L 型。天然存在的 L 型糖是不多的。

（三）单糖的环状结构

1. 变旋性

葡萄糖分子具有不对称碳原子，因此具有一定的比旋度，但是葡萄糖有两种结晶：一种是在纯酒精中结晶出来的，另一种在纯水中结晶出来。将这两种葡萄糖结晶中的任何一种溶解到水中，比旋光度会随着时间延续而改变，最后

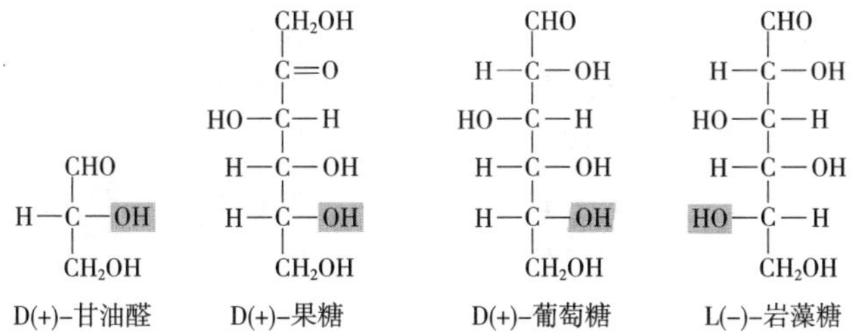

CH₂OH　　　　CHO　　　　CHO
|　　　　　　　|　　　　　　|
C＝O　　　H—C—OH　　H—C—OH
|　　　　　　　|　　　　　　|
HO—C—H　　HO—C—H　　HO—C—H
|　　　　　　　|　　　　　　|
CHO　　　H—C—OH　　H—C—OH　　H—C—OH
|　　　　　|　　　　　　|　　　　　　|
H—C—OH　H—C—OH　　H—C—OH　　HO—C—H
|　　　　　|　　　　　　|　　　　　　|
CH₂OH　　CH₂OH　　　CH₂OH　　　CH₂OH

D(+)-甘油醛　　D(+)-果糖　　　D(+)-葡萄糖　　　L(−)-岩藻糖

图 13-4　单糖的 D/L 型

达到一个稳定值，这种现象称为变旋性，但葡萄糖的开链结构却不能解释这个现象。研究表明，葡萄糖分子并不是完全呈开链结构，而是由两个功能基反应成环状。

2. 环状半缩醛

葡萄糖是多羟基醛，应该显示醛的特性反应，但是实际上葡萄糖并没有简单醛类的特性显著。从羰基的性质可以了解到，醇与醛或酮类化合物可以发生快速而且可逆的亲核加成，形成半缩醛。有人提出，糖分子中的羰基并不是游离的，而是与分子中的羟基形成了具有氧环式结构的半缩醛（或半缩酮）。实验证明仅能生成半缩醛。

单糖由开链式结构变为环状结构后，羰基碳原子成为了新的手性中心，产生两个非对映异构体。异头碳的羟基与最末尾的手性碳原子的羟基处于同侧的为 α-异头物，处于异侧为 β-异头物，如图 13-5 所示。

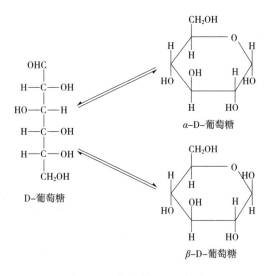

图 13-5　葡萄糖的环状结构

3. 吡喃糖和呋喃糖

开链的单糖形成环状时，最容易出现五元环和六元环的结构。例如 D-葡萄糖 C5 上的羟基与 C1 的醛基加成生成六元环的吡喃［型］葡萄糖，又如 D-果糖 C5 上的羟基与 C2 的酮基加成形成五元环的呋喃［型］果糖。吡喃糖和呋喃糖的名称分别来自简单的环型醚：吡喃和呋喃。D-葡萄糖主要以吡喃糖存在，呋喃糖次之。对葡萄糖来说，吡喃型比呋喃型稳定，见图 13-6。

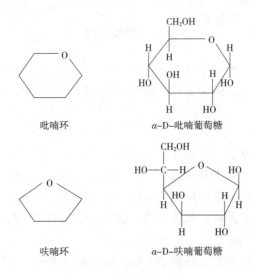

图 13-6　吡喃糖和呋喃糖

（四）单糖的构象

构象是指具有一定构造的分子，由于单键旋转而产生的分子中原子或基团在空间的不同排列形象。X 射线分析技术研究表明：以六元环存在的糖分子中成环的碳原子和氧原子不在一个平面内，单糖有船式和椅式两种构象，而椅式构象糖分子比船式构象更为稳定，见图 13-7。

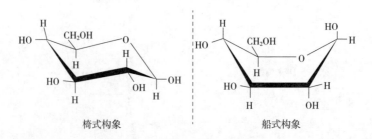

图 13-7　葡萄糖的两种构象

四、单糖的性质

（一）单糖的物理性质

1. 旋光性

具有手性的分子都具有旋光性，要判断一个化合物是否有旋光性，就要看它是否为手性分子。每个单糖分子都含有不对称碳原子，所以都具有旋光能力。

2. 溶解度

纯净的单糖为白色晶体，有较强的吸湿性。单糖分子中有多个羟基，增加了它的水溶性，所以极易溶于水，尤其在热水中的溶解度极大。单糖在乙醇中也能溶解，但不溶于乙醚、丙酮等有机溶剂。

3. 甜度

严格来说，甜度不是物理性质，它属于一种感觉，甜度的比较也不是十分精确。甜度通常用蔗糖作为标准，它的甜度定为100，果糖的甜度近似是蔗糖的两倍，其他糖的甜度均低于蔗糖，见表13-1。

表 13-1 几种糖的甜度

名称	甜度	名称	甜度
果糖	173.3	鼠李糖	32.5
转化糖	130	麦芽糖	32.5
蔗糖	100	半乳糖	32.1
葡萄糖	74.3	棉籽糖	22.6
木糖	40	乳糖	16.1

（二）单糖的化学性质

单糖分子中的醇羟基显示醇的一般性质，例如成酯、成醚等。单糖在水溶液中既可以成为链式结构发生反应（与斐林试剂、托伦试剂反应，成肟反应等），又可以成为氧环式结构发生反应（成苷反应）。

1. 氧化反应

单糖含有自由醛基或酮基，具有还原性，都能发生氧化作用。单糖可被多种氧化剂氧化，其氧化产物因所用氧化剂的不同而异。

（1）弱氧化剂——斐林试剂和托伦氧化 斐林试剂或托伦试剂可被醛糖、酮糖（α-羟基酮）还原，分别生成氧化亚铜砖红色沉淀和银镜。单糖是还原性糖。该反应可用作单糖的定性和定量测定，但不能用于鉴别醛糖和酮糖。像这种能还原托伦和斐林试剂的糖，称之为还原糖。

（2）溴水能氧化醛糖，但不能氧化酮糖，可以利用这个反应来区别醛糖和酮糖。在酸性溶液中醛糖比酮糖易于氧化。

$$
\begin{array}{c}
\text{CHO} \\
\text{H}\!-\!\text{OH} \\
\text{HO}\!-\!\text{H} \\
\text{H}\!-\!\text{OH} \\
\text{H}\!-\!\text{OH} \\
\text{CH}_2\text{OH}
\end{array}
\xrightarrow{\text{Br}_2/\text{H}_2\text{O}}
\begin{array}{c}
\text{COOH} \\
\text{H}\!-\!\text{OH} \\
\text{HO}\!-\!\text{H} \\
\text{H}\!-\!\text{OH} \\
\text{H}\!-\!\text{OH} \\
\text{CH}_2\text{OH}
\end{array}
\xcancel{\xleftarrow{\text{Br}_2/\text{H}_2\text{O}}}
\begin{array}{c}
\text{CH}_2\text{OH} \\
\text{C}\!=\!\text{O} \\
\text{HO}\!-\!\text{H} \\
\text{H}\!-\!\text{OH} \\
\text{H}\!-\!\text{OH} \\
\text{CH}_2\text{OH}
\end{array}
$$

D-葡萄糖　　　　　　　　　　D-葡萄糖酸　　　　　　　　　　D-果糖

（3）D-葡萄糖在葡萄糖氧化酶作用下易氧化成 D-葡萄糖酸内酯。在弱酸性条件下（pH5.0），溴水可将己醛糖氧化为醛糖酸的内酯。

$$
\text{D-葡萄糖}
\xrightarrow[\text{H}_2\text{O}]{\text{Br}_2}
\text{D-葡萄糖酸-}\delta\text{-内酯}
\underset{-\text{H}_2\text{O}}{\overset{+\text{H}_2\text{O}}{\rightleftharpoons}}
\begin{array}{c}
\text{COOH} \\
\text{H}\!-\!\text{OH} \\
\text{HO}\!-\!\text{H} \\
\text{H}\!-\!\text{OH} \\
\text{H}\!-\!\text{OH} \\
\text{CH}_2\text{OH}
\end{array}
$$

D-葡萄糖　　　　　　　　　　D-葡萄糖酸-δ-内酯　　　　　　　　　D-葡萄糖酸

2. 还原反应

单糖中有游离羰基，易于还原，在一定压力与催化剂或酶的作用下，羰基被还原成羟基，单糖被还原成糖醇。如 D-葡萄糖内的羰基加氢还原成羟基，得到 D-葡萄糖醇，称为山梨糖醇，是一种保湿剂，甜度仅是蔗糖的 50%，是糖尿病人的甜味剂。D-果糖可转化为 D-葡萄糖醇或 D-甘露醇。D-甘露醇的甜度是蔗糖的 65%；木糖可以还原成木糖醇，甜度为蔗糖的 70%。

$$
\begin{array}{c}
\text{CHO} \\
\text{CHOH} \\
\text{HO}\!-\!\text{CH} \\
\text{CHOH} \\
\text{CHOH} \\
\text{CH}_2\text{OH}
\end{array}
\xrightarrow{[\text{H}]}
\begin{array}{c}
\text{CH}_2\text{OH} \\
\text{CHOH} \\
\text{HO}\!-\!\text{CH} \\
\text{CHOH} \\
\text{CHOH} \\
\text{CH}_2\text{OH}
\end{array}
$$

葡萄糖　　　　　　　　　　　山梨糖醇

3. 成苷反应

单糖的环状结构中的半缩醛（或半缩酮）羟基较分子内的其他羟基活泼，故可与醇或酚等含—OH 的化合物脱水形成缩醛（或缩酮）型物质，这种物质称为糖苷，又称配糖物，其中糖部分称为糖基，非糖部分称为配基。

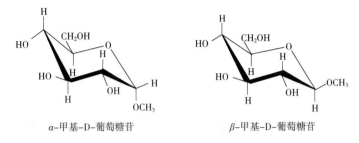

α-甲基-D-葡萄糖苷　　　　　　β-甲基-D-葡萄糖苷

4. 焦糖化和羰氨反应

（1）焦糖化反应　直接加热 $T>135℃$（约）→焦糖化。焦糖色素：我国使用的天然色素之一。

（2）美拉德反应　还原性糖+游离氨基。反应生成类黑精色素和褐变风味物质，产生一定的色泽和风味。缺点：部分氨基酸损失，尤其是 L-赖氨酸。

反应条件：中等水分，pH7.8~9.2反应速度最快。铜铁离子可促进反应进行。控制反应条件：降低含水量，避免铜铁等金属离子的不利影响，降低温度和 pH。

$$
\begin{array}{ccc}
\text{H—C=O} & & \text{H—C=N—R} \\
| & & | \\
\text{CHOH} & & \text{CHOH} \\
| & & | \\
\text{HO—CH} & \xrightleftharpoons{R-NH_2} & \text{HO—CH} \longrightarrow \begin{array}{c}\text{复杂高分子色素}\\(\text{类黑色素})\end{array} \\
| & & | \\
\text{CHOH} & & \text{CHOH} \\
| & & | \\
\text{CHOH} & & \text{CHOH} \\
| & & | \\
\text{CH}_2\text{OH} & & \text{CH}_2\text{OH} \\
\text{葡萄糖} & & \text{席夫碱}
\end{array}
$$

（三）重要的单糖及其衍生物

1. 丙糖

D-甘油醛和二羟丙酮其结构式分别见图 13-4 和图 13-8。它们的磷酸酯是糖酵解中的重要中间物。二羟丙酮、甘油醛是具有光学活性的最简单的单糖，常被用作生物分子确定 DL 构型的标准物。

2. 丁糖

D-赤藓糖和 D-赤藓酮糖其结构式分别见图 13-9 和图 13-10。它们是丁糖的代表，常见于深海藻类、地衣等低等植物中。D-赤藓糖的 4-磷酸酯是戊糖磷酸途径以及光合作用中固定 CO_2 的 Calvin 循环中的重要中间物。D-赤藓酮糖是联系 D 系酮糖立体化学的重要一员。

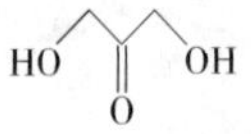

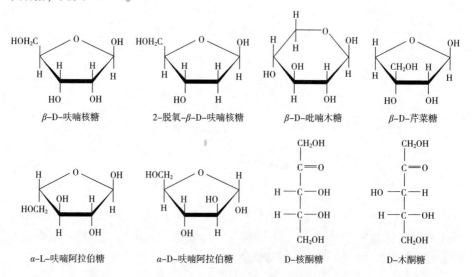

图 13-8　二羟丙酮结构式 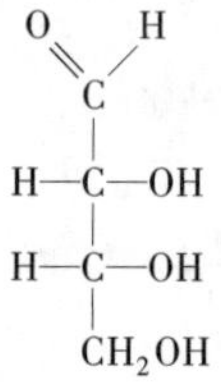　　图 13-9　D（－）-赤藓糖结构式

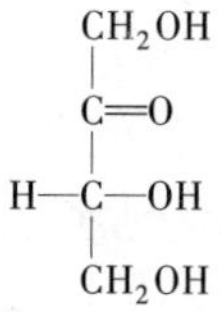

图 13-10　D（－）-赤藓酮糖结构式

3. 戊糖

自然界中存在的戊醛糖主要有 D-核糖及其脱氧衍生物 2-脱氧-D-核糖、D-木糖、L-阿拉伯糖和少见的 D-阿拉伯糖、芹菜糖。戊酮糖主要有核酮糖和木酮糖，见图 13-11。

β-D-呋喃核糖　　　2-脱氧-β-D-呋喃核糖　　　β-D-吡喃木糖　　　β-D-芹菜糖

α-L-呋喃阿拉伯糖　　　α-D-呋喃阿拉伯糖　　　D-核酮糖　　　D-木酮糖

图 13-11　几种常见的戊糖

（1）D-核糖和 2-脱氧-D-核糖分别是 RNA 和 DNA 的组成成分，成苷时它们以 β-呋喃糖形式参与。D-核糖的 5-磷酸酯也是磷酸戊糖途径和 Calvin 循环的中间物。

（2）D-木糖多以戊聚糖形式存在于植物和细菌的细胞壁中，是树胶和半纤维素的组分。用酸水解法（8% H_2SO_4）可以从粉碎的秸秆、木材、玉米芯以及种子和果实的外壳（如棉籽壳、花生壳）中大量制取 D-木糖。经还原可转变为 D-木糖醇。酵母不能发酵 D-木糖，但类酵母（如 Torula、*Morillin*）能在用玉米芯、秸秆等酸解制得的木糖溶液中生长和发育，使木糖溶液变成富含蛋白质和维生素的饲料。

（3）L-阿拉伯糖也称果胶糖（Pectinose），广泛存在于植物和细菌的细胞壁以及树皮创伤处的分泌物（树胶）中。它是果胶物质、半纤维素、树胶和植物桃蛋白的重要成分，可用酸解法从牧豆树胶或甜菜渣中获取 L-阿拉伯糖，酵母不能使其发酵。

（4）D-阿拉伯糖存在于某些植物和结核杆菌（*M. tubercloi*）中，参与植物糖苷和细胞壁的组成。

（5）芹菜糖是一种支链戊糖，它以 D-赤藓呋喃糖形式存在于自然界。最先从芹菜苷（Apiin）的水解液中获得，后来在其他糖苷和多种水生植物中也可以找到。

（6）D-核酮糖和 D-木酮糖存在于很多植物和动物细胞中，它们的 5-磷酸酯也参与磷酸戊糖途径和 Calvin 循环。

4. 己糖

常见的己糖有 D-葡萄糖、D-半乳糖、D-甘露糖和 D-果糖。不常见的有 L-山梨糖和 L-半乳糖等。

（1）D-葡萄糖也称右旋糖，其 α 和 β 异头物达平衡时的比旋为 $[\alpha]$ = +52.6。在医学和生理学上常称它为血糖（Blood Sugar），它能被人体直接吸收并利用，正常人空腹时血液中葡萄糖浓度约为 5mmol/L，D-葡萄糖是人体和动物代谢的重要能源，是植物中淀粉和纤维素等的构件分子。D-葡萄糖在工业上用盐酸水解淀粉的方法获取，是食品和制药工业的重要原料，酵母可使其发酵。

（2）D-半乳糖是乳糖、蜜二糖和棉籽糖等的组成成分，也是某些糖苷以及脑油脂和神经节苷脂的组成成分。它主要以半乳聚糖形式存在于植物细胞壁中。在少数植物的果实，如常春藤果实中，存在游离的 D-半乳糖，常在果实的表面析出半乳糖结晶。D-半乳糖只能被专门的乳糖酵母发酵。

（3）L-半乳糖作为构件分子之一存在于琼脂和其他多糖分子中。

（4）D-甘露糖主要以甘露聚糖形式存在于植物的细胞壁中，用酸水解坚果外壳可制取 D-甘露糖，酵母能使其发酵。

（5）D-果糖也称左旋糖，是自然界中最丰富的酮糖，以游离状态与葡萄糖和蔗糖一起存在于果汁和蜂蜜中，或与其他单糖结合成为某些寡糖（蔗糖、龙胆糖、松三糖等）的组成成分，或以果聚糖形式存在于菊科植物中，例如用菊芋块茎制作的菊粉，它曾是用来制取 D-果糖的一种重要原料。现在多用 D-木糖异构酶，亦称葡萄糖异构酶，可将葡萄糖糖浆（淀粉水解液）转化为果糖糖浆，这为食品工业开辟了一条制造果糖的新途径。

（6）L-山梨糖是另一个容易获得的己酮糖。它存在于被细菌发酵过的山梨果汁中。已证明，L-山梨糖是由醋酸杆菌氧化山梨果中的山梨醇而来的。L-山梨糖是工业上合成维生素 C（抗坏血酸）的重要中间物，因此它在维生素制造业中有着重要意义。

工业上先用催化加氢的方法将 D-葡萄糖还原为山梨醇，然后用一种醋酸杆菌在充分供氧的条件下氧化山梨醇为 L-山梨糖（但不产生 D-果糖），得率高达 90% 以上。

五、寡糖

（一）寡糖的命名

如果糖苷的配基是另一分子单糖，这个缩醛衍生物就称为二糖。若干个单糖间若都以糖苷键相连，就构成三糖、四糖等。一般把单糖基数为 2~10 个（常见为 2~6 个）构成的糖类物质，称为寡糖或低聚糖（Oligosaccharide），而把糖基数大于 10 的单糖聚合物称为多糖或高聚糖（Polysaccharide）。天然寡糖大多来自于植物，现已发现自然界存在的寡糖达 580 余种，其中多数为二糖。

现在寡糖多用习惯名称。如果按结构来命名，一般考虑以下三个方面。

1. 单糖种类

即由哪一种或哪几种单糖构成的。

2. 连接方式

指出糖苷键连接在糖的哪个位置上。

3. 糖苷键构型

即糖苷键是 α 型还是 β 型。

在表示寡糖结构式时，常用英文名词前 3 个字母作为单糖基的符号。例如，果糖基用 Fru，甘露糖基用 Man，半乳糖基用 Gal，鼠李糖基用 Rha，只有葡萄糖基例外，用 Glc 表示（以免与谷氨酸的符号 Glu 相混淆）。

根据结构特点的命名，单糖与单糖间通过糖苷键连接。糖苷键连接的方向用箭头表示，由糖基的半缩醛羟基指向配基糖的位置。例如，麦芽糖表示为：α 葡萄糖（1 → 4）葡萄糖；乳糖表示为：β 半乳糖（1 → 4）葡萄糖。如果两个糖基均是半缩醛羟基缩合连接，则用 1 ←→ 1 表示。

（二）二糖（Disaccharides）

二糖（或称双糖）是两分子单糖缩合失去 1 分子水而生成的，因此，二糖水解后可得到两分子单糖。自然界存在的重要二糖有 3 种：蔗糖、麦芽糖和乳糖，此外，还有纤维二糖、蜜二糖、龙胆二糖等。

1. 蔗糖

蔗糖广泛存在于植物体内，尤以甘蔗和甜菜中含量最高，因此，它们是制糖工业的重要原料。

蔗糖由 1 分子葡萄糖和 1 分子果糖脱水缩合而成，即 α-葡萄糖（吡喃型）C 上的半缩醛羟基与 β-果糖（呋喃型）C 上的半缩酮羟基相互作用所形成的化学键为（1 ←→ 2）糖苷键。因为葡萄糖和果糖相互为配基，因此，蔗糖可以称为 β-果糖（1 → 2）葡萄糖苷或 α-葡萄糖（2 ←→ 1）果糖苷。蔗糖同样具有右旋性，结构见图 13-12。

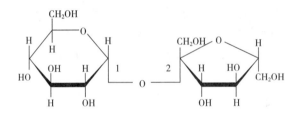

图 13-12　蔗糖结构式

2. 麦芽糖

各种谷物发芽的种子中都含有麦芽糖，淀粉水解后大多也在糖酶的作用下，可水解产生 α-葡萄糖。麦芽糖又称饴糖，是由 2 分子的葡萄糖通过 α-1,4-糖苷键缩合而成的双糖。因此麦芽糖分子中仍保留了一个半缩醛羟基，是典型的还原糖。麦芽糖在麦芽糖酶的作用下水解可产生 2 分子 α-D-葡萄糖。麦芽糖存在于麦芽、花粉、花蜜、树蜜及大豆植株的叶柄、茎和根部。谷物种子发芽时就有麦芽糖生成，啤酒生产用的麦芽汁含糖成分主要是麦芽糖，见图 13-13。

常温下，纯麦芽糖为透明针状晶体，易溶于水，微溶于酒精，不溶于醚。其熔点为 102~103℃，比甜度为 30，甜味柔和，有特殊风味。麦芽糖易被机体消化吸收，在糖类中营养最为丰富。麦芽糖有还原性，能形成糖脎，有变旋作用，比旋光度为 $[\alpha]$ = +136°。麦芽糖可被酵母发酵，水解后产生 2 分子葡萄糖。工业上将淀粉用淀粉酶糖化后加酒精使糊精沉淀除去，再经结晶即可

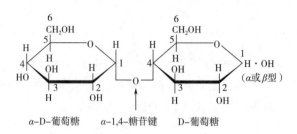

图 13-13　麦芽糖结构式

制得纯净麦芽糖。通常麦芽糖晶体为 β 型，麦芽糖是食品中使用的一种温和的甜味剂。

3. 乳糖

乳糖是由 1 分子 D-半乳糖与 1 分子 D-葡萄糖以 β-1,4-糖苷键连接而成的二糖。乳糖是由 1 分子葡萄糖与 1 分子半乳糖缩合而成的，其连接方式为半乳糖 C1 上的半缩醛羟基与葡萄糖 C4 上的羟基以 β 方式连接。乳糖有旋光性及变旋作用。从结构上看，乳糖分子中葡萄糖残基的半缩醛羟基尚存在，因此具有还原性。因分子中保留了葡萄糖的半缩醛羟基，所以乳糖是还原性二糖，有变旋现象，能溶于水，不易吸潮，不易被酶水解，常用作赋形剂，见图13-14。

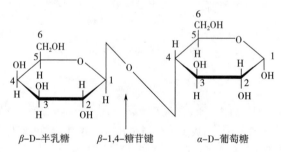

图 13-14　α-乳糖结构式

乳糖主要存在于各种动物的乳汁中，牛乳含乳糖 4.6%~5.0%，人乳含乳糖 5%~7%。纯品乳糖为白色固体，溶解度小，比甜度为 20。乳糖在乳糖酶的作用下，可水解成 D-葡萄糖和 D-半乳糖而被人体吸收。乳糖可以促进婴儿肠道双歧杆菌的生长，有助于机体内钙的代谢和吸收，但对体内缺乳糖酶的人群，可导致乳糖不耐症。

六、多糖

多糖是指由 20 个以上单糖分子缩合而成的糖类。多糖是结构复杂的大分子物质,广泛存在于动、植物中。

生物体内的多糖,仅由少数几种单糖或单糖衍生物组成。如果仅由1种单糖构成,即称为同聚多糖(Homopolysaccharide),如果由几种不同的单糖(或其衍生物)构成,则称为杂聚多糖(Heteropoly saccharide),简称杂多糖。葡萄糖是组成多糖的最常见单位。无论同聚多糖还是杂聚多糖,其分子结构都可以看成是由1个二糖单位(Disaccharide Unit)通过糖苷键连接,多次重复聚合而成的。

多糖在性质上与单糖及寡糖不同。多糖一般不溶于水,有的即使能溶解,也只能形成胶体溶液;多糖无甜味,无还原性;多糖有旋光性,但无变旋现象;多糖在酸或酶作用下可以水解成单糖、二糖以及部分非糖物质。以下介绍同聚多糖。

1. 淀粉(Starch)

(1)分布 人类食物的糖类大部分是淀粉。淀粉广泛分布于自然界,特别是在植物的种子(大米、小麦、玉米等)、根茎(马铃薯、红薯)及果实(花生、白果、板栗等)内贮存甚多。作物中淀粉的含量随品种、生理条件等因素而不同。

(2)结构 淀粉是由许多 α-D-葡萄糖分子以糖苷键结合而成的高分子化合物。天然淀粉由两种成分所组成,一种是溶于水的直链淀粉(糖淀粉),另一种是不溶于水的支链淀粉(胶淀粉)。这两种淀粉在不同的植物中含量是不同的,一般说来,直链淀粉占 $10\% \sim 20\%$,支链淀粉占 $80\% \sim 90\%$。二者所占比例受遗传因子的控制,也与成熟度及生长条件有关。

①直链淀粉(Amylose):直链淀粉是由 α-D-葡萄糖通过 $1 \to 4$ 糖苷键连接而成的大分子,其相对分子质量为 $3.2 \times 10^4 \sim 1.6 \times 10^5$,相当于含有 $200 \sim 980$ 个葡萄糖残基,所以,构成直链淀粉的二糖单位为麦芽糖。由末端分析得知,每个直链淀粉分子是一条线形的不分支的链形结构,它的真实空间结构是以平均每6个葡萄糖单位构成的一个螺旋圈,许多螺旋圈构成弹簧状的空间结构,见图 13-15。

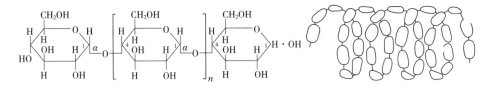

图13-15 直链淀粉的结构

②支链淀粉(Amylopectin):支链淀粉的分子比直链淀粉大,相对分子质

量在 $1×10^6~6×10^6$，相当于含有 600~6000 个葡萄糖残基。葡萄糖与葡萄糖分子之间主要以（1→4）糖苷键连接，在结合到一定长度后即产生 1 个分支，分支与主链以 α-（1→6）糖苷键连接。每个支链平均含有 24~30 个葡萄糖基，而在主链上每两个分支点的距离平均为 11~12 个葡萄糖残基。支链的数目可达 50~70 个（图 13-16）。构成支链淀粉的二糖单位为麦芽糖和异麦芽糖 [Isomaltose，即 α（1→6）连接]。

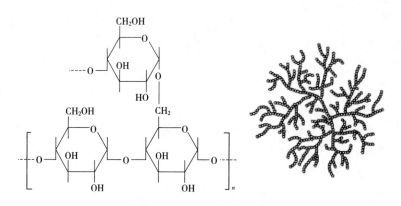

图 13-16　支链淀粉的结构

1 个直链淀粉分子具有两个末端，一端存在 1 个游离的 C 半缩醛羟基，称为还原端（Reducing End）；另一端存在 C 羟基，称为非还原端（Nonreducing End）。单个直链淀粉分子具有 1 个还原端和 1 个非还原端。1 个支链淀粉分子有 1 个还原端和 $n+1$ 个非还原端，n 为分支数。

（3）性质　淀粉的一个主要性质是与碘的反应，糖淀粉（直链）遇碘会产生蓝色，胶淀粉（支链）遇碘会产生紫红色。利用这种颜色反应可以鉴别淀粉。

淀粉与碘的反应性质与淀粉分子的螺旋结构有关。当淀粉形成螺旋圈时，碘分子进入其内，糖的羟基成为电子供体，碘分子成为电子受体，形成络合物。一个螺旋圈所含葡萄糖基数称为聚合度或重合度。当聚合度为 20 左右时，与碘形成的络合物显红色，在 20~60 时为紫红色，大于 60 时则呈现蓝色。当链长小于 6 个葡萄糖基时，不能形成一个螺旋圈，此时遇碘不显色。

在淀粉水解过程中产生一系列分子大小不等的复杂多糖，统称为糊精。由于糊精不是一种天然产品，只是水解过程中的一些中间产物，故无一定的相对分子质量和结构。淀粉水解时先生成淀粉糊精（与碘成蓝色），继而生成红糊精（与碘成红色），再生成低分子质量的无色糊精（遇碘不呈色）以至麦芽糖，最终生成葡萄糖。

淀粉→淀粉糊精→红糊精→无色糊精→麦芽糖→葡萄糖

淀粉与无机酸一起加热时，可被水解，最终产物是 α-D-葡萄糖。若淀粉与酸缓慢地作用（7.5% HCl，室温放置 7d），则形成"可溶性淀粉"。

淀粉无还原性（糊精具有还原性），具有右旋光性（$[\alpha]$ = +201.5°~205°）。淀粉颗粒一般不溶于冷水，但在热水中可膨胀成浆糊。由于天然淀粉不溶于水，且相对密度很大（平均约为 1.5），因此，当生淀粉的悬浮液放置时，很容易沉淀，工业上就是利用这个原理来精制淀粉的。

2. 糖原

（1）存在　糖原主要存在于动物体内的肝脏（肝糖原）、肌肉（肌糖原）和肾脏（肾糖原）中，以肝中含量最多，所以有动物淀粉之称。此外，在一些低等植物、真菌、酵母和细菌中，也存在糖原类似物质。

糖原是人和动物的一种能量来源。人体内缺乏葡萄糖时，肝糖原经分解而被输入血液中，并变成葡萄糖以供消耗；在饭后或其他情况下血中葡萄糖的含量（血糖）升高时，多余的葡萄糖又可以转变成糖原而贮存于肝脏中。肌糖原则是肌肉收缩的重要能源。

（2）结构　糖原的基本组成单位也是 α-D-葡萄糖，相对分子质量很大，相当于 3 万个葡萄糖单位。它的基本结构与支链淀粉相似，但分支更多，且分支的支链长度一般由 10~14 个葡萄糖单位组成，主链上每 3~5 个葡萄糖残基就有一个分支。葡萄糖的连接方式也是 α(1→4)糖苷键和 α(1→6)糖苷键，糖原的整个分子呈球形，见图 13-17。

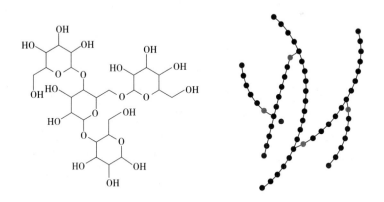

图 13-17　糖原的基本组成和结构

（3）性质　糖原与碘作用呈现红色，无还原性；糖原能溶于水及三氯醋酸，但不溶于乙醇及其他有机溶剂。因此，可用三氯醋酸提取动物肝脏中的糖原，然后再用乙醇沉淀。

3. 纤维素

（1）分布   纤维素是构成植物细胞壁和支撑组织的重要成分。木质部内纤维素的含量达 50% 以上，棉花的纤维素含量达 90% 以上，纤维素是自然界存在最丰富的多糖。

人和动物不能直接利用纤维素作食物，因为人体内没有种能够催化水解纤维素的酶。反刍动物（牛、羊）及某些吃木材的昆虫之所以能够消化纤维素，是因为在它们的消化道中具有某些微生物，这些微生物体内存在能够水解纤维素的酶。

（2）结构   纤维素是由许多 β-D-葡萄糖分子脱水缩合而成的，其结构类似于直链淀粉，不分支，β-葡萄糖分子借 β（1 → 4）糖苷键连接。二糖单位为纤维糖。纤维素的相对分子质量因植物种类、处理过程及测定方法而不同，出入较大，一般为 $(5 \sim 200) \times 10^4$。

纤维素的分子是一条螺旋状的长链，由 100~200 条这样彼此平行的长链通过氢键结合成纤维束。氢键是由纤维素分子的羟基与纤维素所吸附的水分子形成的，纤维素的化学稳定性和机械性能都取决于这种纤维束的结构，见图 13-18。

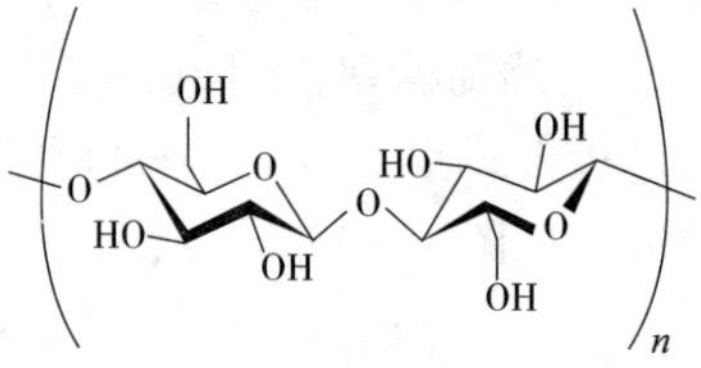

图 13-18   纤维素的分子结构

（3）性质   纤维素在性质上与其他糖类的主要区别是在大部分溶剂中极难溶解，例如纤维素不溶于水、稀酸和稀碱，也不溶于一般的有机溶剂。

从纤维素的结构可以看出，每一个葡萄糖分子含有 3 个自由羟基（C2，C3 和 C6），因此能与酸生成酯。如果将纤维素加入浓硝酸和浓硫酸的硝化剂中，由于所用酸的浓度和硝化的时间不同，可以将其中的 3 个羟基逐步酯化。

纤维素三硝酸酯，即所谓硝化纤维（又称火棉），是制造炸药的原料，在外表上与棉花区别很小，但一遇火即迅速燃烧。纤维素一硝酸酯和二硝酸酯的混合物溶于醚和醇的混合液中，可得到一种黏稠的制品，如火棉胶这种制品是工业和医药的原料。

如果将纤维素用特殊试剂溶解，如氢氧化铜的氨溶液、氯化锌盐酸溶液、NaOH 和二硫化碳处理，可以得到多种人造纤维的原料。

4. 半纤维素（Hemicellulose）

半纤维素包括很多高分子多糖，这些高分子多糖是多聚戊糖、己糖和少量的糖醛酸，如多聚木糖、多聚半乳糖、多聚甘露糖、多聚阿拉伯糖等。它们的结构较为复杂，多以 β-糖苷键方式相连，如多聚半乳糖（约 120 个残基）、多聚木糖（150~200 个残基）、多聚甘露糖（200~400 个残基）都以 β（1→4）糖苷键连接，而多聚阿拉伯糖含有 1→5 和 1→3 两种糖苷键。

这些多聚糖都有共同的特征：不溶于水，但可溶于稀碱；比纤维素更易被酸所水解，水解产物为甘露糖、半乳糖、阿拉伯糖、木糖及糖醛酸等。

半纤维素大量含于植物木质化部分，如种子的坚果、木质部、玉米芯内。多聚木糖主要存在于木质部以及植物的纤维组织中，多聚甘露糖也发现于酵母中。

稻谷、棉籽壳、蒿秆中都含有多聚戊糖，这是制造糠醛的原料，而糠醛是制造树脂、尼龙等的重要原料。

七、糖在发酵过程中的转化

淀粉经酶的作用生成糖及其中间产物的过程称为糖化。在白酒生产中，除了液态发酵法白酒是先糖化后发酵外，固态和半固态发酵的白酒，都是边糖化边发酵。糖化过程中的物质变化，以淀粉酶解为主，同时也有一系列的生物化学反应。以下介绍淀粉糖化过程中的物质变化。

1. 淀粉的酶解及其产物

淀粉酶解成糖的总反应式如下。

$$(C_6H_{10}O_5)_n + nH_2O \xrightarrow{\text{淀粉酶}} nC_6H_{12}O_6$$
$$\text{淀粉} \qquad \text{水} \qquad\qquad \text{葡萄糖}$$

由上式中各成分的相对分子质量不难算出，在理论上 100kg 淀粉可生成 111.12kg 葡萄糖。但实际上淀粉酶包括 α-淀粉酶、糖化酶、异淀粉酶、β-淀粉酶、麦芽糖酶、转移葡萄糖苷酶等多种酶同时在起作用，因此酶解产物除葡萄糖外，还有糊精、麦芽糖、低聚糖等成分。转移糖苷酶还能分解麦芽糖等以 α-1,6-糖苷键、α-1,2-糖苷键或 α-1,3-糖苷键结合而成的低聚糖。它们不能被糖化酶分解，是非发酵性糖类。转移糖苷酶还能将葡萄糖与酒精结合，生成 α-乙基葡萄糖苷。

另外，酸性蛋白酶与 α-淀粉酶等酶协同作用，进行淀粉的糖化，这说明淀粉酶的作用也不是孤立的。

2. 淀粉及其酶解产物的分子组成及特性

（1）淀粉的结构及特性　淀粉的分子式为 $C_n(H_2O)_m$，是由许多葡萄糖（1 个葡萄糖分子脱去 1 分子水）为基本单位连接起来的。可分为直链淀粉和支链淀粉两大类。凡是糯性的高粱、大米、玉米等的淀粉，几乎全是支链淀粉；而呈粳性的粮谷中，大约有 80% 是支链淀粉，20% 左右是直链淀粉。

①直链淀粉：由大量葡萄糖分子以 α-1,4-键脱水缩合，组成不分支的链

状结构。其相对分子质量为几万至几十万，易溶于水，溶液黏度不大，容易老化，酶解较完全。

②支链淀粉：分支的链状结构，且在分支点的 2 个葡萄糖残基以 α-1，6-键结合，每隔 8~9 个葡萄糖苷单位即有 1 个分支。其相对分子质量为几十万至几百万，热水中难溶解，溶液黏度较高，不容易老化，糖化速度较慢。

（2）淀粉酶解产物的特性　糖化作用一开始，就生成中间产物及最终产物，但以中间产物为主。随着糖化作用的不断进行，碳水化合物的平均相对分子质量、物料黏度及比旋度等会逐渐降低，但还原性逐渐增强，对碘的呈色反应渐趋消失。通常，可溶性淀粉遇碘呈蓝色→蓝紫色→樱桃红色；淀粉糊精及赤色糊精遇碘也呈樱桃红色；变为无色糊精后的产物，遇碘时不再变色，即为呈黄色的碘液色泽。

实际上，除液态发酵法制白酒外，醋糟和酒醅中始终含有较多的淀粉。淀粉浓度的下降速度和幅度受曲的质量、发酵温度和升温状况等因素制约。若酒曲糖化力高且持久、酵母发酵力强且有后劲，则酒醅升温及生酸速度较稳，淀粉浓度下降快，出酒率也高。通常在发酵的前期和中期，淀粉浓度下降较快；发酵后期，由于酒精含量及酸度较高，淀粉酶和酵母活性减弱，因此淀粉浓度变化不大。在丢糟中，仍存在很多利用不完全的残余淀粉、蛋白质、维生素、无氮浸出物等成分。淀粉糊精可沉淀于 40% 的酒精中，赤色糊精可沉淀于 65% 的酒精中，无色糊精和寡糖则需用 96% 的酒精才能沉淀。

①糊精：糊精是介于淀粉和低聚糖的酶解产物，无固定的分子式，呈白色或黄色无定形，能溶于水成胶状溶液，不溶于乙醚。淀粉酶解时，能产生如上所述的不同糊精，通常遇碘呈红棕色（或称樱桃红色），生成的无色糊精遇碘后不变色。通常认为，糊精的分子组成是 10~20 个以上的葡萄糖残基单位；按其相对分子质量的大小，又有俗称为大糊精和小糊精之分，凡具有分支结构的小糊精，又称为 α 界限糊精或 β 界限糊精。

②低聚糖：人们对低聚糖定义说法不一，有说其分子组成为 2~6 个葡萄糖苷单位，或说 2~10 个、2~20 个葡萄糖苷单位的；也有人认为它是二、三、四糖的总称；还有称其为寡糖的。但一般认为的寡糖是非发酵性的三糖或四糖。在转移糖苷酶的作用下，使 1 个葡萄糖苷结合到麦芽糖分子上形成 1，6-键结合，成为具有 3 个葡萄糖苷单位的糖，称之为潘糖（我国学者潘尚贞在 1951 年首次发现的，故名），但该糖不能与异麦芽糖混为一谈，因后者是具有 α-1，6-葡萄糖苷键结合的二糖，它也是淀粉的酶解产物。低聚糖以二糖和三糖为主。

凡是直链淀粉酶解至分子组成少于 6 个葡萄糖苷单位的低聚糖，都不与碘液起呈色反应，因每 6 个葡萄糖残基的链形成一圈螺旋，可以束缚 1 个碘分子。

③二糖：又称双糖，是相对分子质量最小的低聚糖，由 2 分子单糖结合而成。重要的二糖有蔗糖、麦芽糖和乳糖。1 分子麦芽糖经麦芽糖酶水解时，生成 2 分子葡萄糖；1 分子蔗糖经蔗糖酶水解时，生成 1 分子葡萄糖、1 分子果糖；1 分子乳糖经乳糖酶作用，生成 1 分子葡萄糖及 1 分子半乳糖。

麦芽糖的甜度为蔗糖的 40%；乳糖的甜度为蔗糖的 70%。

④单糖：不能再继续被淀粉酶类水解的最简单的糖类。它是多羟基醇的醛或酮的衍生物，如葡萄糖、果糖等。单糖按其所含碳原子的数目又可分为丙糖、丁糖、戊糖和己糖。每种单糖都有醛糖和酮糖。如葡萄糖，也称右旋糖，是最为常见的六碳醛糖，其甜度为蔗糖的 70%，相对密度为 1.544（25℃），熔点 146℃（分解），溶于水，微溶于乙醇，不溶于乙醚及芳香烃，具有还原性和右旋光性。在淀粉分子中，葡萄糖单位呈 α 构型存在，酶解时，生成的葡萄糖为 β 构型，但在水溶液中，可向 α 构型转变，最后两种异构体达到动态平衡。果糖也称左旋糖，是种六碳酮糖，是普通糖类中最甜的糖，其甜度高于蔗糖，水中溶解度较高，熔点为 103~105℃，能溶于乙醇和乙醚，具有左旋光性。葡萄糖经异构酶的作用，可变为果糖。通常，单糖及双糖能被一般酵母所利用，是最为基本的可发酵性糖类。

白酒糟醅中还原糖的变化，微妙地反映了糖化与发酵速度的平衡程度。通常在发酵前期，尤其是开头几天，由于发酵菌数量有限，而糖化作用迅速，故还原糖含量很快增长至最高值；随着发酵时间的延续，因酵母等微生物数量已相对稳定，发酵力增强，故还原糖含量急剧下降；到发酵后期时，还原糖含量基本不变。发酵期间还原糖含量的变化，主要受曲的质量及酒醅酸度的制约。发酵后期糟醅中残糖含量的多少，表明发酵的程度和糟醅的质量。使用不同的曲药，糟醅的残糖量会有所差别。

习 题

1. 葡萄糖、淀粉、纤维素的主要用途是什么？
2. 如何区别醛糖和酮糖？
3. 用化学方法鉴别下列物质：

葡萄糖和果糖　蔗糖和麦芽糖　淀粉和纤维素

4. 写出葡萄糖与下列物质反应的化学反应式。

（1）溴水　　（2）硝酸　　（3）$NaBH_4$

5. 简单描述粮食酿酒的主要化学反应。

项目十四　脂类

一、脂类概述

由脂肪酸与醇作用而生成的酯及其衍生物统称为脂质，或脂类。这一类化合物一般微溶或不溶于水而易溶于非极性溶剂（如氯仿、乙醚、丙酮、苯等）。分子组成上主要是碳、氢、氧元素，有些还含有氮、磷、硫元素。脂质在生物体内可作为组织成分，也可作为机体新陈代谢能量来源。

（一）脂质的分类

1. 按化学组成分类

（1）单纯脂质　单纯脂质是由脂肪酸和甘油形成的酯，可分为：

①三酰甘油（或甘油三酯）：俗称油脂，广泛存在于动植物体内，是构成动植物体的重要成分之一。植物的油脂主要存在于果实和种子中，如，大豆、花生、油菜籽、芝麻、向日葵等，其脂肪含量可达 40%～50%。三酰甘油分子是由 3 分子脂肪酸和 1 分子甘油化合而成。组成三酰甘油的脂肪酸绝大多数是含偶数碳原子的饱和及不饱和直链脂肪酸，在高等动植物体内主要存在十二碳以上的高级脂肪酸，十二碳以下的低级脂肪酸存在于哺乳动物的乳脂中。

②蜡：蜡是长链脂肪酸和长链一元醇或固醇形成的酯。实际上天然的蜡是多种蜡酯的混合物，常含有烃类以及二元酸、羟基酸和二元醇的酯。

（2）复合脂质　复合脂质除含有脂肪酸和醇外，还含有其余非脂类成分，按照非脂类成分的不同可分为：

①磷脂：磷脂是含有磷酸的脂质，是构成生物膜的重要组成部分。根据其分子所含醇的不同又可分为甘油磷脂和神经鞘磷脂。

②糖脂：糖脂是一类含有糖成分的结合脂质，在理化性质上，是典型的脂类物质。糖脂广泛存在于动植物体内，主要包括鞘糖脂和甘油糖脂。

无论单纯脂质或复合脂质，从分子结构看，基本上由两部分构成：一部分是疏水的，另一部分是亲水的。

2. 按脂质在水中和水界面上行为不同分类

（1）非极性脂质　非极性脂质在水中的溶解度极低，即不具有容积可溶性；也不能在空气-水界面或油-水界面分散成单分子层，即不具有界面可溶性。属于这类的有长链脂肪烃如植烷胡萝卜素、鲨烯，大芳香烃如胆甾烷、粪甾烷，长链脂肪酸和长链一元醇形成的酯，长链脂肪酸的固醇酯，长链醇的醚和固醇醚，甘油的长链三醚等。

（2）极性脂质

①Ⅰ类极性脂质：它具有界面可溶性，但不具有容积可溶性；能掺入膜，但自身不能形成膜（双分子层）。三酰甘油、二酰甘油、长链质子化脂肪酸（—COOH 不解离）、长链正醇和正胺、叶绿醇、视黄醇（维生素 A）、维生素 K 和维生素 E、胆固醇、链固醇（2,4-脱氢胆固醇）、豆固醇、维生素 D、未电离的磷脂酸、短链酸的固醇酯、酸或醇部分小于 4 个碳原子长度的蜡（如甲基油酸酯）、神经酰胺等属于这类脂质。

②Ⅱ类极性脂质（磷脂和鞘糖脂）：它是成膜分子，如磷脂酰胆碱、磷脂酰乙醇胺、磷脂酰肌醇、磷脂酰丝氨酸、心磷脂、缩醛磷脂、鞘磷脂、脑苷脂、电离的磷脂酸，还有单酰甘油、α-羟基脂肪酸、甘油单醚、硫脑苷脂、鞘氨醇（碱式）等。它们能形成双分子层和微囊。

③Ⅲ类极性脂质（去污剂）：它是可溶性脂质，虽具有界面可溶性，但形成的单分子层不稳定。这类分子在水中低浓度时可单独存在，高于某一浓度（称为临界微团浓度）时形成小的球状聚集体称为微团。属于 I_A 类的有长链脂肪酸钠和钾盐，常见的有阴离子去污剂、阳离子去污剂和非离子去污剂、溶血卵磷脂、软脂酰和油酰 CoA、神经节苷脂及鞘氨醇（酸式）等；属于 I_B 类的有结合和游离胆汁盐、硫酸化胆汁醇、梭链孢酸钠盐、皂苷、松香皂和青霉素等。

也有人把脂质分为两大类：一类是能被碱水解而产生皂化反应的称为可皂化脂质；一类是不能被碱水解生成皂的称为不可皂化脂质。

（二）脂类的共同特点

（1）不溶于水而易溶于乙醚等非极性的有机溶剂。
（2）都具有酯的结构，或与脂肪酸有成酯的可能。
（3）都是由生物体产生，并能为生物体所利用。

脂肪是脂类中最重要的一种，是由 1 分子甘油和 3 分子脂肪酸脱水结合而成的酯。若 3 个脂肪酸分子 R_1、R_2、R_3 是相同的，则称为单纯甘油酯，若不相同则称为混合甘油酯。

含碳原子数比较多的脂肪酸，称为高级脂肪酸。根据室温下存在的状态，习惯上将固体状态的三酰甘油称为脂，液体状态称为油。

油脂与汽油、煤油是否为同类物质？汽油、煤油是个各种烃的混合物，油脂是各种高级脂肪酸的甘油酯。甘油，学名为丙三醇，是最简单的一种三元醇，它是多种脂类的固定构成成分。

（三）脂肪酸

脂肪酸是由一条长链烃（"尾"）和一个末端羧基（"头"）组成的羧酸。构成脂肪的脂肪酸种类繁多，脂肪的性质取决于脂肪酸的种类及其在三酰甘油中的含量和比例。

组成三酰甘油的脂肪酸绝大多数是含偶数碳原子的饱和及不饱和直链脂肪酸，在高等动植物体内主要存在十二碳以上的高级脂肪酸，十二碳以下的低级脂肪酸存在于哺乳动物的乳脂中，见表14-1。

表 14-1　常见的重要脂肪酸

类型	俗名	分子式	熔点/℃
饱和脂肪酸	月桂酸	$C_{11}H_{23}COOH$	44
	豆蔻酸	$C_{13}H_{27}COOH$	54
	软脂酸	$C_{15}H_{31}COOH$	63
	硬脂酸	$C_{17}H_{35}COOH$	70
	花生酸	$C_{19}H_{39}COOH$	76.5
不饱和脂肪酸	油酸	$CH_3(CH_2)_7CH=CH(CH_2)_7COOH$	13.4
	亚油酸	$CH_3(CH_2)_4CH=CHCH_2CH=CH(CH_2)_7COOH$	-5
	亚麻酸	$CH_3CH_2CH=CHCH_2CH=CHCH_2CH=CH(CH_2)_7COOH$	-11
	花生四烯酸	$CH_3(CH_2)_4CH=CHCH_2CH=CHCH_2CH=CHCH_2CH=CH(CH_2)_3COOH$	-50

多数脂肪酸在人体内均能合成，只有亚油酸、亚麻酸、花生四烯酸等是人体内不能合成的，必须由食物供给，故称为"营养必需脂肪酸"。

另外，脂肪酸还有顺式与反式，它们分别表示烷基分子在同侧或是异侧。

反式脂肪酸是指至少含有一个反式构型双键的不饱和脂肪酸，它大量存在于氢化油脂（人造黄油、精炼植物油、氢化棕榈油、氢化植物油）中。在薯条、面包圈、饼干、蛋糕、月饼、咖啡伴侣和反复高温煎炸的食品中均含有较多的反式脂肪酸。一般保质期长的食品中，反式脂肪酸含量也较高。反式脂肪酸与饱和脂肪酸（除鱼油以外的动物油）相比，可使患心脏病的危险增加 5 倍以上，而且还会导致糖尿病和肥胖。研究显示，每天摄入 10g 反式脂肪酸，9 年内腰围平均增加 7cm，体重增加 6~7kg。

1. 饱和脂肪酸

（1）常见种类　酪酸（C4）、己酸（C6）、辛酸（C8）、羊脂酸（C10）、月桂酸（C12）、肉豆蔻酸（C14）、棕榈酸（C16，软脂酸）、硬脂酸（C18）、花生酸（C20）。

（2）结构特点　偶数 C、直链、不含 C＝C。

2. 不饱和脂肪酸

（1）常见种类　一烯酸：月桂烯酸（C12，顺 9）、豆蔻烯酸（C14，顺 9）、棕榈油酸（C16，顺 9）、油酸（C18，顺 9）、反油酸（C18，反 9）、芥酸（C22，顺 13）；二烯酸：亚油酸（C18，顺 9、顺 12）、癸二烯酸（C10，反 2、顺 4）、十二碳二烯酸（C12，顺 2、顺 4）；三烯酸：α-亚麻酸（C18，顺 9、顺 12、顺 15）、γ-亚麻酸（C18，顺 6、顺 9、顺 12）、α-桐酸（C18，顺 9、反 11、反 13）、β-桐酸（C18，反 9、反 11、反 13）；多烯酸：花生四烯酸（C20，5，8，11，14）、EPA（C20，5，8，11，14，17）、DHA（C22，4，7，10，13，16，19）

（2）结构特点　偶数 C、直链、含一个或多个 C＝C，C＝C 构型多为顺式。

另外，在自然界还存在少量奇数 C 的脂肪酸，如在昆虫中发现的十五碳酸、十七碳酸等。特点：种类较少，可看作常见种类的衍生物，多出现于天然药物中。

二、脂肪的结构和物理性质

（一）脂肪的结构

脂肪是三脂酸（C4 以上）的甘油酯，即三酰甘油。脂肪中的 3 个脂肪酸可以是相同的，也可以是不同的，前者称为简单甘油酯，后者称为混合甘油酯。

（二）脂肪的物理性质

（1）密度比水小，为 $0.9 \sim 0.95 \mathrm{g/cm^3}$。

（2）不溶于水，易溶于汽油、乙醚、苯等有机溶剂，有明显的油腻感。

（3）熔点和沸点

①脂肪没有确切的熔点和沸点，因为脂肪是甘油三酯的混合物。

②油脂含不饱和酸越多（双键）或碳原子数越少，熔点越低，碳链长度相同的脂肪沸点相近。沸点较高：$180 \sim 200℃$。

（4）当高级脂肪酸中烯烃基多时大多为液态的油；当高级脂肪酸中烷烃基多时，大多为固态的脂。

（5）天然油脂的气味除了极少数由短链脂肪酸挥发所致外，多数是无色无味的。

天然油脂由于混入叶绿素、叶黄素、胡萝卜素等有色物质而呈现不同的颜色。油脂特征的气味一般是由其中的非脂类成分引起的，如芝麻油中的乙酰吡嗪、菜油加热时产生的黑芥子苷等。

（三）油脂的化学性质

1. 加成

脂肪中不饱和脂肪酸的双键非常活泼，能起加成反应，其主要反应有氢化和卤化两种。

氢化：脂肪中不饱和脂肪酸在催化剂（如铂）存在下在不饱和键上加氢的反应；氢化后的油脂称为氢化油或硬化油。

$$\begin{array}{l} CH_2-OOCC_{17}H_{33} \\ | \\ CH-OOCC_{17}H_{33} \\ | \\ CH_2-OOCC_{17}H_{33} \end{array} +3H_2 \xrightarrow[250℃]{Ni} \begin{array}{l} CH_2-OOCC_{17}H_{35} \\ | \\ CH-OOCC_{17}H_{35} \\ | \\ CH_2-OOCC_{17}H_{35} \end{array}$$

三油酸甘油酯　　　　　　　　　三硬脂酸甘油酯

其特性如下：

（1）硬化油性质稳定，不易变质。

（2）硬化油便于运输。

主要应用于制肥皂、脂肪酸、甘油、人造奶油等原料。

油脂氢化具有重要的工业意义，氢化油双键减少，熔点上升，不易酸败，且氢化后便于贮藏和运输。此外，氢化还可以改变油脂的性质，如猪油进行氢化后，可以改善稠度和稳定性。

油脂中的碳碳双键与碘的加成反应常用来测定油脂的不饱和程度。通常把100g油脂与碘起反应时所需碘的克数称为碘值。油脂的碘值越大，其成分中脂肪酸不饱和程度越高。

2. 水解

水解（脂解，脂化）指脂肪在酸或酶及加热的条件下水解为脂肪酸及甘油的一类反应。在碱性条件下水解出的游离脂肪酸与碱结合生成脂肪酸盐（皂化）。使 1g 油脂完全皂化所需要的氢氧化钾的毫克数称为皂化值。根据皂化值的大小，可以判断油脂中所含脂肪酸的平均相对分子质量大小。皂化值越大，脂肪的平均相对分子质量越小。皂化值是衡量油脂质量的指标之一。

3. 自动氧化

油脂暴露于空气中会自发地进行氧化作用，先生成氢过氧化物，氢过氧化物继而分解产生低级醛、酮、羧酸等。不饱和油脂易发生游离基自动氧化反应。影响因素：光照、受热、氧、水分活度、重金属离子（Fe、Cu、Co 等）以及血红素、脂氧化酶等都会加速脂肪的自氧化速度。

阻止氧化的方法：最普遍的办法是排除 O_2，采用真空或充 N_2 包装和使用透气性低的有色或遮光的包装材料，并尽可能避免在加工中混入 Fe、Cu 等金属离子；家中油脂应用有色玻璃瓶装，避免用金属罐装。

（四）油脂品质的表示方法

1. 油脂品质重要的特征常数

油脂品质重要的特征常数有皂化值、碘值、酸价、乙酰值、过氧化值、酯值。

恒值：主要说明油脂组成方面的特点，例如，碘值、皂化值。

变值：主要说明油脂性质方面的变化情况，例如，酸价、过氧化值。

2. 油脂的氧化稳定性检验

（1）皂化值（SV）

定义：1g 油脂完全皂化时所需要的氢氧化钾的毫克数。

油脂的皂化值一般在 200 左右。

皂化值的大小与油脂平均分子质量成反比。

皂化值大的食用油，熔点较低，消化率较高。

（2）酯值

定义：皂化 1g 油脂中甘油酯所需要的氢氧化钾的毫克数。

酯值是反映油脂中甘油酯含量的，同时也说明游离脂肪酸的存在情况。

（3）碘值（IV）

定义：100g 油脂吸收碘的克数称为碘值。

碘值可以判断油脂中脂肪酸的不饱和程度（即双键数）。

干性油（碘值 180～190）。

半干性油（碘值 100～120）。

不干性油（碘值＜100）。

（4）酸价（AV）：酸值

定义：中和 1g 油脂中游离脂肪酸所需的氢氧化钾毫克数。

酸价表示油脂中游离脂肪酸的数量。

酸价是检验油脂质量的重要指标，国家标准中食用植物油的酸价不得超过 5。

（5）过氧化值（POV）

过氧化值是指滴定 1g 油脂所需要的硫代硫酸钠标准溶液的毫升数或用碘的质量分数含量表示。

过氧化值用于衡量油脂氧化初期的氧化程度。

计算油脂的过氧化值。

$$CH_3COOH+KI \longrightarrow CH_3COOK+HI$$
$$R—O—O—H+2HI \longrightarrow R—O—H+H_2O+I_2$$
$$I_2+2Na_2S_2O_3 \longrightarrow 2NaI+Na_2S_4O_6$$

（五）脂质在发酵中的变化

黑霉菌、白地霉菌、毛霉、荧光假单胞菌、无根根霉、圆柱形假丝酵母、耶尔球拟酵母、德氏根霉、多球菌及黏质色杆菌等微生物产生的脂肪酶是分解脂质的酶。分解的部位是油脂的酯键，该酶是一种特殊的酯键分解酶，其底物的醇部分是甘油，即丙三醇，酸部分是不溶于水的 12 个碳原子以上的长链脂肪酸即高级脂肪酸。脂质由脂肪酶水解为甘油和脂肪酸。甘油是微生物的营养物质，脂肪酸受曲霉及细菌的 β-氧化作用，除去 2 个碳原子而生成多种低级脂肪酸。

习 题

1. 归纳总结油脂的主要理化性质。
2. 查阅资料，简述酯类物质对白酒酿造的影响。

项目十五　蛋白质

蛋白质是组成生物机体，它约占动物机体干重的 80%，在生命现象中起了极重要的作用。而这些蛋白质的绝大多数在酸、碱或酶的作用下都能水解成氨基酸的混合物。显然，α-氨基酸是组成蛋白质的基本单元。

一、蛋白质的定义、组成和分类

(一) 概念

蛋白质是由氨基酸按各种不同顺序排列结合成的高分子有机物质。组成蛋白质的基本单元是氨基酸。自然界氨基酸种类很多，但组成蛋白质的氨基酸约为 20 种。蛋白质是一类含氮的重要生物高分子化合物，是组成细胞的基础物质。

(二) 蛋白质的组成和分类

经元素分析，除了含碳、氢、氧、氮外，还含有硫，有些蛋白质含有少量的磷和铁。干燥蛋白质的主要元素组成如下。

C	O	H	N	S
50%~55%	20%~23%	6%~7%	15%~17%	0.3%~2.5%

(三) 蛋白质的分类

一般常根据溶解度及化学组成分类，也可按水解产物的不同来分类。

按溶解度不同一般分为两类：不溶于水的纤维蛋白和能溶于水、酸、碱或盐溶液的球蛋白。按水解产物不同也分为两类，单纯蛋白质：水解后只生成氨基酸的是单纯蛋白质，如清蛋白，球蛋白等；结合蛋白质：水解后除氨基酸外，还生成有非蛋白质物质（如糖、脂肪、含磷及含铁化合物等）。

蛋白质是生物体内必不可少的重要成分，蛋白质不仅是构成生物体的最基本物质之一，蛋白质还有营养功能，在生命活动中具有重要作用，在加工过程中也起到重要作用。

二、氨基酸的分类与命名法

既含有羧基又含有氨基的化合物称为氨基酸，氨基酸分为芳香族氨基酸和脂肪族氨基酸两类。在脂肪族氨基酸中根据分子中氨基与羧基的相对位置分为 α-，β-，γ-氨基酸。

例如，

$$\underset{\substack{|\\ NH_2}}{CH_3CHCOOH} \qquad \underset{\substack{|\\ NH_2}}{CH_2CH_2COOH} \qquad \underset{\substack{|\\ NH_2}}{CH_2CH_2CH_2COOH}$$

α-氨基丙酸　　　　β-氨基丙酸　　　　γ-氨基丁酸

三、氨基酸的构型

来自蛋白质的 α-氨基酸，除了甘氨酸以外，都具有光学活性。α-氨基酸的构型习惯上采用 DL 标记法，其 α-碳原子的构型都与 L-甘油醛相同，都属 L 型。

L-甘油醛　　　L-丙氨酸　　　L-异亮氨酸　　　L-苏氨酸

四、氨基酸的性质

（一）两性与等电点

氨基酸分子中既含有氨基又含有羧基，因此它们具有酸、碱两类性质，是两性化合物。晶体时氨基酸是以偶极离子或内盐的形式存在，在水溶液中氨基酸的偶极离子则是与其正、负离子同时存在于一个平衡体系中。

负离子　　　　　偶极离子或内盐　　　　　正离子
（在强碱中）　　　　（pH=pI）　　　　（在强酸中）

在等电点时，氨基酸的溶解度最低，所以利用调节溶液 pH 的方法，可以从氨基酸的混合液中分离出不同的氨基酸。

（二）与亚硝酸反应

氨基酸中的氨基可与亚硝酸反应放出氮气，这和伯胺的反应相同。

（三）络合性能

氨基酸中的羧基可与金属离子作用成盐，同时，氨基氮原子上孤对电子可与某些金属离子形成配价键，因此氨基酸能与某些金属离子形成稳定的络合物。例如，与 Cu^{2+} 能形成蓝色络合物（晶体），可用于分离或鉴定氨基酸。

（四）茚三酮反应

凡是具有游离氨基的氨基酸都能与茚三酮试剂发生显色反应。反应非常灵敏，是鉴定氨基酸最迅速、最简便的方法。

α-氨基酸与水合茚三酮反应生成蓝紫色负离子，且蓝紫色强度正比于负离子的浓度，因此茚三酮可用于氨基酸的定性和定量试验。

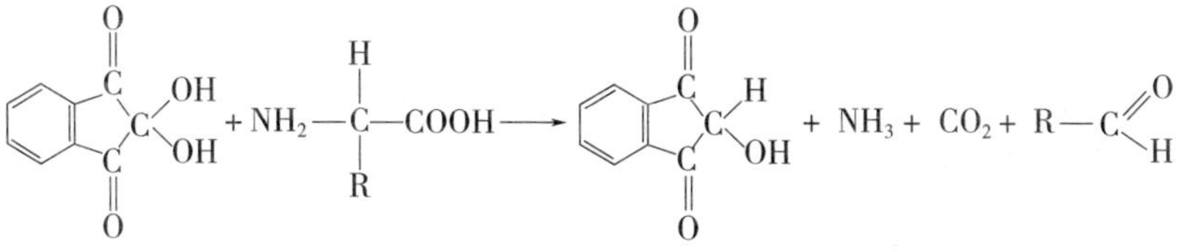

还原型茚三酮

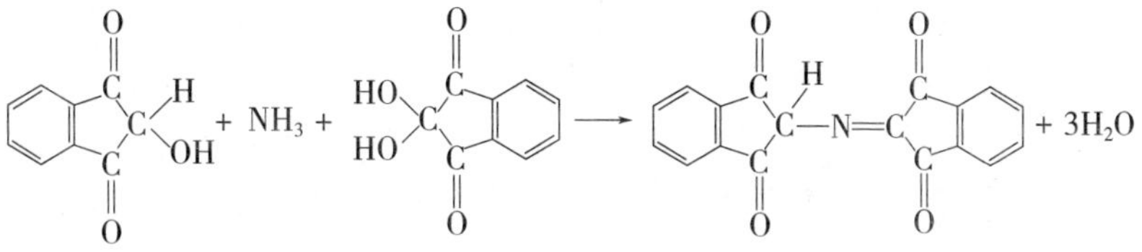

茚三酮反应　　　　　蓝紫色

（五）成肽反应

α-氨基酸的氨基与羧基间失水生成以酰胺基相连接的缩合产物，称为肽。由两个氨基酸缩合而成的，称为二肽；由三个氨基酸缩合而成的，称为三肽；由多个（3~50）氨基酸缩合而成的，称为多肽。肽分子中的酰胺键称为肽键。最简单的肽是二肽。

两个不同的 α-氨基酸之间失水可能生成两种不同的二肽。

五、蛋白质的性质

蛋白质与氨基酸有许多相似的性质，例如产生两性电离和成盐反应等。但是蛋白质是高聚物，有些性质与氨基酸不同，如溶液的胶体性质、盐析与变性等。

（一）两性与等电点

与氨基酸相似，蛋白质也是两性的。在强酸性溶液中，蛋白质以正离子形式存在，在电场中向阴极移动；在强碱性溶液中，则以负离子形式存在，在电场中向阳极移动。

调节溶液的 pH 至一定数值时，蛋白质以偶极离子存在，此时溶液的 pH 就是该蛋白质的等电点。不同的蛋白质有不同的等电点。等电点时蛋白质在水中的溶解度最小，最容易沉淀。这个性质可以用来分离蛋白质。

（二）溶解性和盐析

蛋白质的水溶液具有亲水胶体溶液的性质，能电泳，不能透过半透膜。利用这个性质来分离、提纯蛋白质的方法称为渗析法。蛋白质都具有光学活性。

某些中性盐如硫酸铵、硫酸钠、硫酸镁和氯化钠加入蛋白质溶液中，达到相当大浓度时，可使蛋白质从溶液中沉淀出来，这种作用称为盐析。盐析是一个可逆过程，盐析出来的蛋白质可再溶于水而不影响蛋白质的性质。

（三）蛋白质的变性

在热、紫外线、X 射线以及某些化学试剂作用下，蛋白质的性质会发生变化，导致其溶解度降低而凝结。这种凝结是不可逆的，不能再恢复原来的蛋白质，这种现象称为蛋白质的变性。变性后的蛋白质丧失了原有的生理作用。

能使蛋白质变性的化学试剂有硝酸、三氯乙酸、单宁酸、苦味酸、重金属盐、尿素、丙酮等。

（四）显色反应

蛋白质中含有不同的氨基酸，可以与不同的试剂发生特殊的颜色反应，利用这些反应可鉴别蛋白质。

1. 茚三酮反应

蛋白质与茚三酮试剂反应生成蓝紫色化合物。α-氨基酸和多肽均有此性质。

2. 缩二脲反应

与缩二脲（$H_2NCONHCONH_2$）一样，在蛋白质溶液中加入碱和稀硫酸铜溶液显紫色或粉红色的反应称为缩二脲反应。二肽以上的多肽都有此显色反应。

3. 黄蛋白反应

某些蛋白质遇硝酸后会变成黄色，再加氨处理又变成为橙色。当皮肤、指甲遇浓硝酸时变成黄色就是由于这个原因。

（五）水解

用酸、碱或酶水解单纯蛋白质时，最后所得产物是各种 α-氨基酸的混合物。

但用各种蛋白酶（如胃蛋白酶、胰蛋白酶等）进行水解则比较缓和，可把蛋白质逐步水解并能得到各种中间产物。

六、蛋白质的结构

（一）一级结构

各种氨基酸按一定的排列顺序构成的蛋白质肽链骨架是蛋白质的基本结构，又称一级结构。肽键是基本结构键，肽链中或肽链间的二硫键可使肽链部分环合或在肽链间形成交联。

（二）二级结构

蛋白质的二级结构是指肽链的局部在空间的排列（构象）。肽键对蛋白质大分子的几何形状起主要作用。

（三）三级结构

有些蛋白质分子中，整个分子不止含有一条多肽链，例如，血红蛋白是由四条多肽链依靠静电引力聚集在一起，形成一个紧密的结构。涉及整个分子中肽链聚集状态的即为蛋白质的四级结构。

七、原料粗蛋白的测定

蛋白质是白酒生产过程中微生物必需的氮源，原料中蛋白质含量高低对白酒品种和质量有很大影响。对酵母来说，含氮量是成品质量的一个重要指标。

蛋白质的测定常用凯氏定氮改良法。试样在硫酸铜、硫酸钾和过氧化氢存在条件下与硫酸共热消化，使蛋白质分解产生硫酸铵［见反应式①］，然后碱化蒸出游离氨［见反应式②］。硼酸溶液将蒸出的氨吸收，以甲基红-溴甲酚绿为指示剂，用 0.05mol/L 硫酸滴定［见反应式③］，进行定量。

$$蛋白质 \xrightarrow{浓硫酸} RCH(NH)_2COOH \xrightarrow{浓硫酸} NH_3\uparrow + CO_2\uparrow + SO_2\uparrow + H_2O$$

① $2NH_3 + H_2SO_4 \longrightarrow (NH_4)_2SO_4$

$(NH_4)_2SO_4 + 2NaOH \xrightarrow{碱化} 2NH_4OH + Na_2SO_4$

② $NH_4OH \xrightarrow{蒸馏} NH_3\uparrow + H_2O$

$2NH_3 + 4H_3BO_3 \longrightarrow (NH_4)_2B_4O_7 + 5H_2O$

③ $(NH_4)_2B_4O_7 + H_2SO_4 + 5H_2O \longrightarrow (NH_4)_2SO_4 + 4H_3BO_3$

在消化过程中，以硫酸铜为催化剂，硫酸钾用于提高反应体系的沸点，使之达到 400℃。当氧化不完全时，加入过氧化物可增加氧化能力，促使有机物分解。

八、蛋白酶活力测定

微生物的生长繁殖及酶的生成都需要蛋白质作氮源，白酒中许多香味物质也来自蛋白质的分解产物，所以在白酒酿造过程中不能忽视蛋白质及蛋白酶的分解能力。

蛋白酶是水解蛋白质肽键的酶类的总称，它能将蛋白质水解为氨基酸，通常以适宜于其最高活力的 pH 为标准将蛋白酶分为酸性蛋白酶（pH2.5~3）、中性蛋白酶（pH7 左右）和碱性蛋白解（pH8 以上）。其酶活力测定方法基本相同，仅控制不同的 pH 进行测定而已。在测定蛋白酶活力时，以酪蛋白（干酪素）为底物，蛋白酶将酪蛋白水解，生成含酚基的酪氨酸，在碱性条件下使福林（Folin）试剂还原产生蓝色（钼蓝和钨蓝的混合物），用分光光度计在 680nm 测定吸光度。

酒类蛋白酶活力的定义是 1.0g 固体干曲在 40℃ 和一定的 pH 条件下，1min 将酪蛋白水解产生 1μg 氨基酸为 1 个酶活力单位，以 U/g 或（U/mL）表示。

（一）试剂和溶液

1. 福林试剂

称取 50g 钨酸钠（$Na_2WO_4 \cdot 2H_2O$）、12.5g 钼酸钠（$Na_2MoO_4 \cdot 2H_2O$）于 1000mL 烧瓶中，加入 350mL 水、25mL 85% 的磷酸、50mL 浓盐酸，微沸，回流 10h。取下回流冷凝器后，加入 25g 硫酸锂（Li_2SO_4）、25mL 水，混匀，加入数滴溴（99.9%）脱色，直至溶液呈金黄色。再微沸 15min，驱除残余的溴（在通风橱中操作）。冷却后用 4 号耐酸玻璃滤器抽滤，滤液用水稀释至 500mL。使用时再用水稀释，滤液∶水＝1∶2。

2. 0.4mol/L 碳酸钠溶液

称取 42.4g 碳酸钠，溶于水并稀释至 1L。

3. 0.4mol/L 三氯醋酸溶液（CCl_3COOH）

称取 65.5g 三氯醋酸溶于水，并稀释至 lL。

4. 10g/L 酪蛋白溶液

称取 1g 酪蛋白（即干酪素，准确到 0.001g）于 100mL 容量瓶中，加入约 40mL 水及 2~3 滴浓氨水，于沸水浴中加热溶解。冷却后用 pH7.5 的磷酸缓冲液（用于测定中性蛋白酶）稀释定容至 100mL，贮存于冰箱中备用，有效期为 3d。

5. pH7.5 的磷酸缓冲液

（1）0.2mol/L 磷酸二氢钠溶液　称取 31.28g 磷酸二氢钠溶于水并稀释至 1L。

（2）0.2mol/L 磷酸氢二钠溶液　称取 71.6g 磷酸氢二钠（$Na_2HPO_4 \cdot 12H_2O$）溶于水并稀释至 1L。

（3）取 28mL（1）液和 72mL（2）液，用水稀释至 1L，即为 pH7.5 的磷酸缓冲液。

6. 标准 L-酪氨酸溶液（100μg/mL）

准确称取 105℃ 干燥过的 L-酪氨酸 0.100g 于 100mL 容量瓶中，加 60mL 1mol/L 盐酸溶液，在水浴中加热溶解，用水定容至刻度，其浓度为 1mg/mL 再用 0.1mol/L 盐酸稀释 10 倍，即为 100μg/mL 标准溶液。

7. 乳酸-乳酸钠缓冲液（pH3.0）

（1）称取 80%~90% 的乳酸 10.6g，用水定容至 1L。

（2）称取纯度为 70% 的乳酸钠 16g，用水溶解，定容至 1L。

（3）吸取上述（1）液 8mL，（2）液 1mL，混匀并稀释 1 倍，即为 0.05mol/L 乳酸-乳酸钠的缓冲液。

8. 硼砂-氢氧化钠缓冲液（pH8.5）

（1）0.1mol/L 氢氧化钠溶液。

（2）2mol/L 硼砂溶液　称取 19.08g 硼砂，溶于水并稀释至 1L。

（3）取 400mL（1）液和 500mL（2）液，并用水定容至 1L，即为 pH10.5 的硼砂-氢氧化钠缓冲液。

注：缓冲液配制好后，均需用 pH 计实测、校正。

（二）测定方法

1. 标准曲线的绘制

准备 9 支 20mL 带盖试管，用 10g/mL 的标准酪氨酸溶液配制标准系列。吸取稀释后的标准溶液各 1.00mL，分别放在 9 支 10mL 试管中，加入 5.00mL 0.4mol/L Na_2CO_3 和 1.00mL 福林试剂。在（40±0.2）℃ 水浴中加热 20min 显色，在 680nm 波长测吸光度，以不含酪蛋白的 "0" 试管为空白。绘制横坐标为浓度、纵坐标为吸光度，且通过零点的校正曲线。在曲线上查得光密度为 1 时对应酪氨酸的微克数，即为吸光常数 K 值。该 K 值应在 95~100，可作为常数用于试样计算，但若更换仪器或新配显色剂，则应重测 K 值。

2.5% 酶浸出液

称取相当于 10g 干曲的试样，加入 pH7.2 磷酸缓冲液，在 40℃ 水浴 30min，滤纸过滤，即为酶浸出液。

3. 试样测定

准确吸取酶浸出液 1mL，注入 10mL 离心管中，在 40℃ 水浴 5min，加入 2% 酪蛋白溶液 1mL，计时，保温 10min，立刻加入 2mL 0.4mol/L 三氯醋酸，以沉淀多余的蛋白质，终止反应 15min 后离心分离。吸取上清液 1mL 注入试管中，加入 5mL 0.4mol/L 碳酸钠溶液和 1.00mL 福林试剂，摇匀，40℃ 水浴 20min 显色。

4. 比色测定吸光度

以空白试验为对照，在 680nm 波长下测定试样的吸光度，取 3 次的平均值。

习　题

1. 解释一下概念。

氨基酸的等电点　蛋白质变性　蛋白质盐析

2. 用化学方法鉴别。

（1）亮氨酸、淀粉、蛋白质　（2）丙氨酸、3-氨基丙酸、丙酸

3. 查阅资料，归纳整理蛋白质对白酒酒质的影响。

模块六　白酒中的酶

　　酶的作用对于白酒酿造非常重要，在白酒生产降低成本、缩短生产周期和提高白酒出酒率及质量等方面起到很重要的作用。本模块在学习酶的基本知识基础上，介绍白酒酿造中的淀粉酶、蛋白酶、纤维素酶、脂肪酶等主要酶类的基本性质。

项目十六　白酒中的酶

一、酶概述

　　新陈代谢是生命的主要特征，由很多各式各样的化学反应组成。在这些化学反应中，包含着复杂而又规律的物质变化和能量变化。生物体内和体外的同种反应做比较，体外实验往往需要高温、高压、强酸、强碱等剧烈条件才能反应，而生物体内则是在一个极温和的条件下（温和的温度和接近中性的 pH）就能顺利进行。其关键就在于特殊的催化剂，这就是酶。

　　酶是活细胞产生的，能在体内或体外起同样催化作用的生物分子，又称为生物催化剂。人们已经发现两类生物催化剂：绝大多数的酶是蛋白质，称这类酶为普通酶。普通酶是由活细胞合成的、对其特异底物起高效催化作用的蛋白质，是机体内催化各种代谢反应的最主要的催化剂。核酶是具有高效、特异催化作用的核酸，是近年来发现的一类新的生物催化剂，其作用主要是参与 RNA 的剪接。具有催化功能的 RNA 被称为核酶（Ribozyme）；具有催化功能的 DNA 被称为脱氧核酶（Deoxyribozyme）。

二、酶的组成

酶学的知识来源于生产实践。酶的系统研究始于 19 世纪中期对发酵本身的讨论。法国著名科学家巴斯德（Louis Pasteur）认为发酵是酵母细胞生命活动的结果，细胞破裂则失去发酵作用。1897 年，德国科学家 Hans Büchner 和 Eduard Büchner 兄弟首次成功地用不含细胞的酵母提取液实现了发酵，从而证明发酵过程并不需要完整的细胞。这一贡献打开了通向现代酶学与现代生物化学的大门。1926 年，美国生化学家 James B. Sumner 第一次从刀豆中得到脲酶结晶，并证明了脲酶的蛋白质本质。以后陆续发现的两千余种酶均证明其化学本质是蛋白质。直到 1982 年 T. Cech 发现了第 1 个有催化活性的天然 RNA——核酶，以后 Altman 和 Pace 等又陆续发现了真正的 RNA 催化剂。核酶的发现不仅表明酶不一定都是蛋白质，还促进了有关生命起源、生物进化等问题的进一步探讨。

现有的酶几乎都是具有催化活性的蛋白质，这是由于它们特定的分子结构决定的，除了少数的简单蛋白质之外，大多酶是结合蛋白质，即是由酶蛋白和辅助因子组合成的完整的酶分子，酶蛋白是起到催化作用的主体，辅助因子起到重要的辅助作用。酶蛋白和辅助因子结合形成的复合物称为全酶。由酶催化的反应称为酶促反应，酶所作用的物质称为底物（S）；酶所具有的催化能力称为酶的活性。

1. 酶的辅助因子

大多数酶需要辅助因子才能显示活性，酶的辅助因子是酶分子中的非蛋白成分，根据辅助因子和酶蛋白的结合紧密程度划分：与酶蛋白结合松散，可用透析法分离的辅助因子，称为辅酶；与蛋白结合紧密，不能用透析法分离的称为辅基。金属离子作为酶活性部位的组成部分，或帮助形成酶活性所必需的构象。辅酶或辅基通常作为电子、原子或某些化学基团的传递载体，酶的催化专一性主要决定于酶蛋白部分。

2. 单体酶、寡聚酶和多酶复合物

单体酶（Monomeric Enzyme）：仅有一条多肽链的酶，全部参与水解反应。寡聚酶（Oligomeric Enzyme）：由几个或多个亚基组成的酶。亚基之间以非共价键结合，单个亚基没有催化活性。多酶复合物（Multienzyme System）：几个酶靠非共价键镶嵌而成的复合物。酶催化将底物转化为产物的一系列顺序反应，有利于提高酶的催化效率并便于对酶的调控。

3. 活性部位和必需基团

酶分子中与酶活性密切相关的基团称作酶的必需基团。必需基团是酶分子

中直接或间接与酶催化活性相关的某些氨基酸残基的功能基团。这些基团若经化学修饰使其改变，则酶的活性丧失。活性部位（Active Site）是酶分子中直接与底物结合，并和酶催化作用直接有关的部位，它是酶行使催化功能的结构基础。这些必需基团在一级结构上可能相距很远，但在空间结构上彼此靠近，组成特定空间结构的区域，它能与底物特异结合，并将底物转变为产物，这一区域称为酶的活性中心。

活性中心常位于酶分子表面或深入酶分子内部，呈裂缝、凹陷或袋状。酶促反应时，底物分子先结合于酶的活性中心上，形成酶与底物复合物（ES），然后底物被酶催化成产物从酶分子上释放出来。如果酶的催化中心被非底物占据或遮掩，酶则失去催化活性。酶活性中心内的必需基团有两类：一类是结合基团，其作用是结合底物；另一类是催化基团，其作用为催化底物转化为产物。还有一些必需基团位于活性中心之外，但对维持酶的特殊空间构象具有重要作用，这些基团称为活性中心外必需基团。

三、酶催化剂的特征

1. 酶具有一般催化剂的特征

（1）只能催化热力学上允许进行的反应。

（2）可以缩短化学反应到达平衡的时间，而不改变反应的平衡点。

（3）用量少，反应中本身不被消耗。

（4）通过降低活化能加快化学反应速度。

2. 酶的催化特性

（1）高效性　通常比非生物催化剂的催化活性高 $10^6 \sim 10^{13}$ 倍。常用酶的转换数（Turnover Number，TN），等于催化常数 K_{cat} 来表示酶的催化效率。K_{cat} 是指在一定条件下每秒钟每个酶分子转换底物的分子数，或每秒钟每微摩尔酶分子转换底物的微摩尔数（大多数酶对其天然底物的 K_{cat} 的变化为每秒 $1 \sim 10^4$）。如在 20℃ 下，脲酶水解脲的速率比微酸水溶液中的反应速率大 10^{18} 倍。又如在相同条件下，过氧化氢酶的催化效果是 Fe^{3+} 的 10^{10} 倍。

（2）高度专一性　酶对底物具有严格的选择性。酶的专一性就是指酶对它所作用底物严格的选择性。即，酶只能催化一种或一类底物，发生一定的化学变化，生成一定的产物。包括：

①结构专一性

a. 相对专一性：作用于一类化合物或一种化学键，如，脂肪酶、磷酸酯酶和蛋白水解酶。

b. 键专一性：只对其底物分子中所作用的键要求严格，而对键两端的基团没有选择性。

c. 基团（族）专一性：酶对底物分子的要求较高，不仅要求底物具有一定的化学键，而且对键一端的基团有特殊要求。

d. 绝对专一性：只能作用于某一底物。

②立体异构专一性：当底物具有立体异构体时，酶只能催化一种异构体发生某种化学反应，而对另一种异构体无作用。

a. 旋光异构专一性：如，乳酸脱氢酶只能催化 L-乳酸脱氢变成丙酮酸；D-氨基酸氧化酶只能作用于各种 D-氨基酸，催化其氧化脱氨；胰蛋白酶只作用于 L-氨基酸残基构成的肽键或其衍生物。

b. 几何异构专一性（顺反异构专一性）：如琥珀酸脱氢酶只能催化丁二酸脱氢生成反-丁烯二酸的可逆反应。再如延胡索酸酶只能催化延胡索酸即反-丁烯二酸合成苹果酸。实践上也有重要意义。例如，某药物具有某一种构型才有的生理效用，而有机合成的是消旋混合物，若用酶可以进行不对称合成或不对称拆分，即得到单一构型的药物。

（3）酶易失活　对环境条件极为敏感。

（4）酶活性可被调节控制。

①酶浓度调节。

②激素调节。

③反馈抑制调节。

④抑制剂和激活剂的调节。

⑤其他调节方式（别构调节、酶原的激活、酶的可逆共价修饰、同工酶）。

四、酶的命名和分类

1. 酶的命名

（1）习惯命名法　根据以下 5 个原则决定的。

①根据酶的催化反应的性质来命名。

②根据被作用的底物来命名。

③将酶的作用底物与催化反应的性质结合起来命名。

④将酶的来源与作用底物结合起来命名。

⑤将酶作用的最后 pH 和作用底物结合起来命名。

（2）系统命名法　应标明底物名称、反应性质，最后加一个酶字。如有两种底物，中间用"："分开。例如，习惯名称：谷丙转氨酶；系统名称：L-丙氨酸：α-酮戊二酸氨基转移酶。

2. 酶的分类

国际生化联盟于 1961 年颁布第一个版本酶的分类和命名法，至 1992 年共发布了六个版本，收录共 3196 种酶。1993—1999 年再对第六版进行了补充更新，以后又以电子版形式在 IUBMB 网站上进行了补充更新。目前命名委员会总共收录了 7400 多种酶。在这次增设新一类酶之前，根据催化的化学反应，酶被分为六大类。包括：氧化还原酶类（Oxidoreductases，EC 1），转移酶类（Transferases，EC 2），水解酶类（Hydrolases，EC 3），裂合酶类（Lyases，EC 4），异构酶类（Isomerases，EC 5）和连接酶类（Ligases，EC 6）。然而，这六大类酶中并未涉及能够催化离子或分子跨膜转运或在膜内移动的酶类。其中有些涉及 ATP 水解反应的酶被归为水解酶类（EC 3.6.3-），但水解反应并非这类酶的主要功能。因此，命名委员会决定将这类酶归为第七大类酶，即易位酶（Translocase；EC 7）。

（1）氧化还原酶类 催化底物进行氧化还原反应的酶——主要是催化氢的转移或电子传递的氧化还原反应。例如，乳酸脱氢酶、琥珀酸脱氢酶、细胞色素氧化酶、过氧化氢酶、过氧化物酶等。

（2）转移酶类 催化底物之间进行某些基团的转移或交换的酶。例如，甲基转移酶、氨基转移酶、己糖激酶、磷酸化酶等。

（3）水解酶类 催化底物发生水解反应的酶。例如，淀粉酶、蛋白酶、脂肪酶、磷酸酶等。

（4）裂解酶类（或裂合酶类） 催化从底物中移去一个基团并留下双键的反应或其逆反应的酶类。例如，碳酸酐酶、醛缩酶、柠檬酸合酶等。

（5）异构酶 催化各种同分异构体之间相互转化的酶类。例如，磷酸丙糖异构酶、消旋酶等。

（6）合成酶类（或连接酶类） 催化两分子底物合成为一分子化合物，同时耦联有 ATP 的磷酸键断裂释放能量的酶类。例如，谷氨酰胺合成酶、氨基酸：tRNA 连接酶等。

（7）易位酶 催化离子或分子跨膜转运或在细胞膜内易位反应的酶。这里将易位定义为催化细胞膜内的离子或分子从"面1"到"面2"的反应。

上述七大类酶用 EC 加编号表示，再按酶所催化的化学键和参加反应的基团，将酶大类再进一步分成亚类和亚-亚类，最后为该酶在亚-亚类中排序。如 α-淀粉酶的国际系统分类编号为：EC 3.2.1.1。

如，EC 3——水解酶类

EC 3.2——转葡萄糖基酶亚类

EC 3.2.1——糖苷酶亚-亚类

EC 3.2.1.1（α-淀粉酶）

值得注意的是，即使是同一名称和 EC 编号，但来自不同的物种或不同的组织和细胞的同一种酶，如来自动物胰脏、麦芽等和枯草芽孢杆菌 BF7658 的 α-淀粉酶等，它们的一级结构或反应机制可能不同，它们虽然都能催化淀粉的水解反应，但有不同的活力和最适反应条件。

可以按照酶在国际分类编号或其推荐名，从酶手册、酶数据库中检索到该酶的结构、特性、活力测定和 K_m 值等有用信息。著名的手册有：①Schomburg, M. Salzmann and D. Stephan：Enzyme Handbook 10 Volumes；②美国 Worthington Biochemical Corporation：Enzyme Manual。著名的数据库有：①德国 BRENDA：Enzyme Database；② Swissprot：EXPASYENZYME Enzyme Nomenclature Database；③IntEnz：Integrated Relational Enzyme Database。

五、影响酶促反应速率的因素

（一）酶反应速率的测量

用一定时间内底物减少或产物生成的量表示酶促反应速率，单位为 mol/min等。测定反应的初速率：在酶促反应开始无任何干扰因素出现时，短时间内酶的反应速率为初速率，一般指反应底物消耗 5% 以内时的反应速率。

（二）影响酶促反应速率的因素——酶促反应动力学

酶促反应动力学：研究酶促反应速率及其影响反应速率的各种因素的科学。在探讨各种因素对酶促反应速率的影响时，通常测定其初速率来代表酶促反应速率。

1. 酶浓度对酶作用的影响

当反应系统中底物的浓度足够大时，其他条件不变、无任何不利因素的情况下，酶促反应速率与酶浓度成正比，即 $v=k$ [E]。

2. 底物浓度对酶促反应速率的影响

用中间产物学说解释底物浓度与反应速率关系曲线的二相现象：当底物浓度很低时，有多余的酶没与底物结合，随着底物浓度的增加，有更多的中间络合物生成，因而反应速率也不断增高。当底物浓度很高时，体系中的酶全部与底物结合成中间产物，增加底物浓度也不会有更多的中间产物生成，因而反应速率几乎不变，见图 16-1。

底物对酶促反应的饱和现象：由实验观察到，在酶浓度不变时，不同的底物浓度与反应速率的关系为矩形双曲线，即当底物浓度较低时，反应速率的增加与底物浓度的增加成正比（一级反应）；此后，随底物浓度的增加，反应速率的增加量逐渐减少（混合级反应）；最后，当底物浓度增加到一定量时，反应速率达到一最大值，不再随底物浓度的增加而增加（零级反应）。

米氏常数意义如下所示。

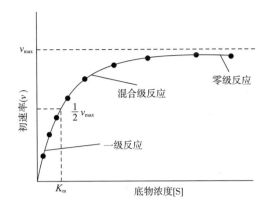

图 16-1　底物浓度对酶促反应速率的影响

（1）K_m 是酶的一个特征性常数　K_m 大小只与酶的性质有关，而与酶浓度无关。K_m 随测定的底物、反应温度、pH 和离子强度而改变。

一个酶在一定条件下，对某一底物有一定的 K_m，故通过测定 K_m，可鉴别酶。

大多数酶的 K_m 为 $10^{-6} \sim 10^{-1} \text{mol/L}$。

（2）从 K_m 可判断酶的专一性和天然底物　当酶可作用于几种底物时，K_m 最小的底物通常就是该酶的最适底物，也就是天然底物。

K_m 越小，达到最大反应速率一半所需要的底物浓度就越小，即底物与酶的亲和力越大。K_m 随不同底物而异的现象可以帮助判断酶的专一性，并且有助于研究酶的活性部位。

（3）根据中间产物学说，某些情况下（$E+S \underset{K_2}{\overset{K_1}{\rightleftharpoons}} ES \overset{K_3}{\longrightarrow} P+E$，当 $K_2 \gg K_3$ 时），K_m 的大小可以近似地表示酶与底物亲和力的大小。

（4）K_m 与 v_{max} 测定　米氏常数可根据实验数据作图法直接求得：先测定不同底物浓度的反应初速率，从 v 与 [S] 的关系曲线求得 v_{max}，然后再从 $1/2$ v_{max} 求得相应的 [S] 即为 K_m（近似值）。

3. pH 对酶作用的影响

观察 pH 对酶促反应速率的影响，通常为一个钟形曲线，即 pH 过高或过低均可导致酶催化活性的下降。酶催化活性最高时溶液的 pH 就称为酶的最适 pH。人体内大多数酶的最适 pH 在 6.5~8.0。酶的最适 pH 不是酶的特征性常数，见图 16-2。

pH 对酶促反应速率的影响：酶反应介质的 pH 可影响酶分子，特别是活性中心上必需基团的解离程度和催化基团中质子供体或质子受体所需的离子化状态，也可影响底物和辅酶的解离程度，从而影响酶与底物的结合。只有在特

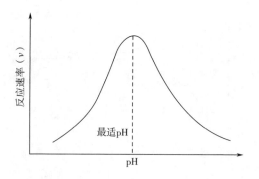

图 16-2   pH 对酶作用的影响

定的 pH 条件下，酶、底物和辅酶的解离情况最适宜它们互相结合，并发生催化作用，使酶促反应速率达到最大值，这种 pH 称为酶的最适 pH。

大部分酶的活力受其环境 pH 的影响，不同酶的最适 pH 不同。例如，胃蛋白酶的最适 pH 为 1.5~2.2，胰蛋白酶的最适 pH 为 8.0~9.0，唾液淀粉酶的最适 pH 为 6.8 等。动物酶多在 pH6.5~8.0，植物及微生物酶多在 pH4.5~6.5，但也有例外。如，部分真菌酶的最适 pH 为 5.0~6.0，细菌酶的最适 pH 为 6.5~7.5，放线菌酶的最适 pH 在 7.5~8.5。

体内多数酶的最适 pH 接近中性，但也有例外，如胃蛋白酶的最适 pH 约为 1.8，肝精氨酸酶最适 pH 约为 9.8。溶液的 pH 高于和低于最适 pH 时都会使酶的活性降低，远离最适 pH 时甚至导致酶变性失活。所以测定酶的活性时，应选用适宜的缓冲液，以保持酶活性的相对恒定。临床上根据胃蛋白酶的最适 pH 偏酸这一特点，配制助消化的胃蛋白酶合剂时加入一定量的稀盐酸，使其发挥更好的疗效。

酶的最适 pH 只在一定条件下才有意义：酶的最适 pH 不是固定的常数，其数值受酶的纯度、底物种类和浓度、缓冲液种类和浓度等影响。

pH 影响酶活力的原因如下所示。

（1）环境过酸、过碱可使酶的空间结构破坏，引起酶构象的改变，酶变性失活。

（2）pH 改变能影响酶分子活性部位上有关基团的解离，从而影响与底物的结合或催化。

（3）pH 影响底物有关基团的解离。

4. 温度对酶作用的影响

化学反应的速率随温度增高而加快，但酶是蛋白质，可随温度的升高而变性。在温度较低时，前一影响较大，反应速率随温度升高而加快，但温度超过一定范围后，酶受热变性的因素占优势，反应速率反而随温度上升而减慢。常将酶促反应速率最大的某一温度范围，称为酶的最适温度。

人体内酶的最适温度接近体温，一般为 37~40℃，若将酶加热到 60℃ 即开始变性，超过 80℃，酶的变性不可逆。

酶的最适温度与反应所需时间有关，酶可以在短时间内耐受较高的温度，相反，延长反应时间，最适温度便降低。据此，在生化检验中，可以采取适当提高温度、缩短时间的方法，进行酶的快速检测。

不同的温度对活性的影响不同，但都有一个最适温度。在最适温度的两侧，反应速率都比较低，见图 16-3。

在制备培养基的过程中，可采用高温对培养基进行灭菌，主要是破坏了微生物体内酶的活性。采用高温灭菌在医学和生活实践中都有较广泛的应用。

在低温的条件下，酶的活性降低，所以，人们可以选择在低温下保存酶。在生活实践中人们也经常选择在低温下较长时间保存食品。

5. 激活剂对酶作用的影响

能够促使酶促反应速度加快的物质称为酶的激活剂。酶的激活剂大多数是金属离子，如 K^+、Mg^{2+}、Mn^{2+} 等，唾液淀粉酶的激活剂为 Cl^-。

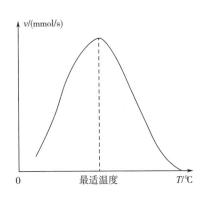

图 16-3　温度对酶作用的影响

激活剂种类有三种。

（1）无机阳离子，如钠离子、钾离子、铜离子、钙离子等。

（2）无机阴离子，如氯离子、溴离子、碘离子、硫酸盐离子、磷酸盐离子等。

（3）有机化合物，如维生素 C、半胱氨酸、还原性谷胱甘肽等。许多酶只有当某一种适当的激活剂存在时，才表现出催化活性或强化其催化活性，这称为对酶的激活作用。而有些酶被合成后呈现无活性状态，这种酶称为酶原，它必须经过适当的激活剂激活后才具活性。

6. 抑制剂对酶作用的影响

使酶的必需基团或活性部位中基团的化学性质改变而降低酶活力甚至使酶丧失活性的物质，称为抑制剂。由抑制剂所引起的酶活力降低或丧失称为抑制作用。凡可使酶蛋白变性而引起酶活力丧失的作用称为失活作用。

酶的抑制剂有重金属离子、一氧化碳、硫化氢、氢氰酸、氟化物、碘化乙酸、生物碱、染料、对氯汞苯甲酸、二异丙基氟磷酸、乙二胺四乙酸、表面活性剂等。

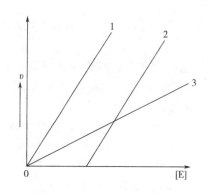

1—无抑制剂　2—不可逆抑制剂　3—可逆抑制剂

图 16-4　抑制剂对酶作用的影响

按照抑制剂的抑制作用，可将其分为不可逆抑制作用和可逆抑制作用两大类，见图 16-4。

（1）不可逆抑制作用　抑制剂与酶分子的必需基团共价结合引起酶活性的抑制，且不能采用透析等简单方法使酶活性恢复的抑制作用就是不可逆抑制作用。如果以 $v\sim[E]$ 作图，就可得到一组斜率相同的平行线，随抑制剂浓度的增加而平行向右移动。酶的不可逆抑制作用包括专一性抑制（如有机磷农药对胆碱酯酶的抑制）和非专一性抑制（如路易斯气对巯基酶的抑制）两种。

（2）可逆抑制作用　抑制剂以非共价键与酶分子可逆性结合造成酶活性的抑制，且可采用透析等简单方法去除抑制剂而使酶活性完全恢复的抑制作用就是可逆抑制作用。如果以 $v\sim[E]$ 作图，可得到一组随抑制剂浓度增加而斜率降低的直线（图 16-4 中 3 为某一浓度示例）。

可逆性抑制是指对主反应的抑制是可逆的，以酶促反应为例，可逆性抑制剂和酶形成复合物，抑制酶与底物的作用，从而抑制反应；但这种复合物在相同条件下又可以分解为酶和抑制剂，分解后的酶仍然可以催化反应。也就是说，可逆性抑制剂只降低反应的速度，并不影响反应的发生。

可逆抑制作用包括竞争性、反竞争性和非竞争性抑制几种类型。

①竞争性抑制：与底物结构类似的物质争先与酶的活性中心结合，从而降低酶促反应速度，这种作用称为竞争性抑制。其特点为：竞争性抑制是可逆性抑制，通过增加底物浓度最终可解除抑制，恢复酶的活性。与底物结构类似的物质称为竞争性抑制剂。竞争性抑制剂往往是酶的底物类似物或反应产物；抑制剂与酶的结合部位与底物与酶的结合部位相同；抑制剂浓度越大，则抑制作用越大；但增加底物浓度可使抑制程度减小；动力学参数：K_m 增大，v_{max} 不变。典型的例子是丙二酸对琥珀酸脱氢酶（底物为琥珀酸）的竞争性抑制和磺胺类药物（对氨基苯磺酰胺）对二氢叶酸合成酶（底物为对氨基苯甲酸）的竞争性抑制。

②反竞争性抑制：抑制剂不能与游离酶结合，但可与 ES 复合物结合并阻止产物生成，使酶的催化活性降低，称为酶的反竞争性抑制。

其特点为：抑制剂与底物可同时与酶的不同部位结合；必须有底物存在，

抑制剂才能对酶产生抑制作用；动力学参数：K_m减小，v_{max}降低。

③非竞争性抑制：抑制剂与酶活性中心以外的位点结合后，底物仍可与酶活性中心结合，但酶不显示活性，这种作用称为非竞争性抑制。其特点为：非竞争性抑制是不可逆的，增加底物浓度并不能解除对酶活性的抑制。与酶活性中心以外的位点结合的抑制剂，称为非竞争性抑制剂。

底物和抑制剂分别独立地与酶的不同部位相结合；抑制剂对酶与底物的结合无影响，故底物浓度的改变对抑制程度无影响。动力学参数：K_m不变，v_{max}降低。

有的物质既可作为一种酶的抑制剂，又可作为另一种酶的激活剂。

六、白酒生产中的酶类

在白酒发酵过程中，将原料转化为乙醇及诸多香味物质的，是由各种微生物所分泌的多种酶，并且各种酶系随酒醅成分及条件的不断变化，进行各种生理生化反应。酶制剂用于白酒生产可降低成本，缩短生产周期和提高白酒的出酒率及质量。白酒生产中常见的酶有：纤维素酶、淀粉酶、酸性蛋白酶、酯化酶、阿米诺酶等。

（一）淀粉酶

淀粉酶也称为淀粉水解酶，它是能分解淀粉糖苷键的一类酶的总称。酒醅中的淀粉酶类以接力方式完成从原料淀粉到葡萄糖的一系列反应。主要包括α-淀粉酶和糖化酶，多由细菌和霉菌产生，此外，还有异淀粉酶、麦芽糖酶等。

1. α-淀粉酶

α-淀粉酶，因其生成产物的还原末端葡萄糖单位的C1为α-构型而命名。因为它能使淀粉分解成长短不一的短链糊精和少量的低分子质量糖类，从而使淀粉的黏度迅速下降，达到液化淀粉的作用，又称其为液化酶。其作用条件为60~70℃，pH6.0~7.0。淀粉糊化物的黏度迅速降低而液化，从而为糖化酶提供更多的作用位点，最终降解为葡萄糖。因其能切断淀粉分子内部的α-1，4-葡萄糖苷键，快速将淀粉分解为大、小糊精，故又名淀粉糊精酶或淀粉糊精化酶；由于它很容易将淀粉长链从内部切成短链的糊精，而对外侧的α-1，4键不易切割，故又名内切型淀粉酶；由于它不能切割α-1，6键，也不能分解紧靠于α-1，6键的α-1，4键，故又称淀粉-1，4-糊精酶。

α-淀粉酶能水解淀粉，生成可溶性糊精及少量的麦芽糖和葡萄糖，对提高出酒率起到一定作用。研究发现，诱变耐高温细菌（HTAA）α-淀粉酶与普通α-淀粉酶的液化性能相比，对底物的专一性更强，可使糊化淀粉液的黏度迅速降低，产生长短不一的短链糊精和少量的低聚糖，并且作用力强，反应速度快，为糖化提供了更多的糊精非还原性末端。

2. 糖化酶

糖化型淀粉酶俗称糖化酶，又称葡萄糖淀粉酶，主要作用于淀粉的非还原性末端，水解 α-D-1, 4-葡萄糖苷键。糖化酶是习惯上的简称，其系统名为淀粉 α-1, 4-葡聚糖葡萄糖水解酶；或称作 α-1, 4-葡萄糖苷酶、糖化型淀粉酶、葡萄糖淀粉酶。该酶能自淀粉的还原性末端将葡萄糖单位一个一个地切割下来。在水解到支链淀粉的分支点时，一般先将 α-1, 4 键断开，可再继续水解。即糖化酶对底物的专一性不是很强，它除了能切开 α-1, 4 键外，也能切开 α-1, 6 键和 α-1, 3 键，只是对这 3 种键的水解速度不同。故此酶在理论上能将支链淀粉全部分解为葡萄糖，并在水解过程中也能起转位作用，产物为 β-葡萄糖；其作用条件为 40~65℃，pH3.0~5.5。糖化酶能与液化酶水解形成的较小糖链分子结合，从其非还原性末端顺次切开 α-1, 4-糖苷键，生成葡萄糖。糖化酶活力的大小直接关系到发酵过程中淀粉的转化率，是酒醅分析的重要理化指标。

糖化酶主要是由根霉、黑曲霉、米曲霉及红曲霉等产生。糖化酶在白酒上的应用非常广泛，主要是用作糖化剂，具有提高出酒率、简化操作的优点。鲁珍等从高温酱香白酒大曲中分离了高产糖化酶菌株，其中蜡样芽孢杆菌（*Bacillus cereus* GX06）产糖化酶能力最强，糖化酶活性可达 917.03 U/g，应用该特性可有效提高原料利用率。杨跃寰等应用传统微生物分离的方法，筛选出具有高糖化酶活力菌株 njsys-3 与 njsys-6，其酶活分别达到 1842 U/g、2349U/g。分子生物学鉴定结果表明，菌株 nisys-3 为棒曲霉，菌株 njsys-6 为黑曲霉；研究表明，当菌株 njsys-3 种子液添加量达到 6‰时，大曲糖化力提高 26.9%；菌株 njsys-6 种子液添加量达到 6‰时，糖化力趋于稳定，提高 34.1%左右，且能增加曲香。

糖化酶能水解淀粉和寡聚糖非还原末端的 α-1, 4 和 α-1, 6 糖苷键生成葡萄糖。有研究表明，利用黑曲霉菌株发酵产生的食品级高转化率糖化酶 GA200 与 HTAA-340 耐高温 α-淀粉酶配合使用，可使葡萄糖转化率高达 96%，高于一般糖化酶7%~9.1%。通过采用清蒸清烧法工艺生产白酒的试验可以看出这两种制剂用于固态白酒生产工艺是可行的，操作简便易行，工艺条件稳定，无不良后果产生。孙金旭研究了糖化酶对酱香型白酒发酵中杂醇油的影响，结果表明：酱香型白酒发酵中糖化酶对杂醇油生成量有较大的抑制作用，和未添加糖化酶相比，糖化酶添加 2×10^3 U/g 时，正丁醇、正丙醇、2-丁醇、异戊醇、异丁醇分别降低了 57.22%、43.92%、72.38%、44.38% 和 90.75%，杂醇油总量降低了 48.28%，添加糖化酶对控制酱香型白酒发酵产生杂醇油效果明显。

3. 异淀粉酶

异淀粉酶的最初含义是指一种能分解淀粉分子中"异麦芽糖"键的特殊淀粉酶。其特点是能切开支链淀粉型多糖的 α-1，6-葡萄糖苷键，故又名脱支链淀粉酶或淀粉 α-1，6-糊精酶。它能将支链淀粉的整个侧链切下变为分子较小的直链淀粉。很明显，异淀粉酶也是属于作用淀粉分子内部键的酶，它也能作用界限糊精的 α-1，6 键。

4. β-淀粉酶

该酶从淀粉分子的非还原性末端，作用于 1，4-糖苷键，依次切下一个个麦芽糖，但它不作用于支链分支点的 1，6 键，也不能绕过 1，6 键去切开分支点内侧的 1，4 键。故此酶单独作用于支链淀粉的结果，除产生麦芽糖外，还产生 β-界限糊精。所以，β-淀粉酶又名外切型淀粉酶或淀粉-1，4-麦芽糖苷酶。

5. 麦芽糖酶

麦芽糖酶又名 α-葡萄糖苷酶。此酶能将麦芽糖迅速分解为 2 个葡萄糖。通常认为，麦芽糖酶对酒精发酵影响较大，麦芽糖酶活力越高，则酒精发酵率越高。

（二）蛋白酶

蛋白酶按其作用不同的 pH 可分为酸性蛋白酶、中性蛋白酶及碱性蛋白酶。蛋白酶是水解蛋白质肽键的酶的总称。依据酶作用的 pH 不同，可将其大致分为酸性蛋白酶（pH 2.5~6.0）、中性蛋白酶（pH 7.0 左右）和碱性蛋白酶（pH 8.0~11.0）。蛋白酶的水解产物主要为氨基酸、多肽，不但为微生物的生长、繁殖提供营养物质，也为其代谢产物提供结构物质。蛋白酶主要是由细菌产生，张海龙通过紫外诱变的方法对出发菌株米曲霉沪酿 3.043 原生质体进行诱变，经过初筛、复筛等，最终成功选育出一株高活性蛋白酶突变米曲霉菌株 TZ-04。

白酒发酵过程中酒醅酸度较高，因此酒醅中的蛋白酶类主要是酸性蛋白酶，主要来源于细菌、霉菌、放线菌等微生物。酸性蛋白酶是一种在酸性环境下（pH 2.5~5.0）催化水解动植物蛋白质的酶制剂。在白酒生产过程中添加适量酸性蛋白酶能提高出酒率（促进原料中蛋白质降解为小分子的多肽和氨基酸，使得酵母营养丰富，供微生物生长、繁殖利用，从而提高出酒率）；同时也是产生高级醇、有机酸的前体物质。酸性蛋白酶与动物的胃蛋白酶和凝乳酶的性质相似，在 pH 升高时酶活力很快丧失。能产该酶的微生物主要为米曲霉、黑曲霉和根霉等。另外，氨基酸与还原糖会发生美拉德反应，产生四甲基吡嗪、麦芽酚等对白酒风味（氨基酸本身是风味物质，又可进一步转化为其他风味成分，从而改进风味）和质量（降低杂醇油含量，其作用条件为 35~

42℃，pH3.0~5.0）起重要作用的物质。

在白酒酿造的过程中，添加适量的酸性蛋白酶，水解原料中蛋白质，一方面能有效破坏原料颗粒质间包膜结构，使醪液中可利用糖增加、原料利用率得到提高；另一方面还能增加醪液中可被酵母利用的有机氮源氨基酸含量，对酵母细胞的快速生长繁殖、酒精产量的提高起到促进作用。研究发现，在酿造白酒过程中，适量添加蛋白酶能够显著地提高原料利用率和出酒率。以发酵法生产酒精时，选择性地加入一些蛋白酶，可以减少向发酵池中补充麦芽汁的量，从而降低成本。蛋白酶在大曲的培育及白酒的固态发酵过程中，不仅具有提供营养物质供微生物代谢、提高原料利用率和出酒率的作用，还对白酒品质、香气结构产生重要影响。另外，氨基酸与还原糖会发生美拉德反应，产生四甲基吡嗪、麦芽酚等对白酒风格和质量起重要作用的物质。

蛋白酶可以将蛋白质转化成多肽及氨基酸，酸性蛋白酶能在酿酒的酸性环境中，通过对原料中蛋白质的水解，不仅可以促进微生物生长及酶的形成，而且可形成白酒风味物质，从而使酒体丰满醇厚，对巩固和完善酒精活性干酵母和糖化酶技术具有积极意义。通过对内蒙古河套酒厂和唐山左家坞酒厂的应用试验，可以看出酸性蛋白酶的添加可丰富酒醪中氨基酸的含量，促进微生物的生长及酶的形成，强化酵母菌等的酒精代谢，使酯化作用增强，酯类物质增加。同时酸性蛋白酶通过水解原料中的蛋白质丰富了酒醪的氮源，使酒中杂醇油含量得到控制，改善了基础酒的后苦味，使酒体绵甜柔软，对乳酸乙酯也可间接起到控制作用。另外酸性蛋白酶的应用强化了酒糟被代谢的程度，使原料出酒率提高2~4个百分点，使酒的风味得到了明显改善。

（三）纤维素酶

纤维素酶是指能水解纤维素1，3和1，4-葡萄糖苷键，使纤维素变成纤维二糖和葡萄糖的一组酶的总称，包括纤维素酶和半纤维素酶。纤维素不是单一酶，而是起协同作用的多组分酶系；由葡聚糖内切酶（EC 3.2.1.136，也称Cx酶）、葡聚糖外切酶（EC 3.2.1.91，也称C1酶）、葡萄糖苷酶（EC 3.2.1.21，也称CB酶或纤维二糖酶）。

3个主要成分组成的诱导型复合酶系。C1酶和Cx酶主要溶解纤维素，CB酶主要将纤维二糖、纤维三糖转化为葡萄糖，当3个主要成分的活性比例适当时，就能协同作用完成对纤维素的降解。在低温蒸煮酒精发酵过程中应用纤维素酶处理原料，出酒率提高3%以上，而且可降低醪液黏度。其作用条件为50~60℃，pH4.0~5.0。

白酒生产所用的原料中纤维素的成分较多，特别是固体发酵工艺生产白酒，其原料中会添加纤维素含量更高的稻糠等疏松辅料，会造成许多颗粒原料皮壳内包藏淀粉，不能彻底进行糖化发酵。通过纤维素酶的分解作用能破坏原料及辅料中的细胞壁及细胞间质，使淀粉得到充分利用，并将纤维素降解成可发酵糖，提高发酵率和原料利用率。在酿酒工业中由于原料品种不一，所含纤维素不同，传统发酵对酒醅的酒度、黏度要求比较高。原料要适当粉碎，不宜太细也不宜太粗，并适当添加稻糠等疏松辅料，这势必造成许多颗粒原料外衣包藏淀粉，不能彻底进行糖化发酵，使残糖偏高。纤维素酶却可以将高粱、小麦等原料淀粉中3%左右的纤维素和半纤维素转化为可发酵性糖，使原料的可利用碳源增加，进而提高出酒率。纤维素酶对纤维有降解作用，破坏间质细胞壁的结构，使其包含的淀粉释放出来，利于糖化酶的作用，从而提高原料的淀粉利用率。

纤维素酶主要由真菌和细菌产生，中性和碱性纤维素酶多由芽孢杆菌属微生物产生。龚丽琼等从高温大曲中筛选出产纤维素酶的芽孢杆菌，经测定其内切纤维素酶活力和外切纤维素酶活力分别为556.64U/mL、121.47U/mL。酶的稳定性实验结果显示，该菌株所产纤维素酶在温度低于60℃、pH4~8时，具有良好的热稳定性和pH稳定性，通过响应面法优化固态发酵产酶培养基，优化后测定纤维素酶活提高至1643.27U/mL。纤维素类物质在白酒生产的原料和辅料中占主要地位，仅高粱一种原料中纤维素含量为2%~3%，而辅料糠壳中纤维素含量则更高。高粱、小麦等原料中大量的纤维素类基质在纤维素酶的作用之下转化为可发酵性糖，并通过微生物的进一步发酵作用将其转化为酒精，从而提高出酒率和原料的利用率。研究表明，大曲酒糟中添加适量纤维素酶后在相同工艺条件下发酵2d，每吨含10%淀粉的酒糟可产出60%vol白酒61kg，是常规发酵20d所产酒量（15kg）的4倍左右，因此，纤维素酶在白酒发酵业中将会有巨大的应用潜力。王传荣等以酒糟为原料，应用纤维素酶、糖化酶和TH-AADY（耐高温酒用活性干酵母）的复合作用，对浓香型大曲酒丢糟进行再发酵，不但显著提高了出酒率，还大大降低了残余淀粉含量，原料利用率得到了明显提升。现如今，纤维素酶的应用仍然不广泛，有以下几点因素制约着纤维素酶的发展：纤维素酶在白酒酿造过程中相关添加量较少；纤维素酶整体的产量和活性都不高，若广泛使用，会导致白酒的酿造成本增加；纤维素酶相关的检测技术尚不成熟。因此，纤维素酶的研究和发展将成为未来科研工作者一个主要的方向。

（四）酯化酶

白酒香味是以酯香为主的复合体，特别是乙酸乙酯、丁酸乙酯、己酸乙酯和乳酸乙酯等短碳链香酯，含量占总酯的90%~95%。酯化酶就与这些短碳链风味酯的生物合成有关。酯化酶不是酶学上的术语，在白酒生产中是脂肪酶、酯合成酶、酯分解酶的统称。酯化酶在白酒生产过程中具有使醇与酸脱水缩合生成酯的催化作用，能使呈香前体物质转化为香味物质的酶类，具有多向合成功能，既能催化酯的合成，也能催化酯的分解，可由酿酒微生物中的酵母菌、红曲霉、假单胞菌等产生。不同菌株产酶特性不同，增香效果也会有差异。中国科学院成都生物研究所分离的烟色红曲霉 M-101 催化己酸乙酯能力较强，具有明显的底物偏好性。

酯化酶在白酒酿造过程中发挥着巨大的作用，可以催化醇与多种酸的酯化，如乙醇与己酸、乙酸、乳酸、丁酸等反应，生成的己酸乙酯、乙酸乙酯、乳酸乙酯和丁酸乙酯等，进而形成白酒的主要香气成分。王晓丹等利用红曲霉FBKL3.0018 制成的酯化酶粗酶制剂，加入浓香型清酒中发酵，当用曲量减少2%～5%，出酒率提高约 2%；通过对微量成分含量进行分析，白酒质量得到明显提高。细菌、真菌、霉菌都具有产生酯化酶的能力，因此筛选高产酯化酶的菌株将其用到发酵中或者以复合酶菌剂用于白酒酿造过程，可以显著提高出酒率和优质酒率。

脂肪酶是分解脂肪的酶，这里所说的脂肪是指生物产生的天然油脂，即三脂肪酸甘油酯，分解的部位是油脂的酯键。该酶是一种特殊的酯键分解酶，其底物的醇部分是甘油，即丙三醇；酸部分是不溶于水的 12 个碳原子以上的长链脂肪酸，即通常所说的高级脂肪酸。脂肪酶作为一种在异相系统即在油-水界面起催化作用的特殊酯键水解酶，作用底物主要为天然油和脂肪，水解产物为甘油二酯、甘油单酯、甘油和脂肪酸。脂肪酶在白酒制曲和发酵期间，可以水解原料中所含的脂肪，使原料中的淀粉充分接触酵母，促进发酵代谢进程，同时产生有机酸和甘油，有机酸是白酒最好的呈味剂。可以使白酒口味丰富而不单一，增长酒的后味；酸量适度，比例谐调，可使酒出现甜味和回甜感。甘油作为一种多元醇助香剂，可以消除糙辣感，增加白酒的醇和度。更重要的是，脂肪酶同时还可以催化有机酸与大量存在的乙醇生成己酸乙酯、乙酸乙酯等酯类香味物质，从而提高白酒中酯类香味物质含量，加快白酒中各种酸、醇、酯的反应平衡，缩短贮存老熟时间，调节白酒中各种香味物质的含量和比例，提高白酒品质，其作用条件为 30～45℃，pH6.0～10.0。

脂肪酶在白酒行业中的应用是中国白酒工业的一项重大创新成果，在白酒生产中应用的酯化酶制剂是生物酶和活菌体的生态混合体，在发酵过程既有传统大曲的糖化功能，也有生香功能，从而可以缩短发酵周期，提高出酒率和优品率。南极假丝酵母脂肪酶 B（*Candida antarctica* Lipase B，CALB）是一种新型酶制剂，可以催化短链酯类的合成和分解，在白酒行业尚未应用。对 CALB 处理清香型白酒丢糟的工艺条件进行优化，结果表明：用所优化的工艺处理白酒丢糟能够提高丢糟中呈香物质的含量，所得综合酒样品中乙酸乙酯浓度达到126.83mg/100mL、乳酸乙酯浓度达到 120.19mg/100mL。酯化酶技术的应用是中国白酒工业的一项重大创新成果，酯化酶制剂在白酒生产中被广泛应用，虽然酯化酶技术已经日趋成熟，但仍存在以下几个方面的问题：微生物选育方面应筛选出适应性较强、不易变异，产酯、产香风格更为突出的菌株，进而形成香气更加浓郁，风格更加迥异的优质白酒，以满足市场需求；酯化酶的纯度及活性需要进一步提高，并且目前大部分酶制剂研究仍处于粗酶制剂阶段，纯度不高。从酶制剂的纯度进行研究，形成产业化规模，从而满足白酒市场需求，提高优质酒率。

（五）单宁酶

单宁酶即单宁酰基水解酶，又称鞣酸酶。这是一种对带有 2 个苯酚基的酸（如鞣酸）具有分解作用的酶，其分解产物为没食子酸及葡萄糖。

（六）果胶酶

果胶酶是分解果胶质的多种酶的总称，可分为解聚酶及果胶酯酶两大类。

（七）阿米诺酶

阿米诺酶是采用当代生物工程技术，将含有根霉、曲霉、毛霉及多种优良酵母菌株经纯化杂交而成的一种新型的同时具有糖化和发酵酒精能力的复合酶。它集产酒、生香、耐酸、抗温等多种特殊性于一体，可直接应用于酿制各种米酒、黄酒、液态酒、小曲酒和大曲酒等各种特色的酒以代替常法的曲酒、酵母，实现一种酶完成酿酒的全过程。阿米诺酶几年来已销往全国 20 多个省市，有大型酒厂和小型家庭作坊，有普通白酒和国家名白酒厂，有熟料生产和生料生产等。各种类型白酒都有使用，并且取得了成功。

（八）木聚糖酶

木聚糖酶类主要是由内切-木聚糖醇（EC 3.2.1.8）和外切型 β-木糖苷酶（EC 3.2.1.37）组成，对半纤维素的降解起重要作用。酶解时，木聚糖酶以内切方式从主链内部作用于长链木聚糖的糖苷键上，将木聚糖随机地切为不同链长的木质低聚糖后，再由 β-木聚糖酶作用于木质低聚糖的末端，将短链低聚糖降解为木糖。它在丢糟的再利用发酵中起到重要作用。

习 题

1. 归纳总结酶的主要理化性质。
2. 查阅资料，简述酶在白酒酿造中作用。

参考文献

[1] 程建军. 淀粉工艺学 [M]. 北京：科学出版社，2011.

[2] 李季鹏. 淀粉酶，蛋白酶在芝麻香型白酒中的应用 [D]. 济南：济南大学，2013.

[3] 张文斌. 清香大曲糖化酶的提取及宏蛋白质组学分析 [D]. 临汾：山西师范大学，2014.

[4] 鲁珍，魏姜勉，谌馥佳，等. 高温大曲中高产 α-淀粉酶菌株分离鉴定及其产酶性能研究 [J]. 农业研究与应用，2016（2）：5-11.

[5] 杨跃寰，叶光斌，边名鸿，等. 泸曲中两株高产糖化酶菌的分离鉴定与初步应用 [J]. 酿酒科技，2013（10）：65-68.

[6] 孙金旭. 糖化酶用量对酱香型白酒杂油醇的影响研究 [J]. 现代食品科技，2013，1：73-76.

[7] 张海龙. 米曲霉高活性蛋白酶菌株选育及酱油多菌种发酵条件的研究 [D]. 芜湖：安徽工程大学，2011.

[8] 庄名扬. 白酒生产中的美拉德反应与工艺调控 [J]. 酿酒科技，2010，4：56-58.

[9] 马特，宋连宝，赵辉. 白酒窖泥中蛋白酶产生菌的筛选及复配 [J]. 食品科学，2016，37（7）：146-151.

[10] 黄永光. 酱香型白酒酿造中 *Aspergillus hennebergii* 及其分泌酸性蛋白酶的研究 [D]. 无锡：江南大学，2014.

[11] 刘明，倪辉，吴永沛，等. 纤维素酶在酒精工业中的应用进展 [J]. 酿酒科技，2006，7：83-86.

[12] 姜淑荣. 浅谈纤维素酶在酒类生产中的应用 [J]. 中国酿造，2008，9：12-15.

[13] 董丹，车振明，关统伟. 白酒酒糟中产纤维素酶菌株的筛选及其酶活力特性检测 [J]. 中国酿造，2015，8：44-48.

[14] 龚丽琼，邓朝霞，黄祖新，等. 高温大曲中筛选产纤维素酶的耐高温芽孢杆菌 [J]. 福建师范大学学报，2012，28（3）：106-112.

[15] 姜淑荣. 浅谈纤维素酶在酒类生产中的应用 [J]. 中国酿造，2008，27（9）：12-15.

[16] 邓天福，杜开书，李广领. 纤维素酶及其在酿造业中的应用 [J]. 中国酿造，2011，30（12）：17-19.

[17] 侯小歌，王俊英，李学思，等. 浓香型白酒糟醅及窖泥产香功能菌的研究进展 [J]. 微生物学通报，2013，40（7）：1257-1265.

[18] 沈怡方. 白酒中四大乙酯在酿造发酵中形成的探讨 [J]. 酿酒科技，2003，5：28-31.

[19] 刘光烨，吴衍庸. 烟色红曲霉酯酶特性及在中国酒上的应用 [J]. 四川食品与发酵，1998，4：31-33.

[20] 王晓丹，班世栋，胥思霞，等. 浓香型大曲中酶系与白酒品质的关系研究 [J]. 中国酿造，2014，33（1）：44-46.

[21] 曾婷婷，张志刚. 白酒酿造中酯化酶的研究现状 [J]. 酿酒，2010，6：12-14.

[22] 孙海龙. 脂肪酶处理清香型白酒丢糟生成香气物质的研究 [D]. 石家庄：河北科技大学，2013.

[23] 范文来，徐岩，刁亚琴. 大曲酶系的研究与回顾 [J]. 酿酒，2000，3：35-40.